U0180031

储能与动力电池技术及应用

多电子高比能锂硫二次电池

陈人杰 著

科学出版社

北 京

内 容 简 介

多电子高比能电池新体系是新能源材料研究领域的重要方向,其中锂硫二次电池是新体系电池的典型代表,也是近年来的研究热点。本书系统介绍了基于多电子反应机制的锂硫二次电池的工作原理、发展历程、研究现状和技术难点,重点阐述了锂硫二次电池正极、负极、功能电解质、改性隔膜及功能夹层等关键材料的研究进展,论述了材料创新研究工作中所应用的理论计算方法与先进表征技术,并对锂硫二次电池的工程化应用提出了展望。

本书可供从事新能源材料及器件研究和开发的科研技术人员以及高等院校相关专业师生学习参考。

图书在版编目（CIP）数据

多电子高比能锂硫二次电池/陈人杰著. —北京:科学出版社,2020.8
ISBN 978-7-03-060718-8

Ⅰ. ①多… Ⅱ.①陈… Ⅲ. ①锂蓄电池–研究 Ⅳ.①TM912

中国版本图书馆 CIP 数据核字(2019)第 039929 号

责任编辑:朱 丽 杨新改 / 责任校对:杜子昂
责任印制:吴兆东 / 封面设计:耕者设计工作室

科 学 出 版 社 出版
北京东黄城根北街 16 号
邮政编码:100717
http://www.sciencep.com

北京中科印刷有限公司印刷
科学出版社发行 各地新华书店经销
*
2020 年 8 月第 一 版 开本:720×1000 1/16
2023 年 3 月第三次印刷 印张:18
字数:350 000
定价:160.00 元
(如有印装质量问题,我社负责调换)

"储能与动力电池技术及应用"
丛书编委会

作 者 简 介

陈人杰　北京理工大学材料学院教授、博士生导师。担任部委能源专业组委员、中国材料研究学会理事（能源转换及存储材料分会秘书长）、中国硅酸盐学会固态离子学分会理事、国际电化学能源科学院（IAOEES）理事、中国化工学会化工新材料专业委员会委员、中国电池工业协会全国电池行业专家。

面向大规模储能、新能源汽车、航空航天、高端通信等领域对高性能电池的重大需求，针对高比能长航时电池新体系的设计与制造、高性能电池安全性/环境适应性的提升、超薄/轻质/长寿命特种储能器件及关键材料的研制、全生命周期电池设计及材料的资源化应用等科学问题，开展多电子高比能二次电池新体系及关键材料、新型离子液体及功能复合电解质材料、特种电源用新型薄膜材料与结构器件、绿色二次电池资源化再生等方面的教学和科研工作。主持承担了国家自然科学基金项目、国家重点研发计划项目、"863"计划项目、中央在京高校重大成果转化项目、北京市科技计划项目等课题。

在 *Chemical Reviews*、*Chemical Society Reviews*、*National Science Review*、*Advanced Materials*、*Nature Communications*、*Angewandte Chemie-International Edition*、*Energy & Environmental Science*、*Energy Storage Materials* 等期刊发表 SCI 论文 200 余篇；申请发明专利 82 项，获授权 35 项；开发出锂硫电池材料基因组大数据平台，获批软件著作权 7 项。先后入选教育部"新世纪优秀人才支持计划"（2009 年）、北京市优秀人才培养资助计划（2010 年）、北京市科技新星计划（2010 年）、北京高等学校卓越青年科学家计划（2018 年）、中国工程前沿杰出青年学者（2018 年）、英国皇家化学学会会士（2020 年）。作为主要完成人，荣获国家技术发明奖二等奖 1 项、部级科学技术奖一等奖 3 项。

2006 年至今，围绕多电子高比能锂硫二次电池及关键材料开展了从原理创新、材料突破到器件构筑的系统研究工作。基于多电子理论研制了高载硫高导电多维稳定复合电极，设计了轻质功能修饰隔膜/夹层，发明了高安全功能复合电解质材料，并构筑了 3D 纳米阵列修饰改性锂负极，研制出能量密度从 300 Wh/kg 到 600 Wh/kg 不同规格和性能特征的锂硫电池样品，通过模组优化设计先后在高容量通信装备、无人机、机器人、新能源车辆等方面开展了应用。

丛 书 序

　　新能源汽车是指采用非常规的车用燃料作为动力来源（或使用常规的车用燃料、采用新型车载动力装置），综合车辆的动力控制和驱动方面的先进技术，形成的集新技术、新结构于一身的汽车。中国新能源汽车产业始于 21 世纪初。"十五"以来成功实施了"863 电动汽车重大专项"，"十一五"又提出"节能和新能源汽车"战略，体现了政府对新能源汽车研发和产业化的高度关注。

　　2008 年我国新能源汽车产业发展呈全面出击之势。2009 年，在密集的扶持政策出台背景下，我国新能源产业驶入全面发展的快车道。

　　根据公开的报道，我国新能源汽车的产销量已经连续多年位居世界第一，保有量占全球市场总保有量的 50%以上。经过近 20 年的发展，我国新能源汽车产业已进入大规模应用的关键时期。然而，我们要清醒地认识到，过去的快速发展在一定程度上是依赖财政补贴和政策的推动，在当下补贴退坡、注重行业高质量发展的关键时期，企业需要思考如何通过加大研发投入，设计出符合市场需求的、更安全的、更高性价比的新能源汽车产品，这关系到整个新能源汽车行业能否健康可持续发展的关键。

　　事实上，在储能与动力电池领域持续取得的技术突破，是影响新能源汽车产业发展的核心问题之一。为此，国务院于 2012 年发布《节能与新能源汽车产业发展规划（2012—2020 年）》及 2014 年发布《关于加快新能源汽车推广应用的指导意见》等一系列政策文件，明确提出以电动汽车储能与动力电池技术研究与应用作为重点任务。通过一系列国家科技计划的立项与实施，加大我国科技攻关的支持力度、加大研发和检测能力的投入、通过联合开发的模式加快重大关键技术的突破、不断提高电动汽车储能与动力电池产品的性能和质量，加快推动市场化的进程。

　　在过去相当长的一段时间里，科研工作者不懈努力，在储能与动力电池理论及应用技术研究方面取得了长足的进步，积累了大量的学术成果和应用案例。储能与动力电池是由电化学、应用化学、材料学、计算科学、信息工程学、机械工程学、制造工程学等多学科交叉形成的一个极具活力的研究领域，是新能源汽车技术的一个制高点。目前储能与动力电池在能量密度、循环寿命、一致性、可靠性、安全性等方面仍然与市场需求有较大的距离，亟待整体技术水平的提升与创新；这是关系到我国新能源汽车及相关新能源领域能否突破瓶颈，实现大规模产业化的关键一步。所以，储能与动力电池产业的发展急需大量掌握前沿技术的专业人才作为支撑。我很欣喜地看到这次有这么多精通专业并有所心得、遍布领域各个研究方向和层面的作者加入到"储能与动力电池技术及应用"丛书的编写工作中。我们还荣幸地邀请到中国工程院陈立泉院士、衣宝廉院士担任学术顾问，为丛书的出版提供指导。我相信，这套丛书的出版，对储能与动力电池行业的人才培养、技术进步，乃至新能源汽车行业的可持续发展都将有重要的推动作用和很高的出版价值。

本丛书结合我国新能源汽车产业发展现状和储能与动力电池的最新技术成果，以中国汽车技术研究中心有限公司作为牵头单位，科学出版社与中国汽车技术研究中心共同组织而成，整体规划20余个选题方向，覆盖电池材料、锂离子电池、燃料电池、其他体系电池、测试评价5大领域，总字数预计超过800万字，计划用3~4年的时间完成丛书整体出版工作。

综上所述，本系列丛书顺应我国储能与动力电池科技发展的总体布局，汇集行业前沿的基础理论、技术创新、产品案例和工程实践，以实用性为指导原则，旨在促进储能与动力电池研究成果的转化。希望能在加快知识普及和人才培养的速度、提升新能源汽车产业的成熟度、加快推动我国科技进步和经济发展上起到更加积极的作用。

祝储能与动力电池科技事业的发展在大家的共同努力下日新月异，不断取得丰硕的成果！

吴锋

2019 年 5 月

前言 Preface

基于多电子反应机制的锂硫二次电池是高比能新体系电池的重要代表，其正极活性物质硫具有质轻、价廉的优点，与金属锂负极匹配可以构筑理论质量能量密度达到 2600 Wh·kg^{-1} 的二次电池，在未来的新型化学电源发展中具有良好的应用前景和商业价值。

本书重点围绕近年来锂硫二次电池的发展趋势和应用需求，从基础研究和工程应用角度对锂硫二次电池的正负电极、功能电解质和改性隔膜/功能夹层等关键材料的原理创新、研究进展、技术突破进行了系统的阐述，介绍了材料创新研究工作中所应用的理论计算方法与先进表征技术，并对锂硫二次电池的工程化应用和发展前景提出了展望。为基于材料优化实现不同锂硫电池体系的设计开发和性能提升提供了理论与技术参考。

本书的撰写得到了北京理工大学吴锋院士的悉心指导，军事科学院防化研究院王安邦研究员、北京理工大学赵腾副研究员和钱骥博士、叶玉胜博士也给予了很多帮助。作者的研究生在文献查阅、数据整理、图表绘制、书稿校对等方面也做了很多细致认真的工作，他们是：马悦、徐赛男、张婷、侯传宇、赵圆圆、王丽莉、李万隆、魏磊、位广玲、楚迪童、李成、孟倩倩、杨天宇、冯涛、叶正青、王付杰、符史洋、闫明霞等。在此，特向所有为本书付出辛勤劳动的老师和学生表示衷心的感谢。

在本书出版之际，感谢国家重点研发计划项目、北京市科技计划项目和北京高等学校卓越青年科学家计划项目的支持，感谢科学出版社及编辑在本书出版过程中付出的努力！

锂硫二次电池研究涉及材料、化学、物理、计算等多个学科的理论和技术。本书中的某些认识和研究思路尚处于探索阶段，由于作者水平有限，疏漏之处在所难免，敬请广大读者批评指正。

2020 年 5 月

目录 Contents

01

锂硫电池概述

1750 年，瓦特发明了世界上第一台蒸汽机，推动了历史上第一次工业革命。之后，人类开始大规模使用化石能源。迄今，随着科技与经济的迅速发展，对能源的需求也日渐增长，随之而来的环境问题更是引发了人们越来越多的担忧[1]。为了解决日益严重的环境污染问题，并且缓解当今社会对能源的迫切需求，开发可再生绿色新能源技术是当务之急。新能源又称非常规能源，是指传统能源之外的各种能源形式，如太阳能、地热能、风能、海洋能、生物质能和核聚变能等。从中国可再生新能源开发条件看，生物质能、地热能、潮汐能等清洁能源发电受资源、技术、成本等因素制约，发展规模较小。太阳能、水能和风能的资源储量大、分布广泛，但由于其发电具有瞬时性和波动性，对电网运行的安全性能有一定的影响[2]。因此，高性能的能量储存与转化技术是新能源发展的关键。绿色二次电池作为一种可循环使用的高效洁净新能源，是综合缓解能源、资源和环境问题的一种重要技术途径。近年来，二次电池在便携式电子产品、电动车辆、大规模储能、航空航天和国防军事装备的电源系统等众多领域方面发展迅速，显示出其对当今社会可持续发展的支持作用，以及在新能源领域中处于不可替代的地位[3]。

1.1 电池起源及发展

1.1.1 电池的起源[4]

1772 年，伍斯特议会议员兼皇家学会会员约翰·沃尔什（John Walsh）上校在法国拉罗谢尔对一种有趣的电鳐进行了研究。发现这些鱼具有电击的能力，其储电方式类似于莱顿大学物理学教授彼得·范·米森布鲁克（Pieter van Musschenbroek）发明的莱顿（Leyden）瓶。

18 世纪 70 年代后期，路易吉·伽伐尼（Luigi Galvani）[图 1-1（a）]受沃尔什上校工作的启发开始对青蛙进行一系列试验，以证明动物确实拥有"内在电力"，如图 1-1（d）所示。在一次青蛙解剖时，伽伐尼两手分别拿着不同金属的器材，无意间触碰到青蛙的腿部，蛙腿的肌肉发生了抽搐，而只用一种金属器械去触碰青蛙，则无任何反应。由此，他认为青蛙体内存在"生物电"。1786 年 9 月，伽伐尼又进行了另一项试验，他把青蛙挂在篱笆上晾干，当悬挂的黄铜钩子与铁栏杆接触时，青蛙的腿又抽搐了，如图 1-1（b）、（c）所示。他进一步推测这种电流体与摩擦产生的"人造"静电和闪电中的"自然"电流完全不同[5]。

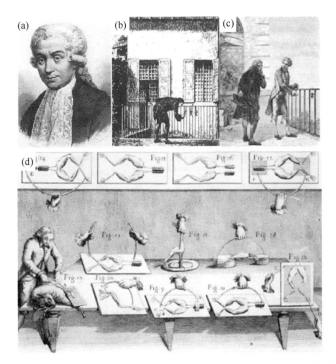

图 1-1 （a）路易吉·伽伐尼（1737—1798）；（b）、（c）伽伐尼将青蛙挂在室外
篱笆的试验图；（d）伽伐尼的试验说明图[4]

帕维亚大学实验物理学教授亚历山德罗·伏特（Alessandro Volta）[图 1-2（a）]，对伽伐尼的研究结果心存质疑。有一天，伏特教授早早地来到实验室，助手们惊讶地发现他手里拿的不是物理实验器材，而是一个笼子，里面关着十几只活蹦乱跳的青蛙。原来，伏特教授想要亲自试验一下，来验证伽伐尼的"动物肌肉里储存着电"的观点。经过多次试验，他发现并不是青蛙腿上的电跑到金属中，而是两种不同的金属接触产生电流从而刺激蛙腿，导致蛙腿抽搐。从此，伏特教授全力研究金属与电的关系，甚至把自己当作"青蛙"，将一块锡纸和一枚银币放到自己的舌头上，然后用金属导线将两种金属连接起来，紧接着，他感到嘴里产生一股酸酸的味道。然后，他又用一把银勺替换了银币，并和锡片交换位置，重新做了一次试验。当金属导线接通的一瞬间，他感到嘴里像含了一口盐水，这表明两种不同的金属在一定的条件下能够产生电流。经过一次次的试验，伏特用一些交替堆叠的铜板和锌板，在其间夹上浸有盐水的纸片或绒布，如图 1-2（b）所示，当用金属导线连接顶部和底端时，这种装置在历史上第一次提供了或多或少稳定的电流。这也是世界上第一个电池——伏特电堆，而电压的单位名称也被命名为"伏特"。

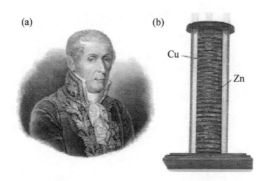

(a) (b)

Cu

Zn

图1-2 （a）亚历山德罗·伏特（1745—1827）；（b）伏特电堆[4]

1.1.2 电池的发展

"伏特电堆"这一电化学电池概念的提出产生了巨大影响，开启了19世纪电化学飞速发展的时代[6]。

为了使伏特电堆的应用更加方便，研究者尝试将两种不同金属的板（或棒）浸入含有合适电解质溶液的容器中，如图1-3（a）～（c）所示。然而，采用单电解液的电池在电流输送时均表现出明显的电压下降，这主要是（铜）电极上形成的氢气膜导致的。为了去除气膜，常采用摇动、旋转或者交替升降金属板的方法。例如，汉弗莱斯（Humphreys）设计了一种由63块金属板组装成的巨大电池（长为2 m，宽为1 m），利用电池自身输出的一部分能量驱动绳索和滑轮，在酸性电解液中不断浸入/脱出，如图1-3（d）所示。解决氢气膜问题的一个实际办法是找到一种在产生氢气的电位下不能够进行的电极反应。基于此，著名的丹尼尔（Daniell）电池、勒克朗谢（Leclanché）电池等体系得到了发展，如图1-3（e）～（h）所示。

1859年，法国科学家普兰特（Planté）发明了铅酸电池，开启了可充电二次电池的新篇章。该铅酸电池中，两片纯铅由亚麻织物分离，并浸渍在含有硫酸溶液的玻璃容器中。次年，他又制作了拥有九个单体的铅蓄电池组，如图1-4所示。

由于这些发明可以满足当时的科技需要，此后的一个多世纪中电池领域并未出现突破性的进展。直到20世纪60年代末期，医疗、军事方面对便携能源的需求以及电子产品市场的爆发式发展令人们很快意识到，传统电池无法再满足应用需求，具有更高能量密度、更长工作寿命的新型电池体系亟待探索。在这种迫切的需求下，具有250 Wh·kg^{-1}实际能量密度Li/I电池诞生了[7]。同时电池的工作寿命显著延长，这一研究成果在医疗领域产生了巨大影响，并广泛应用于心脏起搏器中。

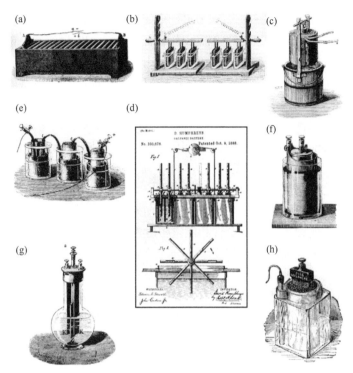

图 1-3　原电池的发展:(a)克鲁克香克(Cruickshank)电池,1800 年;(b)沃拉斯顿(Wollaston)电池,1815 年;(c)黑尔(Hare)电池,1819 年;(d)汉弗莱斯(Humphreys)电池,1888 年;(e)丹尼尔(Daniell)电池,1836 年;(f)格罗夫(Grove)电池,1838 年;(g)波根多夫(Poggendorff)电池,1842 年;(h)勒克朗谢(Leclanché)电池,1866 年[4]

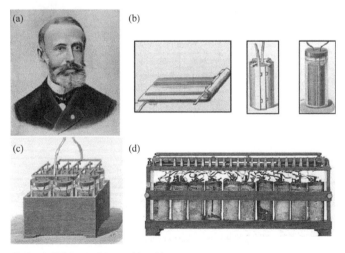

图 1-4　(a)雷蒙德-路易斯·加斯顿·普兰特(Raymond-Louis Gaston Planté,1834—1889);(b)铅酸电池设计图;(c)由九个铅酸电池单体组成的电池组;(d)早期铅酸电池[4]

1976 年，英国迈克尔·斯坦利·惠廷厄姆（M. Stanley Whittingham）提出了插入式电极概念，将研究方向转向锂二次电池体系[8]。20 世纪 80 年代初，美国 Exxon 公司和加拿大 Moli Energy 公司分别推出了以金属锂为负极的二次电池，但由于金属锂在实际应用过程中容易产生锂枝晶，刺穿隔膜造成短路，并且锂枝晶脱落后产生不具有电化学活性的"死锂"，导致电池容量降低。基于这些因素，以金属锂为负极的二次电池迟迟未得到商业化应用。1980 年，美国约翰·古迪纳夫（John B. Goodenough）提出 LiCoO$_2$ 电极材料[9-13]。随后，日本吉野彰（Akira Yoshino）以钴酸锂为正极、碳基材料为负极，确立了锂离子电池的基本概念。1991 年，锂离子电池被索尼公司推向市场，开始了商业化应用。

近年来，为了满足电动汽车的应用需求，人们期待以新概念锂电池替代传统的锂离子电池，使锂电池的安全性和能量密度性能得到进一步提升。这一艰巨任务一旦攻克，将引起能源政策和汽车市场的革新。因此，世界范围内的研究者们聚焦于此，各类新电池体系不断涌现。提升电池能量密度是现今乃至未来多年研究者们所面对的重要课题方向。目前，具有更大理论能量密度的锂硫电池[14-22]、锂-空气电池[23-29]已经成为人们研究的热点，如图 1-5 所示[30]。

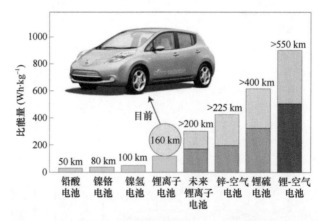

图 1-5　可充电二次电池的比能量及续航里程图[30]

二百多年来，电池的发展历史小结见表 1-1。

表 1-1　电池的发展历史小结

年份	电池及电池材料	提出者
1800	原电池：金属/电解液/金属	Volta
1859	可充电铅酸电池：Pb/H$_2$SO$_4$/PbO$_2$	Planté
1864	Zn/NH$_4$Cl/MnO$_2$	Leclanché

年份	电池及电池材料	提出者
1899	可充电镍镉电池：Ni/KOH/NiOOH	Jungner
1962	单质硫正极材料	Herbet 和 Ulam
1968	锂硫电池	Bhaskara
1972	锂原电池：Li/有机电解液/CF_x	Matsushita
1972	固态锂碘电池：Li/LiI/I-PVP	Moser
1976	可充电锂电池：Li/有机电解液/TiS_2	Whittingham
1978	聚合物电解质电池：Li/PEO 电解质/V_2O_5	Armand
1980	$LiCoO_2$ 正极材料	Goodenough
1980	摇椅电池：Li_xWO_2/有机电解液/TiS_2	Scrosati
1991	锂离子电池：C/有机电解液/$LiCoO_2$	Sony
1997	Olivine 型 $LiFePO_4$ 正极	Goodenough

1.2 多电子反应理论基础

目前，二次电池中使用的活性材料大多为过渡金属氧化物或重金属元素，这些传统的电极材料可以实现可逆的电化学反应。但是存在分子量大、参与反应电子数少的问题，因此能量密度提升有限。此外，还有一些电池体系采用水系电解质，其电压受到水分解电位的限制而只能保持在 2 V 以内，这也限制了电池能量密度的提高[31]。

多电子概念开拓了提高电池能量密度的新视野。基于多电子反应机制的电池体系理论上可以获得比常规单电子电池体系更高的能量密度[32]。目前，实现多电子电极反应、构建高能量密度的电池新体系是电池技术发展的关键科学问题[33]。充分了解电化学过程的多电子反应机理对于指导新型电极材料的设计及其在二次电池中的应用至关重要。

对于给定化学反应[反应式（1-1）]，电荷发生转移时产生电化学能量存储[34]。

$$\alpha A + \beta B \longrightarrow \gamma C + \delta D \tag{1-1}$$

在标准状态下的吉布斯自由能 $\Delta_r G^{\ominus}$ 可以通过能斯特方程来计算：

$$\Delta_r G^{\ominus} = -nEF \tag{1-2}$$

式中，n 代表每摩尔反应过程中的电子转移数，E 代表热力学平衡电压，F 为法拉第常数。能量密度可以通过质量能量密度（ε_M，$Wh \cdot kg^{-1}$）或者体积能量密度（ε_V，

$Wh \cdot L^{-1}$）来表示。ε_M 和 ε_V 可以表示为

$$\varepsilon_M = \Delta_r G^\Theta / \Sigma^M \tag{1-3}$$

$$\varepsilon_V = \Delta_r G^\Theta / \Sigma^{VM} \tag{1-4}$$

式中，Σ^M 代表的是反应物的摩尔质量之和，Σ^{VM} 代表的是反应物的摩尔体积之和。

已知电极材料的吉布斯生成能，其理论能量密度可以通过式（1-3）和式（1-4）计算得出。如果电极材料的吉布斯生成能未知，则可以通过式（1-2）计算得到[35]。

对于一个给定的电极材料的比容量（$mAh \cdot g^{-1}$），可以通过等式（1-5）计算得出

$$Q = nF / 3.6M \tag{1-5}$$

式中，M 为电极材料的摩尔质量。

根据公式（1-5），能量密度可以通过以下方法来提高：①采用高比容量的电极材料；②采用高氧化还原电位的正极材料；③采用低氧化还原电位的负极材料；④采用摩尔电子转移数更多的活性材料[36,37]。但是，任何电池电压的提升，都可能导致不可逆的副反应，造成电极分解和安全问题。目前开发的商用电极的稳定电压仅能达到 5 V。一种材料的理论储锂容量取决于电荷转移数和锂离子的嵌入数。显然，采用较小摩尔质量的多电子电极材料是进一步提高电池能量密度的有效途径[32]。多电子反应的可能性取决于发生电化学反应的电极材料在一定电压范围内是否发生多价态氧化还原反应。

分析元素周期表可以探索进行多电子电化学反应的活泼元素。图 1-6 和图 1-7 列出了已报道的可发生多电子反应的元素。过渡金属 Cu（Cu^{+1}/Cu^{+3}）、Fe（Fe^{+2}/Fe^{+4}）、Cr（Cr^{+2}/Cr^{+6}）、Co（Co^{+2}/Co^{+4}）、Mn（Mn^{+2}/Mn^{+4}）、Ni（Ni^{+2}/Ni^{+4}）、V（V^{+2}/V^{+5}）、Nb（Nb^{+3}/Nb^{+5}）和 Mo（Mo^{+3}/Mo^{+6}）被认为是具有多电子氧化还原反应特性的活性元素[38]。

由过渡金属和聚阴离子$(XO_4)^{n-}$组成的聚阴离子化合物具有多电子反应特性，已经被广泛研究。过渡金属氧化物类电极材料作为锂离子电池的负极具有高的理论比容量。此外，能够与锂发生合金化反应的活性元素（如 Si、Ge、Sn、Bi、Sb、P 等）由于可以容纳较高化学计量比的锂而具有高电荷容量。图 1-6（g）列出了这些发生合金化反应的元素的理论比容量。

在这些体系中，当锂嵌入电极材料中时，电荷在可变价过渡金属阳离子中进行转移。因此，在电化学反应过程中，多电子转移的发生需要嵌入至少一个锂离子。多电子反应还可以通过嵌入多价阳离子来实现。图 1-6（c）、（d）显示了 Li、Na 和 K 等碱金属以及 Mg、Ca、Zn、Al 等多价阳离子的物理性质对比。

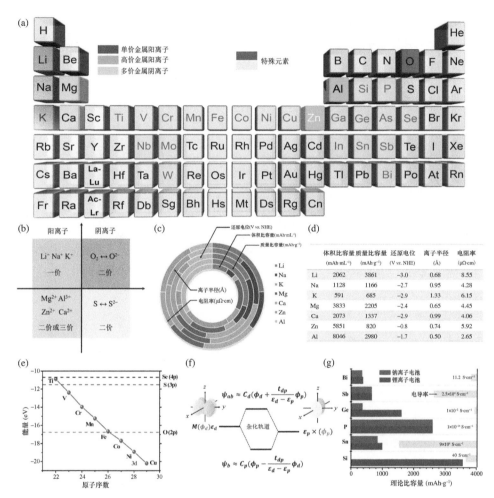

图 1-6 （a）元素周期表中具备多电子反应特性的元素。紫色表示为单价金属阳离子，绿色为高价金属阳离子，浅蓝色为多价过渡金属阴离子。（b）根据反应机制分类的四种多电子反应类型。（c），（d）Li、Na、K 等单价碱金属阳离子与 Mg、Ca、Zn、Al 等高价阳离子的物理性能比较；（e），（f）过渡金属的结合能；（g）锂（钠）离子电池合金化反应元素的理论比容量和电子电导率的物性比较[31]

此外，阴离子也可以参与发生多电子氧化还原反应，还有锂硫电池和金属-空气电池同样具有多电子反应特性[33]。因此，针对具有多电子反应特性的阳（阴）离子体系的创新研究可突破锂离子电池目前的能量密度瓶颈。

在过去的几年中，对多电子机理的深入研究促进了人们对新型电化学材料的进一步探究。在新电池体系的研发中，多电子机制的实现必将促进更高性能电池的创新发展和有效应用[39]。

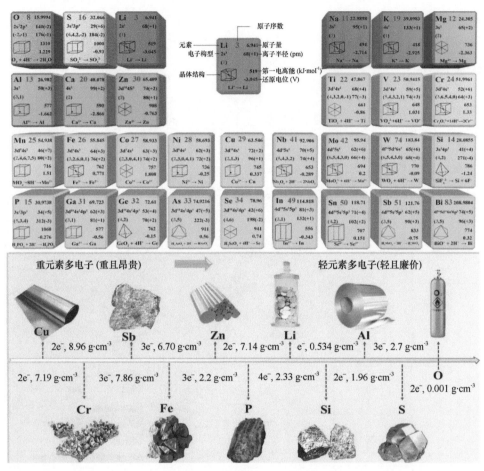

图 1-7 具备多电子反应特性的元素信息[31]

1.3 锂、硫元素

1.3.1 锂元素

18 世纪 90 年代，在瑞典的 Utö 小岛上，巴西博物学家兼政治家 Jozé Bonifácio de Andralda e Silva 首次发现了一种矿物瓣状石[后经分析为透锂长石(LiAlSi₄O₁₀)]，该矿石是灰白色的，但是当将其投入火中时，会发出明亮的深红色火焰。1817 年，瑞典化学家贝采利乌斯（Jöns Jakob Berzelius）的学生约翰·奥古斯特·阿韦德松（Johan August Arfwedson）在分析从瑞典 Utö 岛采得的透锂长石时，发现矿石的各组成成分的总量只有 97%；并且经过多次分析，仍然是同一结果，这使他意识到该矿石中应该含有某种未知的元素没有被分析出来。进一步研究后，阿韦德松发现该矿石中的金属与一般的钠并不相同，其形成的碳酸盐少量溶于水；同样，也不同于金属钾，经酒石酸处理后，不能形成沉淀，于是，他认为这是一种新的金属。阿韦德松最初想通过一般还原金属的方法来获得这种新金属，将其与铁及碳混合加热，但没有成功。于是，他再次通过电流分解该金属的氧化物，依然未获得。最后，他利用该金属的硫酸盐与钾和钠的硫酸盐在水中的溶解度不同，分离出了这种新金属的硫酸盐。由于锂是从矿石中发现的，不同于钠和钾元素是从植物中发现的，所以贝采利乌斯将这一新金属命名为 lithium，源于希腊语 lithos（石头）一词，表示该元素从石头中发现。汉语根据其首字母发音将其音译为"锂"。

1821 年，威廉·托马斯·布兰德（William Thomas Brande）成功将氧化锂电解提取出微量的锂，但却不足以用于试验。直到 1855 年，德国化学家罗伯特·本森（Robert Bunsen）和英国化学家奥古斯都·马蒂森（Augustus Matthiessen）通过电解熔融氯化锂获得了大量的单质锂。1869 年，俄国科学家门捷列夫根据锂的性质将其正确地定位于元素周期表中碱金属的首位，与钠相邻。1923 年，德国金属公司 Metallgesellschaft AG 采用了电解氯化锂和氯化钾混合液的工艺，实现了金属锂的商业化生产。

锂，一种碱金属元素，金属活性较强，化学符号 Li，元素序号为 3，原子量为 6.94，位于元素周期表的 S 区。室温下，金属锂单质为固态，呈银白色，质软，可用刀切割。锂的密度非常小，仅有 $0.534\ \mathrm{g\cdot cm^{-3}}$，是最轻的金属，并且将其暴露于空气中，锂金属表面会迅速被氧化，失去光泽，如图 1-8 所示。此外，锂是半径最小的金属，具有最大的电离电势。室温下（298 K），体心立方结构（bcc）的锂是最稳定的，在单位晶胞中，每个锂原子均被其相邻的 8 个锂原子包围[40]。

图 1-8 锂暴露在空气中，表面部分被氧化

由于锂原子的半径小，所以与其他碱金属相比，其压缩性最小，硬度最大，熔点最高，锂离子具有最大的极化系数和最小的被极化系数，该特性影响了锂及其化合物的稳定性。在第一主族元素中，锂与其他物质（氮气除外）的反应活性最低，比如锂与水反应比较缓慢，但钠和钾与水反应剧烈甚至燃烧，而铷和铯遇水便会发生爆炸。锂在空气中燃烧时可与氮气发生反应，生成红宝石色的晶体 Li_3N。

锂常见的化学反应如下[41]：

（1）锂与空气反应　金属锂暴露在空气中，其表面很快会失去光泽，这是由于其与空气中的氧和水蒸气发生了反应，所以在储存锂金属时，要注意隔绝空气，一般保存于凡士林或石蜡中。与同族元素不同，锂金属在空气中燃烧时，会生成氧化锂（Li_2O）和过氧化锂（Li_2O_2）两种氧化物。

$$4Li（s）+O_2（g）\longrightarrow 2Li_2O（s） \tag{1-6}$$

$$2Li（s）+O_2（g）\longrightarrow Li_2O_2（s） \tag{1-7}$$

（2）锂与水反应　锂与水可迅速发生反应，生成氢氧化锂（LiOH）和氢气（H_2），由于锂的密度比水小，反应过程中，锂浮于水面上并快速移动。除锂金属外，同主族其他元素单质与水均发生剧烈反应，甚至爆炸。氢氧化锂呈强碱性，腐蚀性极强，使用时需注意防止灼伤眼睛、皮肤以及上呼吸道等。

$$2Li（s）+2H_2O（l）\longrightarrow 2LiOH（aq）+H_2（g） \tag{1-8}$$

（3）锂与氢气反应　锂金属在氢气中燃烧生成氢化锂（LiH），LiH 遇水会发生剧烈反应，产生大量氢气。

$$2Li（s）+H_2（g）\longrightarrow 2LiH（s） \tag{1-9}$$

（4）锂与卤素反应　锂金属可以与所有卤素单质（如 F_2、Cl_2、Br_2、I_2 等）发生反应，生成一价的卤化锂。

$$2Li（s）+Cl_2（g）\longrightarrow 2LiCl（s） \tag{1-10}$$

自然界中，锂是以两种同位素的形式组成的，分别为 ^6Li 和 ^7Li，相对应的丰度为 7.42% 和 92.58%。此外，通过人工制备，还得到了锂的四种放射性同位素，分别为 ^5Li、^8Li、^9Li、^{11}Li。目前，已知的含锂矿石多达 150 多种，而具备工业开采价值的仅有 5 种，分别为：锂辉石（含氧化锂 4.0%～8.1%）、锂云母（含氧化锂 3.2%～6.45%）、磷锂铝石（含氧化锂 7.1%～10.1%）、透锂长石（含氧化锂 2.9%～4.8%）及铁锂云母（含氧化锂 1.1%～5%）。锂在地壳中的含量远低于金属钾和钠，大约为 0.0065%，储量 1100 万吨，丰度居第二十七位。海水中存在大量的锂，总储量高达 2600 亿吨，但由于浓度太小，提炼难度很大。另外，在某些矿泉水和植物机体中也含有丰富的锂，比如一些红色、黄色的海藻以及烟草中，常常具有较高含量的锂化合物，可以用来开发利用[42]。

根据美国地质调查局 2018 年公布的数据显示，已探明的锂矿资源量总计超过 5300 万吨，附属资源种类主要包括盐湖卤水锂、地热卤水锂、锂蒙脱石、油田卤水锂以及伟晶岩锂等，分布主要集中在南美洲和澳大利亚。其中，阿根廷、玻利维亚、智利以及澳大利亚等 4 国的锂资源储量占全球储量的 60%以上，其他锂储量比较丰富的国家还有中国、美国、加拿大等，如图 1-9 所示。中国的锂矿资源量约为 700 万吨，占比 13.21%左右，主要分布在青海、西藏、新疆、四川、江西、湖南等省区。我国锂资源分布较为集中，仅青海和西藏的锂资源储量占全国总储量的 75%，主要是以盐湖卤水型锂的形式存在，青海盐湖及西藏扎布耶盐湖均含有丰富的锂资源。而固体型锂矿资源则主要分布在四川、新疆、江西等地，以花岗伟晶岩型的锂辉石或锂云母矿为主要的存在形式。卤水锂占世界锂资源的三分之一，在我国，其占比更是高达 79%，是锂资源的重要来源。然而，卤水中除了锂资源，还含有丰富的钾、镁、钠、硼等伴生元素，这也为锂的提取增添了难度。一般而言，卤水资源生产锂盐是否可行以及锂盐产品的生产成本和经济效益的高低直接取决于卤水中镁锂比值的高低，而我国的卤水多具有较高的镁锂值，加之提锂技术、环境、交通、能源等因素的限制，卤水中锂资源的分离提取还面临较大的挑战，因此，我国的锂资源获取途径主要还是依靠锂矿石资源的提取[43]。

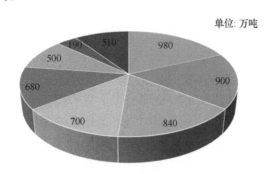

单位: 万吨

■阿根廷 ■玻利维亚 ■智利 ■中国 ■美国 ■澳大利亚 ■加拿大 ■其他

图 1-9　2018 年全球锂资源分布[43]

在天体物理中，锂元素是最受关注的元素之一，也是宇宙大爆炸产生的最初三元素之一（其余两种为氢元素和氦元素）。目前，我们在地球上开采的锂，甚至是宇宙中所有的锂，全部都来自于宇宙大爆炸的那一刻，大爆炸之后的宇宙就像一锅装满各种微小粒子的滚烫浓汤，在迅速膨胀和冷却过程中仅用了三分钟就完成了元素合成的第一阶段，依次产生了氢、氘、氦以及少量的锂。而其他与我们息息相关的碳、氮、氧等元素都是在恒星内部经过随后的数十亿年的时间才逐步合成的。富含锂元素的巨星十分稀有，在揭示锂元素起源和演化上却具有重要意义，在过去的 30 余年，天文学家们只发现极少量此类天体。2018 年，我国以中国科学院国家天文台为首的科研团队依托国家重大科技基础设施郭守敬望远镜（LAMOST）发现了一颗富锂巨星，它"居住"在银河系中心附近的蛇夫座，距离地球大约 4500 光年，如图 1-10 所示。这颗富锂巨星的质量不足太阳的 1.5 倍，但锂含量是太阳的 3000 倍，是目前已知的锂元素丰度最高的巨星[44]。

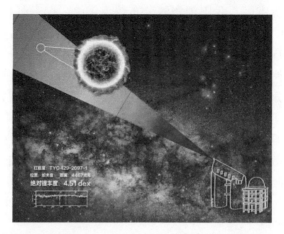

图 1-10　LAMOST 发现富锂巨星示意图。图中巨大火球是新发现恒星的示意图，它是从白色圆形区域的星场中发现的。左下角展示的是这颗恒星由 LAMOST 所拍摄的光谱。背景是这颗恒星附近区域的真实银河照片。《中国国家天文》绘图[44]

　　锂的用途很多，早在 1940 年第二次世界大战期间，锂基润滑脂（见图 1-11）便已经应用于航天发动机中，这也是第一个大规模商业应用的锂基化合物。它具有高抗水性、高机械稳定性、耐高温、良好的低温性能以及更长的使用寿命等优点。与其他类型润滑脂相比，在–60～300 ℃范围内几乎不改变润滑剂的黏性，即使水量很少时，仍可以保持良好的稳定性。因此，锂基润滑脂常被应用于飞机、坦克、火车、汽车及无线电探测等各种机械设备及仪器仪表上。

　　军事上，锂还可以作为氢气的来源。氢化锂遇水会发生剧烈反应，产生大量氢气，因此被誉为"制造氢气的工厂"，2 kg 的氢化锂分解，可产生 566 000 L 的氢气。在第二次世界大战期间，美国飞行员常备有氢化锂这种轻便的氢气源以备不时之需，当飞机失事坠落在水面时，一遇到水，氢化锂会迅速发生反应，释放出大量的氢气，使救生设备充气膨胀。此外，氢化锂还可用作干燥剂、有机合成还原剂等。

图 1-11 锂基润滑脂[45]

在心理障碍的治疗中，锂元素也发挥了积极的作用，它可以使人暴躁、抑郁的情绪变得沉静而安详。锂盐在精神医学中的应用可以追溯到 19 世纪中叶，但直到 1949 年澳大利亚精神病专家约翰·凯德（John Cade）才首次将碳酸锂和柠檬酸锂用于治疗精神运动性兴奋的疾病，这也是第一种能够有效治疗精神疾病的药物。后经大量的临床实践发现，锂盐不仅对双相情感障碍有预防作用及积极的疗效，还具有独特的预防自杀风险的效应[46-48]。根据近几年锂盐在精神方面的最新研究，发现其对阿尔茨海默病和精神退行性疾病的防治具有一定潜在的用途[49]，然而需要注意的是，锂盐虽然能够通过肾脏被快速排出，但依然会对肾脏造成一定的负担，所以对肾功能不好的患者来说，具有一定锂中毒的风险。

锂的原子量很小，是最轻的金属，常用于与其他金属形成合金，成为轻合金、超轻合金、耐磨合金以及其他有色合金的组成部分，极大地提高了合金的性能。锂镁合金是一种高强度的轻质合金，金属镁的密度为 1.74 $g \cdot cm^{-3}$，当锂的含量达到 20%时，其密度仅为 1.2 $g \cdot cm^{-3}$，是最轻的合金。锂镁合金具有良好的导电、导热及延展性，还具有优异的耐腐蚀、耐磨损、抗冲击及抗高速粒子穿透性能，被广泛应用于航空航天、国防军工等领域。锂还可以与铍、硼、铝、铜、锌、银和镉等金属形成合金[50-54]，使其拉伸强度和弹性性能得到改善。除此之外，由于锂的化学活性比较强，所以还常用作合金的脱气剂。锂可以与熔融金属或合金中的氢、氧、氮、硫等元素反生反应，除去这些气体，使金属变得更致密，此外，还可以除去金属中的气泡和缺陷，改善金属的晶粒结构，提高机械性能[55]。

锂还可以提供一种新型能源，它的同位素 ^{6}Li、^{7}Li 在核反应中极易被中子轰击而发生"裂变"，从而产生超重氢——氚。氚在热核聚变反应中能释放出非常巨大的能量，所以高浓度的 ^{6}Li 常用于核武器的装料。现如今，氢弹的炸药多用氘化锂和氚化锂来替代氘和氚。据估计，1 kg 的氘化锂的爆炸力相当于 5 万吨烈性 TNT 炸药，1 kg 锂通过热核反应放出的热量相当于燃烧两万多吨优质煤炭。1967 年 6 月 17 日，我国成功爆炸的第一颗氢弹就是利用的氘化锂作为炸药。所以，金属锂在火箭、导弹以及核电站等方向有着巨大的潜力[56]。

近几年，随着手机、笔记本电脑、数码相机、蓝牙耳机等数码产品以及全球新能源汽车热潮的推动，锂作为新能源电池的原材料，在我们的日常生活中，以及航空航天、储能电站等领域发挥了巨大的作用[57]，如图 1-12 所示。在锂电池中，正极材料为锂金属化合物，常用的有：钴酸锂（$LiCoO_2$）、锰酸锂（$LiMn_2O_4$）、磷酸铁锂（$LiFePO_4$）以及三元材料（NCM）等。而负极材料方面，由于锂的原子量最小，且具有最负的标准电极电位，因此具有巨大的应用前景，当其与适当的正极材料相匹配时，所组成的电池将具有比能量大、电池电压高、放电电压平稳、工作温度范围宽、低温性能良好等优点。此外，锂电池质量轻、体积小、无污染，因此备受青睐，随着其性能不断完善，锂电池将会得到更广泛的应用。

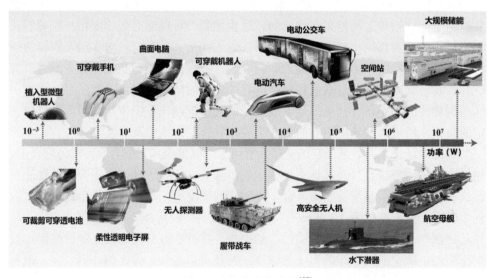

图 1-12　锂电池的应用[57]

1.3.2　硫元素

硫在远古时期就被人们发现并使用，具有悠久的历史。在大约 4000 年以前，埃及人就利用硫的燃烧产物二氧化硫来漂白布匹。古罗马和古希腊人也使用二氧化硫来进行消毒和漂白。在 1776 年，法国化学家安托万·洛朗·拉瓦锡（A. L.

Lavoisier）首先确定了硫的不可分割性，认为它是一种元素[58]。硫的拉丁名称为 sulphur，传说来自古印度的梵文 sulvere，原意为鲜黄色。

硫，一种非金属元素，英文名为 sulfur，化学符号 S，元素序数为 16，电子构型为$[Ne]3s^23p^4$，分子量为 32.065，是氧族元素之一，位于元素周期表的第三周期第Ⅵ主族。硫单质又称硫黄，有多种同素异形体，如单斜硫、斜方硫及弹性硫等。单质硫为淡黄色的脆性结晶或粉末（图 1-13），质地柔软、较轻，粉末有臭味。沸点为 444.6 K，密度为 2.07 $g·cm^{-3}$（斜方硫）和 1.99 $g·cm^{-3}$（单斜硫）。不溶于水，微溶于乙醇和醚类，如 1,2-二甲氧基乙烷等，易溶于二硫化碳、四氯化碳、苯、甲苯等有机溶剂[59]，具有较差的导热性和导电性。硫单质具有多种分子种类，包括 S_2（二聚硫）、S_3（三聚硫）、S_4（四聚硫）、S_5（五聚硫）、S_6（环六硫）、S_7（环七硫）、S_8（环八硫）、S_9（环九硫）、S_{10}（环十硫）、S_{11}（环十一硫）、S_{12}（环十二硫）、S_{18}（环十八硫）、S_{20}（环二十硫）和硫链等。

图 1-13　硫单质

晶体硫分子一般为 S_8，由 8 个硫原子组成八元环，呈皇冠型结构。单质硫中，八元环 S_8 最为稳定，每个 S 原子采取 sp^3 不等性杂化，与相邻的两个 S 原子以单键的形式相互连接，键长为 206 pm，内角为 108°，面与面之间的夹角为 98°。根据 S_8 环在空间排列顺序的不同，可以形成不同类型晶体的单质 S，常见的有斜方硫和单斜硫。斜方硫，又称为 α 硫，是室温下硫存在的唯一稳定形式，将其加热到 95.5 ℃时转变为单斜硫，即 β 硫，在低于 95.5 ℃时会再次缓慢转化为稳定的斜方硫。当温度继续上升至 159 ℃左右时，单斜硫分子结构发生变化，环状开始断裂形成链状硫分子，黏度升高。温度达到 190 ℃时，黏度达到最大。继续升温，长链硫分子开始断裂，黏度再次下降。当温度继续上升至 444.6 ℃，达到硫的沸点时，S_8 断裂成短链硫分子，形成硫蒸气，共存多种不同种类硫分子。硫具有较多的化合物，常见的化合价态有–2、0、+2、+4、+6。

硫粉具有臭味，许多硫化物同样也具有很强烈的臭味。最具代表的是硫化氢，具有臭鸡蛋的味道。硫化物的臭味在我们的日常生活中也很常见，比如大蒜的味道、切洋葱时的刺激气味，还有榴莲的浓郁臭味、臭豆腐的臭味等，这些臭味都是来自于它们体内的硫化物。

硫常见的化学反应如下：

（1）硫与空气的反应　硫可与氧气在燃烧的条件下发生反应，生成无色有刺激性气味的酸性气体 SO_2。SO_2 是大气主要污染物之一，溶于水形成亚硫酸，在 $PM_{2.5}$ 存在的条件下，进一步氧化生成硫酸，这是酸雨的主要成分，有很强的腐蚀性。

$$S（s）+ O_2（g）\longrightarrow SO_2（g）\tag{1-11}$$

$$SO_2（g）+ H_2O（l）\longrightarrow H_2SO_3（aq）\tag{1-12}$$

（2）硫可与过渡金属反应生成低价态的硫化物　例如，硫粉与铁粉在加热条件下反应生成二价的硫化亚铁（FeS），硫粉与铜粉在加热条件下反应生成硫化亚铜（Cu_2S），硫与汞可在常温下生成硫化汞（HgS），所以可用硫粉紧急处理泄露的汞。各反应式如下。

$$S（s）+ Fe（s）\longrightarrow FeS（s）\tag{1-13}$$

$$S（s）+ 2Cu（s）\longrightarrow Cu_2S（s）\tag{1-14}$$

$$S（s）+ Hg（s）\longrightarrow HgS（s）\tag{1-15}$$

（3）硫可与强氧化性酸反应　例如，硫与浓硫酸反应生成二氧化硫和水，硫与浓硝酸反应生成硫酸、二氧化氮和水。

$$S（s）+ 2H_2SO_4（浓）\longrightarrow 3SO_2（g）+ 2H_2O（l）\tag{1-16}$$

$$S（s）+ 6HNO_3（浓）\longrightarrow H_2SO_4（aq）+ 6NO_2（g）+ 2H_2O（l）\tag{1-17}$$

自然界中，硫元素分布较广，地壳含量约为 0.048%，主要以单质和化合态的形式存在[60]。单质硫主要存在于火山周围或温泉口等区域。天然的硫化合物包括金属硫化物、硫酸盐和有机硫化物三大类。黄铁矿 FeS_2 是最重要的硫化物矿，也是制造硫酸的重要原料。其次是黄铜矿 $CuFeS_2$、方铅矿 PbS_2、闪锌矿 ZnS 等。硫酸盐矿主要是石膏 $CaSO_4 \cdot 2H_2O$ 和 $Na_2SO_4 \cdot 10H_2O$，含量也最为丰富。有机硫化物除了存在于煤和石油等沉积物中外，还广泛存在于生物体的蛋白质、氨基酸中，在生命活动及新陈代谢过程中发挥着极其重要的作用。

硫资源虽然分布广泛但又相对比较集中，主要分布在东亚、北美、独联体、中东及欧洲地区。目前，全球硫资源主要有 4 种来源，分别为：硫铁矿及自然硫、伴生硫铁矿、从天然气和石油中回收、煤和油页岩及富含有机质的页岩中所含的硫等。由于技术和经济条件的限制，后两种来源的硫是硫资源的主要来源。自21世纪以来，全球硫产量持续增加，由2001年的5742万吨增加到2015年的8240万吨[61,62]。我国硫资源十分丰富，储量位于世界前列，除上海外，其余省、直辖市、自治区等均有硫矿产地，主要为硫铁矿，其次为其他矿产中的伴生硫铁矿和自然硫。

在我国古代，人们将硫黄最先用作药材[63]。《神农本草经》是我国现存最早的中药学著作，它记载了46种矿物药材，其中有一种叫"石硫黄"，此物"能化金银铜铁，奇物"，这即是硫黄的前身。在著名医药学家李时珍的《本草纲目》中也有关于硫的作用的记载，可"治腰肾久冷，除冷风顽痹寒热，生用治疥癣"。后来，炼丹师发现硫黄不仅可以治病，还能够用于制作"不老仙丹"的原料。现存最早的炼丹专著《周易参同契》中就记载了硫黄与汞生成硫化汞的化学反应。但是炼丹师们未能成功炼出仙丹，却多次由于硫黄与其他物质混合发生爆炸而受伤殒命。中国古代四大发明之一黑火药正是由此而诞生。明朝末期，科学家宋应星在撰写《天工开物》时，对火药产生了浓厚的兴趣。通过实验，他观察到火药爆炸时会产生巨大的热和威力，并得到火药的主要成分——硝石、硫黄和草木灰。《天工开物》中记载：凡火药，以硝石、硫黄为主，草木灰为辅……其出也，人物膺之，魂散惊而魄虚粉。宋应星还在这本书中详细记述了关于从黄铁矿中提取硫黄的操作方法，比西方国家要早200多年[64]。

在古代的西方，人们认为硫燃烧时所产生的浓烟和强烈的气味可以驱除魔鬼。古罗马博物学家普林尼在其著作中写道：人们用硫黄来清扫屋舍，因为他们认为硫燃烧产生的气味能够消除一切妖魔和所有邪恶的势力。

硫在农业上也发挥着巨大的作用。据统计，我国有18个省份，其中75.5%的土壤，相当于1760万公顷土壤缺硫。硫是各种蛋白质、氨基酸及酶和辅酶的重要组成元素，也是叶绿素前体形成不可或缺的元素。在作物中，硫是仅次于氮磷钾的第四大元素，充足的硫营养可以促进作物生根、提高作物的叶片面积和厚度以及株高，产量也随之增加。其次，硫还可以提高作物的抗病害能力。硫经氧化生成亚硫酸根，是氧化剂，也是溶菌剂，可以杀死病菌，并且硫代谢的次生化合物还可以提高作物对病虫害的自然抵御性。再者，硫还能提高作物对氮磷钾的利用率，同时激活土壤中板结的磷和钾，并且硫经氧化后生成硫酸根，可以与土壤中固化的微量元素（碱金属）生成硫酸盐，供农作物吸收，从而达到省肥的效果。硫还可以提高作物的品质，促进作物体内有机化合物的形成，提高作物的风味（如葱姜蒜的辛辣味、切洋葱时的催泪物质等），降低作物体内无机化合物的含量（降低作物体内硝酸盐的积累以及对砷、溴、锑等有害物质的吸收），还可以促进作物早熟、抗衰老以及抗旱、抗寒能力。除了对作物的影响，硫还可以降低土壤盐分的危害，降低土壤的 pH 值，使作物有适宜的土壤环境[65,66]。小麦添加硫肥后，面粉质量得到明显提高，如图 1-14 所示，由硫含量正常的小麦粉烘焙得到的面包体积比缺硫面粉面包增大 42.6%。

图 1-14　缺硫（左）和硫含量正常（右）的小麦面粉烘焙的面包对比图[67]

　　除此之外，硫及其化合物还有很多用途。医疗上，硫可以制备硫黄软膏，用于医治某些皮肤病，这主要是硫黄的杀菌作用；青霉素（$C_{16}H_{18}N_2O_4S$）是一种含硫的高效、低毒、临床应用广泛的重要抗生素，有效增强了人们抵抗细菌性感染的能力，但它曾经一度十分稀缺，以至于人们从患者的尿液中将其回收再使用。硫对人类身体的危害也是很大的，长期在高含硫工矿下工作不利于身体的健康。在日常生活中，我们还可以利用硫做一些紧急处理，比如当水银温度计被打破时，可以将硫黄撒到散落的汞珠上，两者相互反应生成硫化汞，防止汞单质蒸发对人体造成危害。工业上，SO_2 常被用作漂白剂，对纸浆、毛、丝等进行漂白。此外，SO_2 能够抑制细菌和霉菌的滋生，在国家相关标准剂量内，可用于食物和干果的防腐剂。然而，一些不法商家采用过量 SO_2 和含硫化合物对食品进行漂白，使用该类商品，会对人体健康造成严重影响。硫代硫酸钠和硫代硫酸铵在照相中用作定影剂。硫酸更是涉及电池、纺织、冶金、石油等领域的 90 多种化工产品。

　　单质硫的储量丰富，价格低廉，并且对环境友好，从能源和环境的可持续发展角度来看，是理想的正极材料。而且石油化工燃料的提炼过程中产生大量硫黄，锂硫电池的发展为这些硫黄的处理和应用提供了一种理想的方案，能够有效缓解化工燃料带来的环境问题[68]。

1.4　锂硫电池简介

　　目前，锂离子电池的实际比能量已经越来越趋近于其理论值。为了获得更高的比能量，必须构建基于低摩尔质量活性物质的电池新体系，且电化学反应能够多个电子转移，即轻元素多电子反应体系。锂硫二次电池主要以硫单质为正极和锂金属为负极构建而成，能够满足以上的要求。在该电池体系中，活性物质单质硫的分子量较小，且其还原反应是两电子转移过程，故其理论比容量能够达到 1675 mAh·g^{-1}，锂硫电池的理论质量比能量可达到 2600 Wh·kg^{-1}[69]，均远高于传统锂离子电池的相应理论值。此外，锂硫二次电池体系还具有原材料来源丰富、价格低廉以及对环境友好等优点，在未来化学电源发展中具有良好的应用前景和商业价值。此外，锂硫二次电池的工作电压在 2.1 V 左右，可以满足多种场合的应用需求。因此，围绕锂硫二次电池及其关键材料的研究工作正受到越来越广泛的关注。

1.4.1 发展历史

锂硫电池的研究起源于 1962 年，Herbet 和 Ulam 在其专利中首次提出了以硫作为正极材料的概念[70]。之后，锂硫电池便陆续崭露头角，并被认为是最有应用前景的储能体系之一。1967 年，阿贡国家实验室[71]利用熔融的 Li 和 S 作为两个电极，开发出一种高温锂硫体系。1983 年，Peled 等[72]报道了可以溶解多硫化物的四氢呋喃/甲苯（THF/TOL）基溶剂体系，活性材料 S 的利用率高达 95%。然而由于 TOL 介电常数较低，使得电池只能在 10 μA·cm^{-2} 的低电流密度下工作。为了提高电池的倍率性能，该课题组在上述电解液体系中引入了 1,3-二氧环戊烷（DOL）溶剂[73]。尽管该方法使得电解液的电导率得到提高，但硫的利用率却下降到 50%。并且最终得到的放电产物为 Li$_2$S$_2$ 而非 Li$_2$S，这表明溶剂在电池的氧化还原过程中起到至关重要的影响。该课题组评估了室温下硫正极在有机电解质中的电化学行为，这为锂硫二次电池的氧化还原机理提供了新的见解，并为后续锂硫电池电解质组分的相关研究奠定了基础。此后，含不同成分的醚类溶剂被探索并应用于锂硫电池中，如乙二醇二甲醚（DME）-DOL 溶剂等[74]。DME 作为一种极性溶剂，对多硫化物（PS）具有更高的溶解度，确保氧化还原反应的完成。而 DOL 作为一种环状醚，能够将 PS 束缚在更多的氧化位点，并且能够通过开环反应在锂金属负极的表面形成一层固体电解质界面（SEI）膜。基于 DME-DOL 体系的电解液，锂硫电池展现出了更高的容量和更长的循环寿命。2004 年，Mikhaylik[75]首次提出 N-O 添加剂能够改善锂硫电池的充放电性能。为了进一步优化硫正极以提高其导电性和稳定性，导电聚合物也被引入到硫正极中，常用的有聚苯胺（PANI）、聚噻吩（PTh）、聚吡咯（PPy）等。2009 年，滑铁卢大学 Nazar 课题组[76]在 *Nature Materials* 报道了经聚乙二醇聚合物修饰的高度有序介孔碳/硫（CMK-3/S）复合材料用作锂硫电池正极，该电池在 0.1 C 电流密度下首周的放电容量达到 1320 mAh·g^{-1}，循环 20 周后的放电容量仍保持在 1100 mAh·g^{-1}。该工作中提出的熔融扩散法制备碳/硫复合材料为锂硫电池正极材料的制备提供了一种新思路。2010 年，崔屹课题组[77]报道了以硅纳米线为负极，Li$_2$S/中孔碳复合材料为正极的锂硫电池。其提出的硅纳米线具有高容量、低反应电势和良好的循环寿命等优点，是理想的负极材料。更重要的是，使用硅纳米线取代锂金属负极，消除了因锂枝晶带来的安全隐患。2011 年，美国劳伦斯伯克利国家实验室[78]提出采用化学法在氧化石墨烯的含氧官能团上固定硫及多硫化物，从而在氧化石墨烯纳米片层上得到均匀的、薄的硫纳米包覆层。该复合材料的比容量可达到 950～1400 mAh·g^{-1}，在 0.1 C 倍率下可稳定循环 50 周以上。2012 年，万立骏课题组[79]提出小分子硫正极概念，将亚稳态的小分子 S$_{2\sim4}$限制在孔径为 0.5 nm 左右的微孔碳孔道中，显著改善了锂硫电池中多硫化物溶解穿梭的问题，实现了硫正极在碳酸酯类电解质中的应用。2013 年，崔屹课题组[80]设计合成了一种蛋黄结构的硫-二氧化钛复合材料。蛋黄结构的内部空间可以有效缓解硫在充放电过程中的体积膨胀，维持 TiO$_2$ 包覆层结构的良好稳定性。此 TiO$_2$ 外壳不仅可以限制多硫化物的溶出，还可以通过化学相互作用吸附多硫化物。0.5 C 倍率下，该复合材料的初始放电容量高达 1030 mAh·g^{-1}，循环 1000 周后，其容量保持率高达 67%，对应的每周容量衰减率仅为 0.033%。为了解决多硫化物在液体电解质中的穿梭效应，采用固体电解质替换液体电解质同样是一种有效手段。1975 年，Wright[81]测量出了聚环氧乙烷（PEO）与碱金属盐配合物的电导率，并由此开辟了固态电化学的一个新方向。直到 2002 年，PEO 基固体电解质被应用于锂硫电池中[82]，从此开启了固态锂硫电池的研究新方向。

基于锂硫电池的多种优势，国际上的众多知名公司，如美国 Sion Power 和英国 Oxis 及韩国三星等公司都在从事锂硫电池工程化的研究工作。2010 年，Sion Power 公司宣布 Zephyr 无人驾驶飞行器（UAV），采用太阳能及其研制的锂硫电池驱动，连续飞行超过 336 小时（14 天），打破了世界纪录中无人驾驶飞行器持续飞行的最长时间[83]。2014 年，英国 Oxis 公司制备出能量密度为 300 Wh·kg^{-1} 的软包锂硫电池。2016 年，美国 Sion Power 公司制备出能量密度为 400 Wh·kg^{-1} 的 20 Ah 的锂硫电池，该软包电池可用于无人机及电动车。在国内，北京理工大学、军事科学院防化研究院、清华大学、中国科学院大连化学物理研究所、中国科学院化学研究所、中国科学院苏州纳米技术与纳米仿生研究所、中国科学院金属研究所、中国科学院上海硅酸盐研究所、南开大学、武汉大学、厦门大学、上海交通大学、中山大学、华中科技大学、国防科技大学、中南大学等高校和科研院所也为锂硫电池的基础研究及工程化应用做了大量的工作。目前，锂硫电池体系仍是世界各地的大学、科研院所和公司深入研究的重要课题之一。

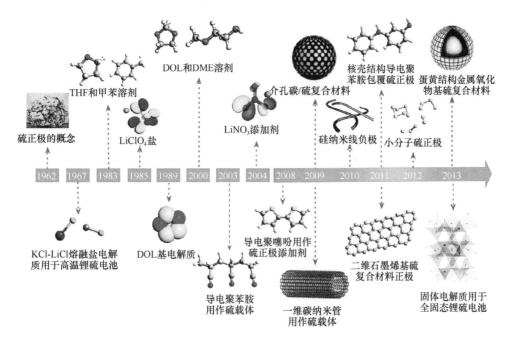

图 1-15　锂硫电池的发展历程[84]

从锂硫电池的发展时间轴中（如图 1-15 所示），我们不难看出在 20 世纪 70～90 年代，锂硫电池的研究工作并未取得较大进展，这主要是由于在 1987 年，Auborn 等研发出 MoO_2（WO_2）/$LiPF_6$-PC/$LiCoO_2$ 型的锂浓差电池，于是更多的研究人员将精力集中在了锂离子电池的研究上。尤其是在 1991 年日本索尼公司将锂离子电池商业化之后，锂硫电池的研究工作陷入了低谷。直到进入 21 世纪后，随着军用设备、移动电子设备以及电动汽车等的快速发展，人们不再满足于现有锂二次电池的能量密度和功率密度，急需寻求更好的替代方案。因此，具有高达 2600 Wh·kg^{-1} 理论能量密度的锂硫二次电池重新回到了研究工作者的视野中，并引起广泛关注和研究热潮[84]。

1.4.2　工作原理

典型的锂硫电池是由锂金属负极、有机液体电解质和硫复合正极组成，如图 1-16（a）所示。硫在自然界中主要是以皇冠型的 S_8 稳定存在，锂硫电池的硫正极电化学反应是通过 S_8 中的 S—S 键发生电化学裂分和重新键合来实现。在放电过程，硫正极中单质硫和锂离子发生完全反应时，其电化学反应方程式（1-18）如下：

$$S_8 + 16Li^+ + 16e^- \longrightarrow 8Li_2S \qquad (1\text{-}18)$$

实际上，硫的外电子层是多电子结构。因此，在放电过程中，硫的还原反应可以分为多步电极反应，主要是通过电化学裂分生成不同多硫化锂中间产物，如 Li_2S_8、Li_2S_6、Li_2S_5、Li_2S_4、Li_2S_2 和 Li_2S 等[85]。一般认为，硫正极的放电过程分为两个相变过程，即从固态转化为液态，再转化为固态。如图 1-16（b）所示，室温下典型的锂硫电池放电曲线具有两个放电平台，第一个放电平台是 2.4 V 左右的高放电平台，对应于环状的 S_8 接受电子生成一系列的长链多硫化锂（Li_2S_x，$4{\leqslant}x{\leqslant}8$）；第二个放电平台是 2.1 V 左右的低放电平台，对应于长链的多硫化锂进一步还原生成短链的多硫化锂（Li_2S_x，$1{\leqslant}x{\leqslant}4$）。

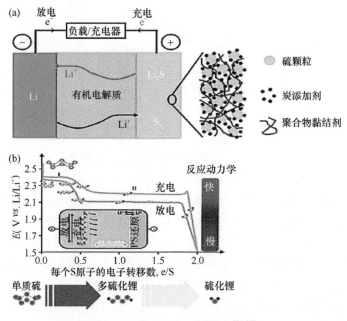

图 1-16　锂硫电池工作原理[86-88]

以 S_8 为正极材料活性物质时，理论上每个硫原子在第一个放电平台可以接收 0.5 个电子，从而还原成 Li_2S_4。这个高放电平台的电化学反应和该过程对应的能斯特（Nernst）方程可由式（1-19）和式（1-20）来表示：

$$S_8^0 + 4e^- \rightleftharpoons S_4^{2-} \qquad (1\text{-}19)$$

$$E_H = E_H^o + \frac{RT}{n_H F} \ln \frac{\left[S_8^0 \right]}{\left[S_4^{2-} \right]^2} \qquad (1\text{-}20)$$

在第二个放电平台过程中，长链的多硫化物再接收一个电子进一步还原成硫化锂和二硫化锂等产物，其电化学反应和对应的能斯特方程如式（1-21）和式（1-22）所示：

$$S_4^0 + 4e^- \rightleftharpoons 2S^{2-} + S_2^{2-} \tag{1-21}$$

$$E_L = E_L^o + \frac{RT}{n_L F} \ln \frac{\left[S_4^0\right]}{\left[S_2^{2-}\right]\left[S^{2-}\right]^2} \tag{1-22}$$

式中，E_H^o、E_L^o 分别是高低平台时的标准电压，在忽略电池极化的情况下，大致可以用开路电压来代替；R 为气体常数；F 为法拉第常数；n_H、n_L 分别为高低平台转移电子数。

Kolosnitsyn 等[89]采用计时电位滴定技术测定发现，此两步骤所需法拉第电量比为 2.5∶5.5。电化学动力学研究结果表明，高电位平台的第一步电化学反应所需的活化能较低，且对容量的贡献率约为总容量的 25%。所以，在锂硫电池的研究中，对低平台多硫化物变为固相 Li$_2$S 的动力学改性研究是科研人员关注的重点。

1.4.3 锂硫电池存在的问题

锂硫电池具有非常多的优点，比如：

（1）能量密度非常高，理论值达到了 2600 Wh·kg^{-1}，远远高于目前商业上广泛应用的钴酸锂电池（约为 540 Wh·kg^{-1}）。

（2）成本低。锂硫电池主要采用硫和锂作为生产原材料，生产成本相对低廉，并且使用后低毒，回收利用的成本较低。

（3）无环境污染。电池中不含镉、铅、汞等有害物质，是一种洁净的"绿色"材料能源。

但锂硫电池仍存在很多不足[90-96]，比如硫导电性差、活性物质利用率低、倍率性能差、电池寿命短、锂金属负极腐蚀粉化问题、电解液分解问题等，这些问题极大程度上制约了锂硫电池的实际应用研究进程。

穿梭效应[97]被认为是造成锂硫电池容量衰减快和循环寿命短的最主要原因之一。Yuan 等[98]利用原位 XRD、EIS 等测试技术研究了硫正极反应的电化学过程，并将其放电过程分为两个阶段：第一阶段为单质硫被还原成长链的可溶性多硫化物 Li$_2$S$_x$（4≤x≤8），这些可溶性的多硫化物在正负极之间不断穿梭，引起活性物质的损失并带来副反应；第二个阶段为长链可溶性的多硫化物进一步还原为短链的 Li$_2$S/Li$_2$S$_2$ 放电产物，这些绝缘的放电产物会覆盖到电极复合材料的表面，造成复合材料的孔道堵塞，影响电极材料的导电性和电解液的浸润性。Zhang 等[99]进一步考察了锂硫电池电化学反应过程中的动力学过程，并将放电过程分为四个阶段，如图 1-17 所示，阶段 I 为固-液转化过程，主要为固态硫和一小部分溶解硫转化为可溶性的长链多硫化物（Li$_2$S$_8$）；阶段 II 为液-液转化过程，主要为 Li$_2$S$_8$ 被还原为可溶性的短链多硫化物（Li$_2$S$_x$，$x \geqslant 4$）；阶段 III 为液-固转化过程，主要为可溶性的短链多硫化物被还原为不溶性的 Li$_2$S$_2$/Li$_2$S；阶段 IV 为固-固转化过程，主要为不溶性的 Li$_2$S$_2$ 进一步被还原为 Li$_2$S。在充电曲线的开始过程中，显示出一个电压降，主要是由于 Li$_2$S/Li$_2$S$_2$ 发生化学溶解相变变成长链可溶性的多硫化物需要克服一定的反应势垒。

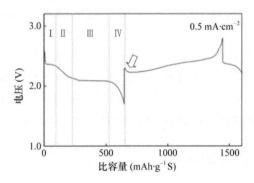

图 1-17　高比能锂硫电池首周充放电曲线[99]

Cheon 等研究表明，电极结构和形貌的破坏，是造成锂硫电池容量衰减的另一原因[100]。He 等[101]进一步研究了锂硫电池的硫正极在充电和放电过程中正极结构的形貌变化。研究表明，单质硫被还原为固态的 Li$_2$S 过程中，体积发生明显膨胀；反之，在充电过程中正极发生收缩。因此，充放电前后硫正极厚度变化显著。

此外，现阶段制约锂硫电池实用化进展主要还有以下几个方面[102]：

（1）室温下，硫的电子电导率仅有 5×10^{-30} S·cm^{-1}，是电子和离子绝缘体。活性物质单质硫的电子导电性差是限制锂硫电池倍率性能的关键因素之一[103-105]。

（2）基于锂硫电池的电化学反应机理，电化学反应过程中多硫化物会大量溶解于电解液中并不断被扩散消耗，导致正极活性物质的流失，降低了电池的放电容量和循环寿命。除此之外，放电结束后的终放电产物锂硫化物 Li$_2$S$_2$ 和 Li$_2$S 会从有机电解质中不断析出，并覆盖在电极表面，阻碍了电解质与正极活性材料发生放电反应，影响电池的进一步充放电[106]。

（3）锂硫电池的锂金属负极具有很强的化学活性，易与电解质溶液中的溶剂、锂盐和添加剂等发生化学反应，导致电极极化电阻增大。电解液中溶解的多硫化物还会扩散到锂金属负极表面与锂发生副反应，导致部分锂也会失去活性。锂离子在锂负极表面沉积的不均匀性，易导致锂枝晶的生成。部分锂枝晶脱离锂负极表面失去活性成为不可逆的死锂，或者锂枝晶持续生长穿透隔膜，造成短路进而引发严重的安全问题[107]。

1.4.4 锂硫电池的研究现状

室温下，单质硫的电子电导率低，其绝缘性是影响硫电化学反应活性的主要因素。为了提高硫正极的导电性，降低充放电过程中活性物质的溶解与穿梭，研究工作者们通常采用导电性能优异且对多硫化物具有较强物理或化学吸附作用的导电材料对硫正极的电化学性能进行改善，常用的导电材料包括碳材料、导电聚合物以及极性金属化合物等[108-110]。碳材料，包括活性炭、碳纳米管、石墨烯等均具有良好的导电性，且物理化学性能稳定、机械强度高、质轻、原材料来源广泛、合成方法多样，对多硫化物在有机电解液中的溶解扩散具有一定的抑制作用。导电聚合物材料可以通过物理及化学作用固定硫，与碳基材料相比，导电聚合物合成方法简单，机械柔韧性好，并且可以通过自身独特的链状结构和丰富的官能团有效地限制硫，抑制多硫化物的溶解穿梭。金属化合物对多硫化物具有较强的吸附作用，且在大多数有机溶剂中具有良好的化学稳定性和不溶解性，此外，金属化合物还能够促进多硫化锂与最终放电产物 Li_2S_2/Li_2S 之间的转化，从而提高电池的倍率性能和活性物质的利用率[111-113]。

锂金属负极的安全性问题是阻碍锂硫电池商业化的另一重要原因[114-118]。在循环过程中金属锂会发生不可控的体积变化。与石墨（10%）和硅负极（400%）不同，锂金属负极的体积膨胀更不可控，并会随着电池的循环越来越为严重。锂金属是最具电化学活性的元素之一，因此锂金属与电解液发生副反应也是其主要问题之一。形成的 SEI 膜机械强度不高，难以支撑机械形变，化学稳定性差，导致循环过程中其不断被分解和形成。目前，关于锂负极优化及改性主要集中于负极-电解质界面原位改性、人工 SEI 膜、设计负极结构以及寻找可替代的非锂金属负极等方向[119]。

除了对硫正极及锂负极进行结构改性外，对电解液组分进行优化也是提高锂硫电池电化学性能的一个有效途径。锂硫电池电解液首先必须要具有较高的室温离子电导率以保证锂离子的传导，同时由于锂硫电池的正负极活性物质分别为硫和金属锂，在充放电过程中，硫以多硫离子的形式溶于电解液中，所以锂硫电池电解液必须能够与金属锂和多硫离子保持化学稳定。目前的研究主要是对溶剂、支持盐和添加剂进行优化，以及采用固体电解质来替代目前常用的液体有机电解质[120-122]。

对隔膜进行改性，或者在正极材料和隔膜间引入夹层也是提高锂硫电池电化学性能的一种手段。通过物理吸附或化学吸附作用，改性隔膜和功能夹层能够有效抑制锂硫电池的"穿梭效应"，提高电池的循环稳定性、库仑效率等电化学性能。多孔碳、碳纳米管（CNT）、还原氧化石墨烯（rGO）等碳材料，金属氧化物、金属硫化物、金属有机骨架（MOF）材料等金属材料[123]，以及聚(环氧乙烷)（PEO）、聚吡咯（PPy）等聚合物，都被广泛应用于锂硫电池的改性隔膜及功能夹层中[124]。

1.5　本书的主要内容

针对锂硫电池的研究至今已有五十年之久，涉及该领域的科学内容不断丰富和完善，归纳和分析已有的研究成果，将为推动该领域进一步发展提供科学的指导和有益的帮助。本书系统地介绍了锂硫电池正极材料、负极材料、电解质、改性隔膜及功能夹层等研究方向的进展，详细归纳了在这些研究工作中常用到的理论计算与表征方法，并对锂硫电池工程化应用进行了可行性分析，希望对广大科研工作者和企业技术人员有所帮助和启迪。

正极材料的设计和探究是锂硫电池体系的重中之重，关于锂硫电池的大部分研究也都集中在正极材料上，本书第 2 章内容分别从正极活性物质、基体、黏结剂等方面详细介绍硫正极研究工作。第 3 章介绍了通过添加剂和人工 SEI 膜等方法对锂负极进行优化改进，以及对非锂金属负极的探究。目前，锂硫电池中常用的依然是液体电解质，但是关于固体电解质的研究也越来越多，本部分将在第 4 章进行介绍。第 5 章分别介绍了不同材料的改性隔膜及功能夹层的研究进展。第 6 章归纳总结了锂硫电池的理论计算和常见的表征方法。第 7 章分别从工程制备工艺、现状、关键技术突破及应用前景等方面对实现锂硫电池工程化进行了分析。

参 考 文 献

[1] 赵良, 白建华, 辛颂旭, 等. 中国电力, 2016, 49(1): 178.
[2] Chu S, Majumdar A. Nature, 2012, 488(7411): 294.
[3] 许守平, 李相俊, 惠东. 电力建设, 2013, 34(7): 73.
[4] Rand D A J. Journal of Solid State Electrochemistry, 2011, 15: 1579.
[5] Galvani A. De Bononiensi Scientiarum et Artium Instituto atque Academia Commentarii, 1791, 7: 363.
[6] Trasatti S. Journal of Electroanalytical Chemistry, 1999, 460: 1.

[7] Phipps J B, Hayes T G, Skarstad P M, et al. Solid State Ionics. 1986, 18-19: 1073.

[8] Whittingham M S. Journal of the Electrochemical Society, 1976, 123(3): 315.

[9] Murphy D W, Carides J N. Journal of the Electrochemical Society, 1979, 126: 349.

[10] Lazzari M, Scrosati B. Journal of the Electrochemical Society, 1980, 127: 773.

[11] Auborn J J, Barberio Y L. Journal of the Electrochemical Society, 1987, 134: 638.

[12] Mizushima K, Jones P C, Wiseman P J, et al. Materials Research Bulletin, 1980, 15: 783.

[13] Mizushima K, Jones P C, Wiseman P J, et al. Solid State Ionics, 1981, 3-4: 171.

[14] Ji X L, Nazar L F. Journal of Materials Chemistry, 2010, 20: 9821.

[15] Bruce P G, Hardwick L J, Abraham K M. Materials Research Society Bulletin, 2011, 36: 506.

[16] Wang H, Yang Y, Liang Y, et al. Nano Letters, 2011, 11(7): 2644.

[17] Ji X, Evers S, Black R, et al. Nature Communication, 2011, 2: 325.

[18] Aurbach D, Pollak E, Elazari R, et al. Journal of the Electrochemical Society, 2009, 156: A694.

[19] Wang J Z, Lu L, Choucair M, et al. Journal of Power Sources, 2011, 196: 7030.

[20] Wang J, Chew S Y, Zhao Z W, et al. Carbon, 2008, 46: 229.

[21] Jeong S S, Lim Y T, Choi G B, et al. Journal of Power Sources, 2007, 174: 745.

[22] Hassoun J, Scrosati B. Angewandte Chemie International Edition, 2010, 49: 2371.

[23] Ogasawara T, Debart A, Bruce P G, et al. Journal of the American Chemical Society, 2006, 128: 1390.

[24] Girishkumar G, McCloskey B, Luntz A C, et al. Journal of Physical Chemistry Letters, 2010, 1: 2193.

[25] Kraytsberg A, Ein-Eli Y. Journal of Power Sources, 2010, 196: 886.

[26] Zhang S S, Foster D, Read J. Journal of Power Sources, 2010, 195: 1235.

[27] Laoire C O, Mukerjee S, Abraham K M, et al. Journal of Physical Chemistry C, 2009, 113: 20127.

[28] Lu Y C, Gasteiger H A, Parent M C, et al. Electrochemical and Solid-State Letters, 2010, 13: A69.

[29] Trahey L, Johnson C S, Vaughey J T, et al. Electrochemical and Solid-State Letters, 2011, 14: A64.

[30] Bruce P G, Freunberger S A, Hardwick L J, et al. Nature Materials, 2012, 11(1): 19.

[31] Chen R, Luo R, Huang Y, et al. Advanced Science, 2016, 3(10): 1600051.

[32] Gao X P, Yang H X. Energy & Environmental Science, 2010, 3: 174.

[33] 吴锋, 杨汉西. 绿色二次电池: 新体系与研究方法. 北京: 科学出版社, 2009.

[34] Zu C X, Li H. Energy & Environment Science, 2011, 4: 2614.

[35] Ceder G, Chiang Y M, Sadoway D R, et al. Nature, 1998, 392: 694.

[36] Nitta N, Yushin G. Particle & Particle Systems Characterization, 2014, 31: 317.

[37] Kim Y, Ha K H, Oh S M, et al. Chemistry, 2014, 20: 11980.

[38] Hautier G, Jain A, Ong S P, et al. Chemical of Materials, 2011, 23: 3495.

[39] Melot B C, Tarascon J M. Accounts of Chemical Research, 2013, 46: 1226.

[40] 北京师范大学无机化学教研室, 华中师范大学无机化学教研室, 南京师范大学无机化学教研室. 无机化学(第四版). 北京: 高等教育出版社, 2003.

[41] 庞锡涛. 无机化学(第二版)下册. 北京: 高等教育出版社, 1996: 266.

[42] 世界主要矿产资源储藏和生产情况简介. 中华人民共和国商务部. 2009-07-31. http:// www. mofcom. gov. cn/aarticle/i/dxfw/jlyd/200907/20090706433368. html.

[43] 2018 年全球锂资源分布现状及未来发展趋势分析. 中国报告网. 2018-04-20. http: //free.

chinabaogao. com/nengyuan/201804/042033131H018. html.

[44] 王莹. 我国科学家发现人类已知锂元素丰度最高恒星-距地球约 4500 光年. 新华网. 2018-08-17. http: //www. xinhuanet. com/politics/2018-08/07/c_129928251. htm.

[45] 锂的发现和应用——200 年大事记. 中国地质调查局. 2018-05-25. https: //www. mining120. com/tech/show-htm-itemid-104850. html.

[46] Baldessarini R J, Tondo L, Davis P, et al. Bipolar Disorder, 2006, 8: 625.

[47] Goodwin F K. Journal of Clinical Psychiatry, 2003, 64 (5): 18.

[48] 王保杰, 姜春龙, 李传强, 等. 航空材料学报, 2019, (1): 1.

[49] 李红萍, 叶凌英, 邓运来, 等. 中国材料进展, 2016, (11): 856.

[50] 张浩, 王力军, 罗远辉, 等. 稀有金属, 2008, (2): 140.

[51] 薛赠, 马幼平, 李秀兰, 等. 金属热处理, 2013, (5): 100.

[52] 左小军, 彭晓东, 陈德顺, 等. 机械工程材料, 2014, (9): 58.

[53] 锂的性质和用途. 上海有色网. 2019-01-31. https: //www. smm. cn/mkds/11781_baike.

[54] Cipriani A, Pretty H, Hawton K, et al. American Journal of Psychiatry, 2005, 162(10): 1805.

[55] 冯光熙, 黄祥玉, 张靓华. 无机化学丛书 第一卷. 北京: 科学出版社, 1984.

[56] 宋天佑, 徐家宁, 程功臻, 等. 无机化学(第二版)下册. 北京: 高等教育出版社, 2010.

[57] 2017 年中国有机硅设备及锂电池专用设备行业发展趋势分析. 中国产业信息网, 2017-05-20. https: //www. chyxx. com/industry/201705/524288. html.

[58] 刘向东, 王新. 河北化工, 2009, 32(9): 58.

[59] 吴剑威. 中国现代中药, 2011, 5: 50.

[60] 魏德勇. 中药变火药: 从东方到西方"硫"也很忙. 蝌蚪五线谱, 2018-10-30. http: //news. mydrivers. com/1/600/600926. htm.

[61] 赵奎涛, 张艳松, 丛殿阁, 等. 中国矿业, 2018, 27(9): 11.

[62] 张艳松, 张艳, 于汶加. 中国矿业, 2015, 24(3): 12.

[63] 郭如新. 硫磷设计与粉体工程, 2011(6): 18.

[64] 李春芳. 科学新闻, 2001, (32): 7.

[65] Chuang D M. Annals of the New York Academy of Sciences, 2005, 1053: 195.

[66] 林大泽. 中国安全科学学报. 2004, 14: 72.

[67] 硫对提高作物产品质量的作用. 中国农技信息网. 2012-5-4: 1. https: //wenku. baidu. com/view/e8de61087cd184254b3535ca. html.

[68] Chung W J, Griebel J J, Kim E T, et al. Nature Chemistry, 2013, 5: 518.

[69] Peramunage D, Licht S. Science, 1993, 261: 1029.

[70] Herbert D, Ulam J. US Patents, US3043896, 1962.

[71] Birk J R and Steunenberg R K. American Chemical Society, 1975, 140: 186.

[72] Yamin H and Peled E. Journal of Power Sources, 1983, 9: 281.

[73] Peled E, Sternberg Y, Gorenshtein A, et al. Journal of the Electrochemical Society, 1989, 136: 1621.

[74] Wang W K, Wang Y, Huang Y Q, et al. Journal of Applied Electrochemistry, 2010, 40: 321.

[75] Mikhaylik Y V. US Patents, US7354680, 2008.

[76] Wang D W, Zeng Q, Zhou G, et al. Journal of Materials Chemistry A, 2013, 1(33): 9382.

[77] Yang Y, McDowell M T, Jackson A, et al. Nano Letters, 2010, 10(4): 1486-1491.

[78] Ji L W, Rao M M, Zheng H M, et al. Journal of the American Chemical Society, 2011, 133:

18522.

[79] Xin S, G L, Zhao N H, et al. Journal of the American Chemical Society, 2012, 134: 18510.

[80] She Z W, Li W Y, Cha J J, et al. Nature Communications, 2013, 4: 1331.

[81] Wright P V. British Polymer Journal, 1975, 7(5): 319.

[82] Shin J H, Kim K W, Ahn H J, et al. Materials Science and Engineering: B, 2002, 95(2): 148.

[83] Su Y S, Fu Y, Cochell T, et al. Nature Communications, 2013, 4: 2985.

[84] Chen R, Zhao T, Wu F. Chemical Communications, 2015, 51(1): 18.

[85] Zhao E Y, Nie K, Yu X Q, et al. Advanced Functional Materials, 2018, 28(38): 1707543.

[86] Manthiram A, Fu Y Z, Su Y S. Accounts of Chemical Research, 2013, 46(5): 1125.

[87] Ji X, Lee K T, Nazar L F. Nature Materials, 2009, 8(6): 500.

[88] Cheon S E, Ko K S, Cho J H, et al. Journal of the Electrochemical Society, 2003, 150(6): A796.

[89] Cheon S E, Ko K S, Cho J H, et al. Journal of the Electrochemical Society, 2003, 150(6): A800.

[90] Deng Z, Zhang Z, Lai Y, et al. Journal of the Electrochemical Society, 2013, 160(4): A553.

[91] Koh J Y, Park M S, Kim E H, et al. Journal of the Electrochemical Society, 2014, 161(14): A2117.

[92] Risse S, Angioletti-Uberti S, Dzubiella J, et al. Journal of Power Sources, 2014, 267: 648.

[93] Mikhaylik Y V, Kovalev I, Schock R, et al. ECS Transactions, 2010, 25(35): 23.

[94] Song M K, Cairns E J, Zhang Y. Nanoscale, 2013, 5(6): 2186.

[95] Wang W K, Yu Z B, Yuan K G, et al. Progress in Chemistry, 2011, 23(2-3): 540

[96] Kolosnitsyn V S, Karaseva E V, Amineva N A, et al. Russian Journal of Electrochemistry, 2002, 38: 329.

[97] Li G R, Wang S, Zhang Y N, et al. Advanced Materials, 2018, 30(22): 1705590.

[98] Yuan L, Qiu X, Chen L, et al. Journal of Power Sources, 2009, 189: 127.

[99] Zhang S S, Tran D T. Journal of Power Sources, 2012, 211: 169.

[100] Cheon S E, Ko K S, Cho J H, et al. Journal of the Electrochemical Society, 2003, 150: A796.

[101] He X, Ren J, Wang L, et al. Journal of Power Sources, 2009, 190: 154.

[102] Fang R P, Zhao S Y, Sun Z H, et al. Advanced Materials, 2017, 29(48): 1606823.

[103] Pang Q, Liang X, Kwok C Y, et al. Nature Energy, 2016, 1: 16132.

[104] Li Z, Huang Y, Yuan L, et al. Carbon, 2015, 92: 41.

[105] Scheers J, Fantini S, Johansson P. Journal of Power Sources, 2014, 255: 204.

[106] Peng H J, Huang J Q, Cheng X B, et al. Advanced Energy Materials, 2017: 1700260.

[107] Cao R, Xu W, Lv D, et al. Advanced Energy Materials, 2015, 5: 1402273.

[108] Peng H J, Huang J Q, Zhang Q. Chemical Society Reviews, 2017, 46(17): 5237.

[109] Wang H Q, Zhang W C, Xu J Z, et al. Advanced Functional Materials, 2018, 28(38): 1707520.

[110] Fu A, Wang C Z, Pei F, et al. Small, 2019, 15(10): 1804786.

[111] Liu D H, Zhang C, Zhou G M, et al. Advanced Science, 2018, 5(1): 1700270.

[112] Xu J, Lawson T, Fan H B, et al. Advanced Energy Materials, 2018, 8(10): 1702607.

[113] Zhang Z W, Peng H J, Zhao M, et al. Advanced Functional Materials, 2018, 28(38): 1707536.

[114] Cheng X B, Huang J Q, Zhang Q. Journal of the Electrochemical Society, 2018, 165(1): A6058.

[115] Rosenman A, Markevich E, Salitra G, et al. Advanced Energy Materials, 2015, 5: 1500212.

[116] Vaughey J, Liu G, Zhang J G. MRS Bulletin, 2014, 39: 429.

[117] Wu F, Qian J, Chen R, et al. ACS Applied Materials & Interfaces, 2014, 6: 15542.

[118] Chen R, Qu W, Guo X, et al. Materials Horizons, 2016, 3: 487.

[119]   Zhao Y Y, Ye Y S, Wu F, et al. Advanced Materials, 2019, 31(12): 1806532.
[120]   Chen W, Lei T Y, Wu C Y, et al. Advanced Energy Materials, 2018, 8(10): 1702348.
[121]   Judez X, Zhang H, Li C M, et al. Journal of the Electrochemical Society, 2018, 165(1): A6008.
[122]   Yu X, Manthiram A. Accounts of Chemical Research, 2017, 50(11): 2653.
[123]   Liu X, Huang J Q, Zhang Q, et al. Advanced Materials, 2017, 29(20): 1601759.
[124]   He Y B, Qiao Y, Zhou H S. Dalton Transactions, 2018, 47: 6881.

02

锂硫电池正极材料

如第 1 章所述，锂离子电池面临发展瓶颈，如理论比能量较低，无法满足一些重大应用发展的迫切需求。而锂硫电池以其高能量密度的突出优点受到了越来越广泛的关注，有望改善电动汽车续航和电网储能等问题。为了充分发挥锂硫电池的优势，开发一种成本低廉且具有高比容的正极材料尤为重要。近年来锂硫电池研究领域中正极材料的研究工作占到很大比重，本章着重介绍锂硫电池正极材料不同组分的特性和研究思路，并对未来锂硫电池正极材料的发展提出展望。

2.1 硫正极材料的特性及存在的问题

锂硫电池的硫正极材料拥有许多独特的优点。目前商业化的锂离子电池正极材料选用的活性物质大多为过渡金属化合物，但这些元素的原子序数比较大，材料的密度也比较大，不利于实现电池高的质量能量密度[1]。而锂硫电池的正极活性物质硫具有轻质的特点，理论比容量高达 1672 $mAh·g^{-1}$。此外，活性物质硫能够发生多电子反应，其理论比能量高达 2600 $Wh·kg^{-1}$ [2]。

此外，硫正极材料来源丰富、价格低廉且制备过程环保。硫是石油精炼和工业生产的副产品，也可以直接从硫酸盐矿物中提取出来，因此硫资源非常丰富，在制备硫正极材料的同时还可以减少废气中的硫含量，与目前控制工业废气排放、实现可持续发展的理念不谋而合。

但是硫正极材料存在的一些问题也制约着锂硫电池的进一步发展：

（1）硫的绝缘性。硫的电子电导率仅有 $5×10^{-30}$ $S·cm^{-1}$[3]，离子电导率约为 10^{-15} $S·cm^{-1}$，为典型的电子和离子绝缘体，限制了锂硫电池的电化学反应，并降低了活性物质硫的利用率，从而影响整个锂硫电池的电化学性能。

（2）体积膨胀。活性物质硫的密度为 2.07 $g·cm^{-3}$，高于放电终产物 Li_2S 的密度（1.66 $g·cm^{-3}$），在锂化的过程中会发生约 80%的体积膨胀。充放电反应过程中电极反复的体积变化会导致正极结构的破坏和活性物质的脱离，使得具有电子绝缘性的硫更难接受电子，造成容量的快速衰减，缩短电池的使用寿命。

（3）穿梭效应。锂硫电池在电化学反应过程中生成的长链多硫化物易溶解在有机电解液中，其在浓度梯度的驱使下从正极扩散到锂金属负极，被还原成不可溶的短链多硫化物并在负极表面聚集，造成负极的钝化，发生不可逆的自放电行为；在充电过程中，部分易溶的短链多硫化物在电场的驱使下从负极扩散回到正极，被氧化成长链的多硫化物。上述现象即为"穿梭效应"，造成活性物质的不可逆损失，降低库仑效率，损失容量。活性物质反复的溶解和沉积还会导致正极中硫的不均匀分布，进而导致正极钝化，阻抗增加。穿梭效应的原理如图 2-1 所示[4]。

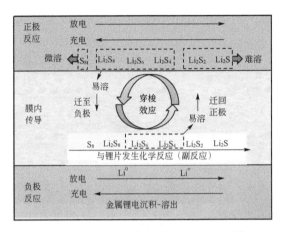

图 2-1　锂硫电池活性物质传输示意图[4]

为了解决上述硫正极材料中存在的问题，研究人员对正极材料的各组分（活性物质、基体、黏结剂等）进行了系统的研究和优化，以改善硫的电子和离子传导性，降低体积膨胀和穿梭效应造成的危害，从而提高锂硫电池的电化学性能。

2.2　正极活性物质

锂硫电池活性物质是指电池充放电时发生电化学反应的物质。锂硫电池正极活性物质大部分选用单质硫，为了从活性物质的角度解决锂硫电池存在的一些问题，研究人员还开发了 Li_2S、有机硫、小分子硫（$S_{2~4}$）、液态硫等活性物质。本节主要叙述以上几种活性物质的电化学反应机理及其优势和弊端，并分别介绍了不同活性物质的研究进展。

2.2.1　单质硫

单质硫的同素异形体有很多，有斜方硫、单斜硫和弹性硫等，在不同的温度下以不同的形态存在，如图 2-2 所示[5]。当温度低于 96 ℃时，硫以黄色的斜方晶体形式存在。当温度在 96 ℃和 119 ℃之间时，硫以单斜晶体形式存在，其颜色仍为黄色。斜方硫和单斜硫均以 S_8 这种八元环的形式存在。当温度升高至 120 ℃时，硫开始熔化，转变为黄色的液态硫。温度升高到 160 ℃时，S_8 开环成链状，转变为无定形的黏稠液体。温度继续升高，硫的黏度变大，颜色开始变深，从黄色转变为橘色，最终变为红色。当温度达到 200 ℃时，硫发生聚合，变成红色固体。

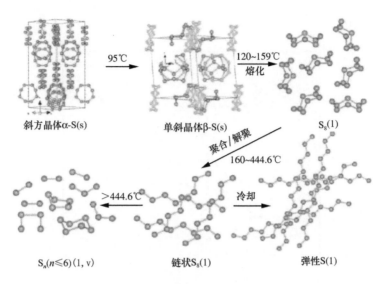

图 2-2　硫在不同温度下的结构变化[5]

温度进一步升高时，聚合的硫又会解聚。在 444.6 ℃时，硫仍主要以链状 S_8 的形式存在，但在更高的温度下，其会分解成短链的硫。弹性硫是由熔融态硫迅速倾倒在冰水中所得，但其不稳定，可转变为晶态硫。斜方硫不溶于水，微溶于乙醇和乙醚，溶于二硫化碳、四氯化碳、甲苯和苯等溶剂。

目前，大部分锂硫电池的活性物质为单质硫，但是其存在上述提及的一些问题，制约着锂硫电池的进一步发展。研究人员主要通过将硫与具有高导电性的材料进行复合构建复合材料，以改善单质硫及其放电产物的导电性，减小电极极化，从而提高活性物质的利用率，提升电池的电化学性能。同时通过对正极骨架材料的结构和成分进行设计，增强其对多硫化物的限域作用，有效抑制多硫化物的穿梭效应并缓解硫在充放电过程中的体积膨胀。

2.2.2　Li_2S

锂硫电池采用单质硫作为正极活性物质时，负极为金属锂，金属锂具有高活性，会自发地和有机电解质反应生成固体电解质界面（SEI）膜，但是锂金属不断地沉积、剥离造成巨大的体积变化使得这层 SEI 膜很不稳定，导致金属锂被不断消耗。除此之外，由于穿梭效应，在负极表面会形成一层 Li_2S 钝化层，进一步降低了锂负极的效率，影响了电池的循环稳定性。为了解决硫正极和锂金属负极的这些问题，研究人员开发了 Li_2S 作为正极的活性物质材料。首先，Li_2S 的比容量为 1167 mAh·g^{-1}，是传统锂离子电池正极材料比容量的 3 倍，具有显著的容量优势。其次，由于 Li_2S 本身含有锂，其匹配的负极可以采用商业化的碳材料，也可以选择其他高容量的负极材料，如硅、锡等非锂负极，避免锂金属负极的弊端。再次，相对于单质硫来说，Li_2S 在向 S 转变的过程中，体积变小，Li_2S 体积处于整个充放电过程中的最大态，所以对其骨架材料进行结构设计可有效缓解活性物质的体积膨胀。最后，Li_2S 的熔点高达 948 ℃，可以在高温下进行碳包覆处理。基于以上优势，Li_2S 正极材料也受到了越来越多研究人员的关注。

当然，Li_2S 材料也存在一些问题。首先，Li_2S 的化学性质活泼，容易和水发生潮解反应，制备条件较苛刻，成本较高；其次，Li_2S 离子电导率和电子电导率不高，需要与导电性良好的材料复合来改善其导电性；此外，与单质硫正极类似，Li_2S 在反应过程中产生的多硫化物也存在穿梭效应等问题，降低了电池的库仑效率，影响电池的循环稳定性。

Li_2S 作为正极活性物质材料，其充放电机理与单质硫类似，与硫正极不同的是，硫首先是放电嵌锂，而 Li_2S 则是充电脱锂，而且 Li_2S 在此过程中存在较高的活化电位，需要高电压对其进行活化。活化之后，Li_2S 的充放电曲线就和典型的锂硫电池的充放电曲线一致。许多文献报道 Li_2S 通过活化之后，容量可以接近理论容量。此外，Li_2S 的标准摩尔生成焓高达 $-447\ kJ \cdot mol^{-1}$，导致锂离子扩散受阻。在活化过程的电压曲线中可以观察到一个十分明显的活化势垒，这是由于 Li_2S 向多硫化物的相转变产生的。有研究发现，不同的充电电流所产生的极化情况不同，如图 2-3 所示[5,6]。Li_2S 的活化过程可以分为四个阶段，在其达到势垒峰值之前发生如式（2-1）反应：

$$Li_2S\ (s) \longrightarrow Li_{2-x}S\ (s) + xLi^+ + xe^- \tag{2-1}$$

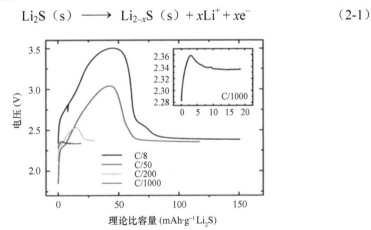

图 2-3 　Li_2S 在不同倍率下充电能垒示意图[5,6]

当反应进行到平台中间时，发生如下反应：

$$\gamma Li_2S\ (s)\ \longrightarrow\ Li_2S_\gamma\ (1) + (2\gamma - 2)\ Li^+ + (2\gamma - 2)\ e^- \qquad (2\text{-}2)$$

$$Li_2S_\gamma\ (1)\ \longrightarrow\ \gamma/8Li_2S_8\ (1) + (2 - \gamma/4)\ Li^+ + (2 - \gamma/4)\ e^- \qquad (2\text{-}3)$$

在充电平台结束，电压上升的区间，发生第四步反应：

$$Li_2S_\gamma\ (1)\ \longrightarrow\ \gamma/8Li_2S_8\ (1) + (2 - \gamma/4)\ Li^+ + (2 - \gamma/4)\ e^- \qquad (2\text{-}4)$$

在第一步和第二步反应中，由 Li_2S 转变为 $Li_{2-x}S$ 的过程是固相转变，并且 Li_2S 在电解液中的电荷转移比较困难，反应的动力学很差，导致反应势垒的产生。在第三步反应形成多硫化物之后，多硫化物就会溶解在电解液中，电荷转移动力学迅速提升，因此在随后的循环中不再出现势垒。当在电解液中加入多硫化物后，没有出现势垒，说明势垒是由 Li_2S 向多硫化物相变产生的[6]。

目前针对 Li_2S 正极存在的问题，常用的解决方法是将导电材料与硫化锂复合，以改善硫化锂的导电性，从而提升电池的电化学性能。而 Li_2S 和导电性良好的碳材料复合是比较常见的改性方法。

Takeuchi 课题组[7]使用放电等离子体烧结（SPS）工艺制备了硫化锂-碳（Li_2S-C）复合材料，电化学测试表明，SPS 处理的 Li_2S-C 复合材料的初始充放电容量分别约为 1200 mAh·g^{-1} 和 200 mAh·g^{-1}；并探究了不同烧结温度合成的 Li_2S-C 样品的电化学性能差异，发现 600 ℃时，复合材料的阻抗最小，放电容量最大。Archer 课题组[8]报道了一种合成硫化锂-碳（Li_2S@C）纳米复合材料的方法。由于 Li_2S 的 Li_2SO_4 前驱体与用作碳前驱体的间苯二酚-甲醛气凝胶中高浓度的极性氧之间的特定相互作用，Li_2S 在碳中均匀分布，该纳米复合电极可有效抑制多硫化物穿梭并提高 Li_2S 的循环稳定性。Cairns 课题组[9]首次合成了尺寸可控的 Li_2S 微球，并成功地将其转化为稳定的碳包覆 Li_2S 核壳（Li_2S@C）颗粒。这些具有保护和导电碳壳层的 Li_2S@C 颗粒具有良好的比容量和循环性能。

余桂华课题组[10]设计了一种由植酸掺杂聚苯胺水凝胶衍生的氮磷共掺杂碳（N,P-C）骨架，用于支持 Li_2S 纳米粒子作为锂硫电池的无黏结剂正极。N 和 P 共掺杂碳的多孔三维结构为锂离子的传输提供了连续的电子通道和分层多孔通道。磷掺杂可以通过硫与碳骨架的强相互作用抑制穿梭效应，从而提高库仑效率。同时，碳骨架中 P 的掺杂对改善反应动力学起着重要的作用，它可以催化硫化物的氧化还原反应，降低电化学极化，提高 Li_2S 的离子电导率。因此，在 0.1 C 倍率下经 100 周循环后，Li_2S/N,P-C 复合电极具有 700 mAh·g^{-1} 的稳定比容量，平均库仑效率为 99.4%，在 0.5 C 下面积比容量高达 2 mAh·cm^{-2}。

石墨烯具有较大的比表面积和优良的导电性能，也被广泛应用于 Li_2S 正极复合材料的改性研究。陈继涛课题组[11]开发了一种柔性无浆料纳米 Li_2S/还原石墨烯氧化物正极（纳米-Li_2S/rGO）纸，该复合正极材料是通过将 Li_2S 的溶液滴加到蓬松的还原氧化石墨烯（rGO）纸片上后经过蒸发溶剂得到的，如图 2-4 所示。Li_2S/rGO 纸可直接用作无金属基板的正极，显著减轻了材料的质量。rGO 纸具有较高的电子电导率、柔韧性和较强的溶剂吸收能力。电化学测试结果表明，在高达 5 C 倍率下循环 200 周之后，其可逆容量仍可保持在 462.2 $mAh\cdot g^{-1}$。Kung 课题组[12]通过溶剂蒸发法得到 rGO 片层堆叠包裹 Li_2S_6 前驱体材料，随后在 Ar 气氛下高温退火除去部分多余的硫元素，得到堆叠包裹的 Li_2S/rGO 复合材料。崔屹课题组[13]利用锂氧相互作用将氧化石墨烯（GO）包覆到 Li_2S 表面，研究了 GO 包覆对 Li_2S 循环性能的影响，研究发现 GO 表面的含氧官能团会与 Li^+ 产生 Li—O 键，有利于吸附多硫化锂和硫化锂，减少多硫化物在电解液中的溶解，缓解电池的穿梭效应，提高电池的循环稳定性能。

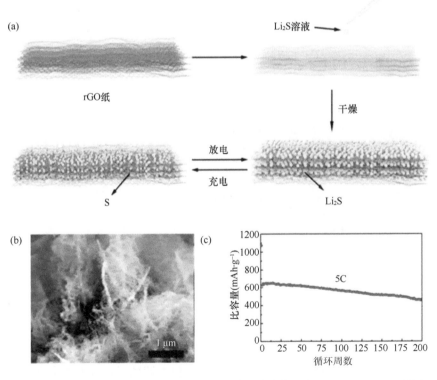

图 2-4 （a）纳米 Li_2S/rGO 的制备过程和循环过程中结构变化示意图；（b）Li_2S/rGO 侧面 SEM；（c）纳米 Li_2S/rGO 电极在 5 C 下的循环性能[9,11]

　　过渡金属硫化物在硫化锂复合正极材料中也得到了应用探索。过渡金属硫化物材料的性质是不活泼的，但当其变成低维结构后则显示出较活泼的化学特性。主要是由于其存在的边缘态具有活性位点，对材料的性能会产生显著的影响。另外由于过渡金属硫化物材料层与层之间是由弱的范德瓦耳斯力相连接的，因此可以通过实验手段制备出低维的过渡金属硫化物材料。崔屹课题组[14]利用具有高导电性、与多硫化物具有强结合力的二维层状过渡金属二硫化合物对Li_2S进行包覆，如图2-5所示。他们首次使用二维（2D）层状过渡金属二硫化钛（TiS_2）作为Li_2S的封装材料。TiS_2具有高导电性和极性基团，可以与多硫化物发生较强的相互作用。制备的$Li_2S@TiS_2$复合材料具有较高的初始容量（806 mAh·g^{-1}），在2 C倍率下具有稳定的循环寿命。相对于初始循环，在50周、100周和150周循环后其容量保持率分别为90%、89%和86%。同样，研究发现Li_2S-ZrS_2复合材料也具有良好的电化学性能。

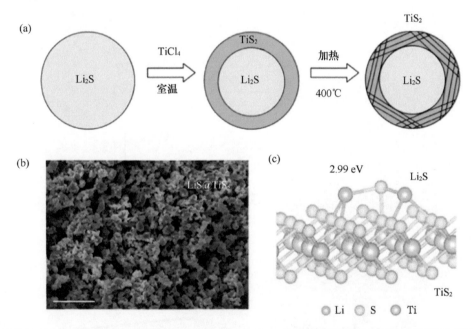

图2-5　$Li_2S@TiS_2$核-壳纳米结构的合成和表征：（a）合成过程示意图；（b）$Li_2S@TiS_2$结构的SEM图像；（c）从头算法模拟单层TiS_2的硫化氢最稳定的结合构型[14]

　　除了上述无机材料外，还有研究报道了将Li_2S与有机材料进行复合。有机聚合物尤其是导电聚合物具有导电性高、成膜性和柔韧性好、官能团丰富等优点，能够在一定程度上改善硫正极的导电性、缓解在充放电过程中硫的体积变化，并且聚合物上丰富的极性官能团能有效吸附多硫离子。崔屹课题组[15]通过简单的原位聚合，在 Li_2S 颗粒上合成了 Li_2S-聚吡咯（PPy）复合材料。首先将微米级 Li_2S 颗粒分散在含 $FeCl_3$ 的无水乙酸甲酯中，以聚醋酸乙烯酯为稳定剂，在室温下加入吡咯进行聚合。通过扫描电子显微镜（SEM）图像，可以看到在 Li_2S 颗粒表面形成了多个 PPy 纳米小球（约 700 nm），形成了类似覆盆子果实状的 Li_2S-PPy 复合结构。PPy 中的 N 原子与 Li_2S 可形成较强的 Li—N 相互作用，从而有效抑制了中间态多硫化物的溶出。

目前对 Li_2S 正极材料的研究多采用工业化的 Li_2S，而工业生产 Li_2S 的成本较高，且 Li_2S 极易与空气中的水发生潮解反应生成有毒的 H_2S 气体，实验条件较苛刻。在以后的研究工作中，探索合成成本和操作要求更低的 Li_2S 制备工艺和方法尤为重要。Li_2S 的离子和电子电导率均不高，通过纳米化设计以及与导电性良好的碳材料进行复合均可以改善其电导率，且在电极制备过程中，一般需要采用铝箔作为集流体进行浆料涂布，而涂布环节添加的黏结剂一般会影响电极的整体导电性。所以，在未来的研究中，应对导电性良好的自支撑碳材料进行结构设计，并将 Li_2S 原位合成在碳材料结构中，以制备综合性能更优、成本更低的复合正极材料。

2.2.3 有机硫

有机硫化物作为锂硫电池活性物质的研究在 20 世纪 80 年代已有报道，主要包括有机二硫化物、聚有机二硫化物、聚有机多硫化物、碳硫聚合物等。以目前研究最热也是最有前景的硫化聚丙烯腈（SPAN）为例，和单质硫正极材料相比，其具有自放电率较低、库仑效率接近 100% 等优势。单质硫的理论比容量为 1675 $mAh \cdot g^{-1}$，而硫化聚丙烯腈的放电比容量接近甚至超过硫的理论比容量。这是由于硫化聚丙烯腈在首次放电过程中，除硫参与反应外，分子结构中部分 C=N 和 C=C 也参与了储锂反应，即"共轭双键储锂"，因此硫化聚丙烯腈的放电容量高于硫的理论比容量，但其循环性能还有待进一步提高[16]。

目前硫化聚丙烯腈的分子结构和电化学反应机理以及影响其电化学性能的因素还存在很大争议，主流的理论有：何向明等[17]认为硫化聚丙烯腈材料在第一次放电过程中 C—S 和 S—S 键全部发生断裂生成 Li_2S；在充电过程中，Li_2S 发生氧化反应生成纳米级的单质硫分散在聚并吡啶导电骨架中，原结构中的 C—S 不能重新生成，在后续的充放电过程中，单质硫与锂发生氧化还原反应进行储锂；针对硫化聚丙烯腈的放电比容量超过硫的理论比容量的现象，作者认为在聚并吡啶环中，部分共轭区域可能提供储锂位置，从而与锂离子发生反应。在其他硫化聚丙烯腈材料的文献中，由于所制备的材料放电比容量较低，未超出硫的理论比容量，研究人员也提出了比较合理的硫化聚丙烯腈电化学反应机理。张升水课题组[18]和 Archer 课题组[19]认为硫化聚丙烯腈材料在放电过程中 C—S 和 S—S 键完全发生断裂生成 Li$_2$S；在充电过程中，Li$_2$S 发生氧化反应，C—S 和 S—S 键重新生成，这种机理还无法阐明硫化聚丙烯腈的实际放电比容量超过硫的理论比容量。喻献国课题组[20]则认为，硫化聚丙烯腈材料存在两种储锂机制，一方面硫化聚丙烯腈在放电过程中 C—S 键不发生断裂，仅 S—S 键发间断裂，从而形成 C—S—Li 键，从这种机制分析来看，硫贡献的容量更小。此外，该作者通过透射电镜发现在硫化聚丙烯腈分子中存在着一些小于 2 nm 的微孔，由此推测认为锂离子除了与硫发生电化学反应外，还可以通过这些微孔向无定形碳导电骨架或类石墨微晶结构中扩散，从而达到储锂的目的。对于硫化聚丙烯腈首次放电电压较低的现象，何向明课题组[21]认为是首次放电过程中硫化聚丙烯腈的结构发生了变化而引起的。对于硫化聚丙烯腈的首次不可逆容量损失的来源，陈立桅课题组[22]认为是由在首次放电过程中，锂离子与硫化聚丙腈的表面官能团发生了不可逆反应造成的。喻献国课题组[19,20]认为是由于在首次放电过程中，锂离子嵌入到黏结剂和导电剂的缺陷结构中，并且锂离子与单质硫反应以及生成 SEI 膜，均会导致部分锂离子失活。

总体来看，研究人员对于硫化聚丙烯腈的电化学反应机理仍然存在很多争论，主要概括为以下几点：①硫化聚丙烯腈正极材料在放电过程中，C—S 键是否发生断裂。②如果 C—S 键在放电过程中发生断裂，那么在充电过程中 C—S 键是否会重新生成；如果 C—S 键在放电过程中不发生断裂，那么其储锂能力来源于哪里。③对于硫化聚丙烯腈正极材料首次放电电压低于第二次放电电压的原因以及首次不可逆损失来源，还需要系统深入的研究给出进一步的诠释。

在氩气氛围下，将升华硫和聚丙烯腈（PAN）粉末的混合物在 280～300 ℃加热 6 h，可制备导电硫化聚丙腈（SPAN）复合材料，形成共轭电子不饱和链，如图 2-6（a）所示[23-25]。脱氢导致 PAN 的环化，形成骨架结构，有利于硫的有序分布和较高的硫含量。虽然硫和 PAN 是电子绝缘体，但 SPAN 的电导率可以达到 10^{-4} S·cm^{-1}。在放电过程中，—S$_y$Li 段首先由断裂的—S$_x$—链生成。随后不溶性硫化氢形成，y 值逐渐减小，直至 C—S 键断裂，转变为碳共轭键。在充电过程中，碳共轭键首先失去电子生成自由基正离子，迅速捕获 2 个 S 原子生成 C—SLi，—S$_x$—链可以通过进一步充电重建。喻献国课题组[20,26]在 200～800 ℃温度范围内对聚丙烯腈的硫化产物进行了系统研究，提出了聚丙烯腈在单质硫存在下加热时的反应机理及硫化聚丙烯腈材料的储锂机理：放电时，电子通过共轭主链传递，侧链上的 S—S 键断裂并与锂离子结合完成储锂过程，充电过程则相反。电化学测试结果显示温度为 450 ℃时材料的综合性能最好，循环 240 周后容量保持在 480 mAh·g^{-1}，这主要归因于复合材料特殊的分子结构及较高的电导率。喻献国课题组[27]和 Fanous 课题组[28]分别提出了如图 2-6（b）、（c）所示的两种结构，其中短—S$_x$—链与脱氢和环化的 PAN 骨架之间是共价作用。张升水课题组[18]认为这两种结构不准确，因为它们与 C/H 比值结果不匹配。元素分析和热重-质谱（TG-MS）分析表明，硫化聚丙烯腈更接近于图 2-6（d）、（e）所示的结构。—S$_x$—链的平均 x 值为 3.37（$x = n + 2$），x 的最大值应该小于 4。否则，—S$_x$—链在放电过程中会转化为长链聚硫化物，导致聚硫化物穿梭，循环性能差。

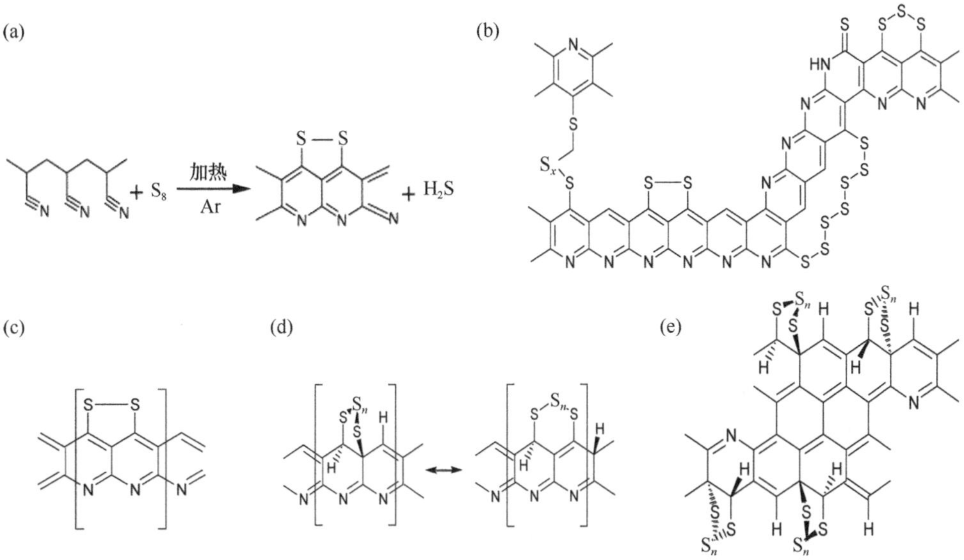

图 2-6 （a）PAN 与硫之间可能发生的热反应；（b）、（c）喻献国和 Fanous 提出的硫化聚丙烯腈两种可能的分子结构；（d）、（e）张升水提出的修改后的硫化聚丙烯腈的结构，与 C/H 比的结果相吻合[17,18,20,22-24,26-28]

军事科学院防化研究院使用固体核磁碳谱和锂谱对硫化聚丙烯腈的储能机理进行了深入研究，发现了硫化聚丙烯腈结构中部分 C≡N 和 C≡C 也参与了储锂反应，提出了"共轭双键储锂"机制[16]，解释了这类材料的首次放电电压低于第二次放电电压以及首放不可逆容量产生的原因，以及这类材料的放电容量高于硫的理论容量的现象。该工作提出的硫化聚丙烯腈的结构式和储锂机理，如图 2-7所示。

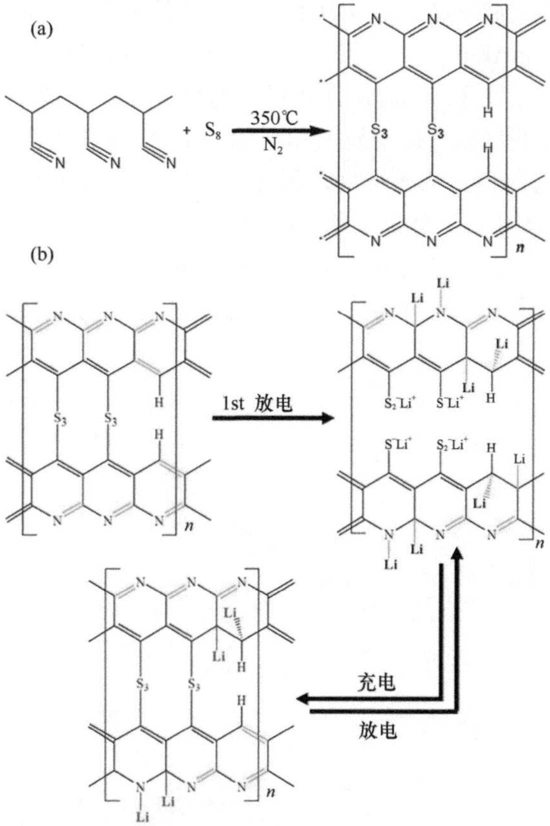

图 2-7　聚丙烯腈的结构式和储锂机理[16]

　　研究者对硫化聚丙烯腈的电化学性能进行了系统的研究。杨军课题组[29,30]采用热复合的方法合成了聚丙烯腈和单质硫复合材料，选用 1 mol·L^{-1} LiPF$_6$ 的 EC/DMC 电解液组装的电池的首次放电比容量达到 850 mAh·g^{-1}；循环 50 周后放电比容量保持在 500 mAh·g^{-1}；选用 PVDF-HFP 共聚物与 SiO$_2$ 复合的凝胶电解质的电池的比容量高达 700 mAh·g$^{-1[31]}$，库仑效率为 99%，循环 40 周后容量保持在 680 mAh·g^{-1}。

　　除了硫化聚丙烯腈，研究者还研究了其他有机硫化物在锂硫电池中的应用。Francesca Moresco 课题组[32]首次合成了过硫化多环芳烃（过硫化 PAH）。在这种新型 PAH 中，二硫化物单元在一个冠状核周围形成了全硫外围，其分子的中心核形成一个凹陷，所有的硫原子在核心周围构成一个均匀的环。该过硫化多环芳烃的富硫特性使其可应用为锂硫电池的正极材料，在 0.6 C 倍率下 120 周循环后放电容量为 520 mAh·g^{-1}，容量保持率为 90%。钱涛课题组[33]设计并合成了一种新型硒掺杂有机聚合物（PDATtSSe）材料并作为锂-有机硫电池的正极材料，如图 2-8 所示。该结构显著提高了体积/面积容量，库仑效率接近 100%。硒的掺杂使电极的电子电导率比纯硫电极提高了 6.2 倍，并抑制了长链多硫化物的产生，在硒掺杂引起的整个循环过程中，原位紫外-可见光谱中没有检测到长链多硫化物，表明其有效地抑制了穿梭效应。

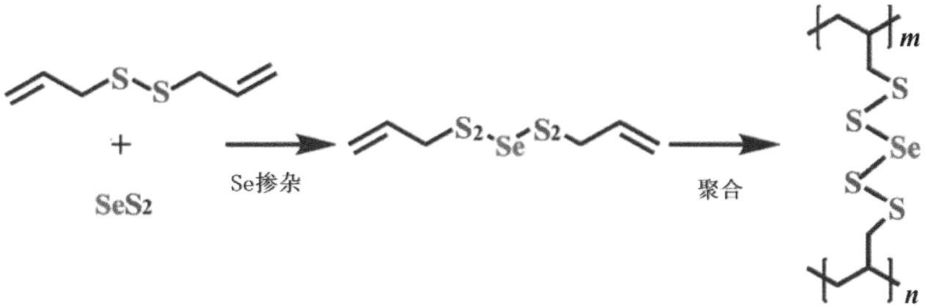

图 2-8　硒掺杂的 **PDATtSSe** 聚合物正极材料的合成机理，其中 *m* 和 *n* 表示聚合度[33]

Naoi 课题组[34]利用 2,2′-双硫苯胺（DTDA）作为单体，通过电化学聚合得到聚(2,2′-双硫苯胺)（PDTDA）作为电池的正极材料，PDTDA 的放电比容量可达 270 mAh·g^{-1}，利用率为 81%。詹才茂课题组[35]采用氧化耦合聚合得到了聚(2-苯基-1,3-二硫杂环戊烷)（PPDT）和聚[1,4-二对(1,3-二硫杂环戊烷基)苯]（PDDTB），其理论比容量分别为 294 mAh·g^{-1} 和 374 mAh·g^{-1}，实际比容量经过 20 周循环后稳定在 100 mAh·g^{-1} 和 300 mAh·g^{-1}。与典型的聚有机硫化物通过 S—S 键断裂与键合的电化学机理不同，这两种物质分子中含有 C—S—C 结构，电极反应发生在 C—S—C 的 S 原子上，形成 C—S^{+}—C，而 PPDT 和 PDDTB 分别含有 2 分子和 4 分子的 C—S—C 键，因而后者具有更高的比容量。两种物质的放电平台均在 2.2 V 左右，而充电平台则分别位于 2.8 V 和 3.8 V。该研究小组又合成了聚(乙烯-1,1,2,2-四硫醇)，放电平台在 2 V 左右，稳定比容量为 300 mAh·g^{-1}。

杨裕生课题组在"主链导电、侧链储能"的思路下合成了一系列的多硫代聚苯撑[36]、多硫化碳炔[37]、多硫代聚苯胺[38]等材料，并对其制备技术和电化学性能做了系统的研究。徐国祥课题组先后合成的三硫代环磷氮烯无机聚合物 $[(NPS_3)_3]_n$[39]、聚三硫代磷氮烯$[NPS_3]_n$[40]、聚(1,5-二氨基蒽醌)（PDAAQ）[41]均表现出较高的放电容量和循环性能。多数聚合物本身具有长碳链，将单质硫与聚合物在惰性气体保护下进行加热硫化，能获得骨架稳定的长链碳硫聚合物。

锂硫电池中的富硫共聚物由于其优异的加工性、柔韧性和较好的电化学稳定性而备受关注。在这些富含硫的共聚物中，S 链与有机骨架共价相互作用，在锂硫电池的电化学反应中具有不同的锂化/脱锂机制，使得其电化学性能优于传统的聚合物包覆的硫碳材料。然而，尽管最近对有机硫化物的研究在锂硫电池领域取得了重大突破，但其较低的硫含量仍严重制约了锂硫电池的实际应用[42]。未来对有机硫化物正极材料的研究主要集中在以下几个方面：①设计更稳定、长度可控的聚合物，充分抑制穿梭效应；②采用合适的有机单体促进锂离子和电子的传输，提高有机硫共聚物的导电性能；③开发具有良好力学性能的共聚物，以适应共聚物正极的体积变化，保持电极的完整性；④将共聚物的应用扩展到锂电池的其他部分，如电解质、金属锂负极保护等；⑤加快室温下氧化还原反应的速率；⑥简化合成过程。

2.2.4 $S_{2\sim4}$

在锂硫电池中使用短链硫 $S_{2\sim4}$（S_2、S_3 和 S_4）作为活性物质，链状结构的短链硫 $S_{2\sim4}$ 至少在某一维度小于 0.5 nm，因此可以被容纳在孔径<0.5 nm 的微孔碳基体中，理论上可以消除可溶性长链多硫化物的形成，并增加 $S_{2\sim4}$ 与导电碳骨架之间的紧密接触。与单质硫固-液-固转换反应的机理不同，$S_{2\sim4}$ 完全通过固-固相实现 S 向 Li_2S 的相转变，不形成中间产物多硫化物，因此，电压曲线中只有一个约为 1.8 V（$S_4^{2-} \rightleftharpoons S^{2-}$）的低电压放电平台，如图 2-9 所示[43]。短链硫与碳酸酯类电解质相容，可避免多硫化物的穿梭效应，并且其库仑效率和容量保持率均较高。然而，这种类型的硫正极材料通常硫含量较低，一般小于 50wt%，导致电池的实际能量密度不高。此外，短链硫正极的平均电压（约 1.9 V *vs.* Li^+/Li）低于单质硫正极（约 2.2 V *vs.* Li^+/Li），进一步降低了电池能量密度。

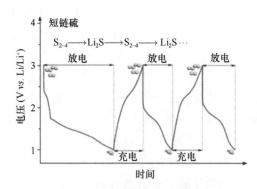

图 2-9　短链硫的充放电曲线[43]

目前对短链硫 $S_{2\sim4}$ 在锂硫电池中的应用研究集中在构筑一种合适的 $S_{2\sim4}$ 载体材料，研究较多的载体材料有微孔碳、碳纳米片等。

万立骏课题组[44]将亚稳态的小分子 $S_{2\sim4}$ 限制在孔径为 0.5 nm 的微孔碳孔道

中，受限的小分子 $S_{2\sim4}$ 具有较高的 Li 电活性，与一般的 S_8 相比，能从根本上解决传统锂硫电池中多硫化物溶解穿梭的问题。高学平课题组[45]以蔗糖为碳源制备了微孔碳球，并将其与升华硫复合制备得到了硫碳复合材料。碳球的微孔结构可容纳几个 S_8 冠状环或小分子形式硫的短链，可确保微孔内元素硫的高分散。根据复合材料形成前后的质量变化计算，复合材料中的硫含量为 42%。尹龙卫课题组[46]通过对含氮 MOF 纳米晶的直接炭化，得到了富含 22 nm 中孔和 0.5 nm 微孔的氮掺杂碳（NDC）微球。S_8 和小分子 $S_{2\sim4}$ 分别被限制在孔径为 22 nm 的中孔和 0.5 nm 的微孔中。中孔孔道中的 S_8 分子经热处理挥发后，只有 $S_{2\sim4}$ 的小分子被固定在 NDC 骨架的微孔中。

杨军课题组[47]首次报道了生物质衍生的微孔石墨化碳（MGC）作为短链硫（$S_{2\sim4}$）的载体，其制备过程如图 2-10 所示。MGC 具有丰富的超微孔及较大的孔体积（0.65 $cm^3 \cdot g^{-1}$），其孔径小于 0.4 nm，硫含量达到 50.5wt%。

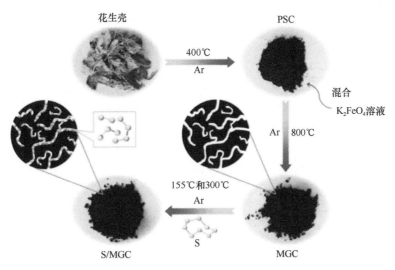

图 2-10　S/MGC 复合材料的制备过程[47]

徐斌课题组[48]将含有碳纳米管和乙炔黑的 $S_{2\sim4}$/超微孔碳（UMC）浆料注入三聚氰胺甲醛基碳泡沫（MFC）骨架中制备复合电极。三维互连空心网络的 MFC 可以容纳大量的 $S_{2\sim4}$/UMC 复合材料，提高电极的硫含量。不同于传统的涂覆高硫载量电极，MFC 基电极具有以碳纳米管和乙炔黑为导电剂的三维骨架结构，能够为电子和锂离子的传输提供良好的导电网络。此外，MFC 的泡沫结构可以有效吸附电解液，提高电解液的浸润性，保证活性 $S_{2\sim4}$ 的高利用率。此外，MFC 的超低密度（4.87 $mg \cdot cm^{-3}$）有效降低了电极的总质量。

晏成林课题组[49]提出了一种类似的新策略，通过在放电过程中形成短链中间体来大幅提高锂硫电池的性能,在 450 周循环后有 1022 mAh·g^{-1} 的高容量以及 87% 的容量保持率。在电解质中不含 LiNO$_3$ 的情况下,500 周循环后,得到约 99.5% 的库仑效率,说明穿梭效应受到了有效的抑制。对循环过程中电解质的原位紫外-可见光谱分析表明,短链的 Li$_2$S$_2$ 和 Li$_2$S$_3$ 多硫化物是主要的中间体,密度泛函理论计算进一步从理论上验证了这一结论。

综上所述,目前短链硫还存在正极材料中硫含量较低的短板,导致电池实际能量密度偏低。研究者们目前的工作是通过寻找一种合适的骨架材料来负载短链硫,面向未来提高电池实际能量密度的研究方向发展。

2.2.5 液态硫

液态硫具有成本低和能量密度高的特点,在未来电网储能方面的应用前景较为广阔。以 Li$_2$S$_8$ 作为活性物质的反应过程和充放电曲线如图 2-11 所示[43]。Li$_2$S$_8$ 首先放电生成 Li$_2$S,然后充电生成多硫化物,进而形成 S$_8$,再继续放电,以此反复。由于液态活性物质的分布更均匀,并且比固体硫的反应活性更高,液态硫正极具有更优异的氧化还原反应动力学,可提高硫的利用率。然而,这种电池也存在巨大的挑战:由于活性多硫化物与电解液结合,使用液态硫正极的锂硫电池的电解液用量显著提高,显著降低了电池的能量密度,在实际应用中,须减小集流体质量并增加电解液中的有效硫浓度。

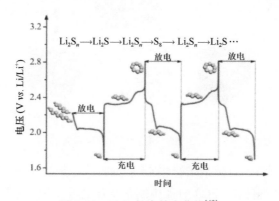

图 2-11　Li$_2$S$_8$ 的充放电曲线[43]

为了解决上述问题,崔屹课题组[50]研制了一种新型的磁场增强半液态锂-多硫化物(Li-PS)电池,该电池采用含 Li$_2$S$_8$ 和磁性纳米粒子的两相磁性溶液作为正极,锂金属为负极。正极由两相组成,在外加磁场的影响下,Li$_2$S$_8$ 和超顺磁性氧化铁纳米粒子成为可与集流体密切接触的相。这种独特的特性可以抑制多硫化物穿梭效应,最大限度地利用活性多硫化物,并改善多硫化物与集流体之间的接触。李炳云课题组[51]采用碳纳米纤维-多孔炭纸(CNFPC,约 165 μm)与炭黑纳米粒子和可溶的多硫化锂作为硫电极和集流体。在该结构中,三维材料与导电基体 CNF 可有效接触。CNF 骨架具有良好的完整性,可更好地适应活性硫材料体积变化,同时该骨架中存在较大的间隙,可有效促进电解液的渗透,从而增强锂离子的传输。Simon 课题组[52]用氧化钛粉末(TiO₂,10~25 nm 大小)用作前驱体,在 NH₃ 气氛煅烧制备氮化钛(TiN)正极材料,TiN 能够有效促进多硫化物转化反应。电化学性能测试表明在 0.1 C 倍率下,将电压下限从 1.5 V 提高到 1.8 V;由于 TiN 可以有效吸附多硫化物,从而能够有效提高锂硫电池的循环性能。

除了 Li₂S₈,Li₂S₆ 也被广泛用作锂硫电池的活性物质。

Manthiram 课题组[53]采用碳棉作为电极包覆材料,以提高锂硫电池的稳定性能。具有多级大孔/微孔结构的碳棉,其比表面积为 805 m²·g⁻¹,微孔面积为 557 m²·g⁻¹。碳棉电极具有交联螺旋碳纤维网络,大孔通道允许碳棉负载和稳定大量的活性物质。碳棉电极的高度弯曲有利于电极的渗透和活性物质的保留。碳棉表面分布着丰富的微孔反应中心,促进了高负荷/高含量锂硫体系的氧化还原反应。胡卫国课题组[54]在静电纺丝的前驱体溶液中加入 GO,随着聚合物纤维的炭化,得到均匀分布的三维多孔膜,用液体多硫化物浸渍 rGO/CNF,如图 2-12 所示。采用 rGO/CNF 膜组装的锂硫电池循环性能稳定,硫含量占电极总质量的 49%和 56%。

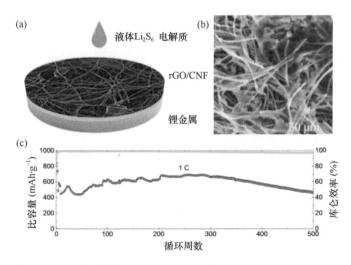

图 2-12 (a)采用液体多硫化物浸渍 rGO/CNF 电极的锂电池方案;(b)rGO/CNF 膜的扫描电镜图像;(c)1 C 倍率下锂硫电池循环性能[54]

李峰课题组[55]采用水热法制备了氮化钒/石墨烯（VN/G）复合材料。他们用这种高导电多孔 VN/G 复合材料，在不使用炭黑和黏结剂的情况下，加入适量的液体 Li_2S_6 电解质作为锂硫电池的正极，以此来解决锂硫电池的穿梭效应。该复合材料结合了石墨烯和 VN 的优点，由石墨烯网络组成的三维自由结构有利于电子和离子的传输，同时也有利于电解质的吸收。另外，VN 对多硫化物具有很强的固定作用，其高导电性也可以促进多硫化物的转化，加速多硫化物的氧化还原反应动力学。

Manthiram 课题组[56]通过一步碳化和活化 PPy 前驱体制备了具有高比表面积和 N、O 共掺杂的碳中空纤维，将其作为 S 正极的集流体，Li_2S_6 浸渍的氮氧共掺杂碳中空纤维（NCHF）电极具有较高的硫含量（65 wt%）和硫载量（6.2 mg·cm^{-2}），表现出高的比容量、优异的倍率性能和循环性能。即使在以 C/3 倍率下循环 400 周后其放电容量仍保持在 831 mAh·g^{-1}，其优异的电化学性能可归因于 NCHF 骨架对多硫化物的高效化学吸附和物理限制作用。

研究者对液态硫正极的研究主要通过在电解质中添加合适的添加剂以及寻找合适的电极和集流体来提高锂硫电池的电化学性能。液态硫正极未来需要朝着高能量密度的方向发展，要减小集流体质量并提升电解质中的有效硫浓度，从而最大化发挥其低成本和高能量密度的优势。

2.3　基　体　材　料

如上所述，硫单质由于其电子和离子的绝缘性，不能单独作为锂硫电池的正极材料。研究人员通常使用一个导电"骨架"来容纳并储存硫：该导电"骨架"即为硫的基体材料，该材料不仅可以改善硫正极的导电性，同时还能捕获并存储可溶性的多硫化物。一般的基体材料可以物理阻隔多硫化物的穿梭，极性基体材料还能够通过化学吸附作用抑制多硫化物向负极的穿梭。具有多级孔道结构的基体材料还可以缓冲硫在锂化反应中产生的体积变化。基体材料种类很多，功能和性质各不相同：比如结构种类多样的碳材料、导电聚合物材料、金属化合物材料等。碳材料是使用最多的基体材料，它价格低廉、导电性好、比表面积大、机械强度优异，非常适合作为硫的基体材料。导电聚合物材料兼具导电性和柔韧性，其成本低廉且高分子合成工艺比较成熟，易于实行规模化生产。金属化合物材料具有较强的极性，可以增强对多硫化物的化学吸附作用。然而，每种材料也都有各自的不足之处，现阶段的研究工作主要集中在制备不同种类基体材料的复合材料，结合不同基体材料的优势来改善锂硫电池的电化学性能。

2.3.1 碳材料

碳材料具有从零维到三维的丰富多样的尺寸结构：它的比表面积大、孔径分布广、化学稳定性强、导电性高、机械强度优异，作为硫的基体材料可以解决上述提及的硫正极材料中的诸多问题。正因为如此，已有各式各样的碳材料如碳纳米管、石墨烯等被广泛地应用在锂硫电池的正极。将硫和碳复合可以解决硫单质导电性差的问题，同时碳基体形成的多孔结构可以有效缓解硫的体积膨胀。通过对碳材料的结构和成分进行优化，利用物理/化学吸附作用抑制多硫化物的穿梭效应。如图 2-13 阐明了基体材料的典型策略及其特点[57]。

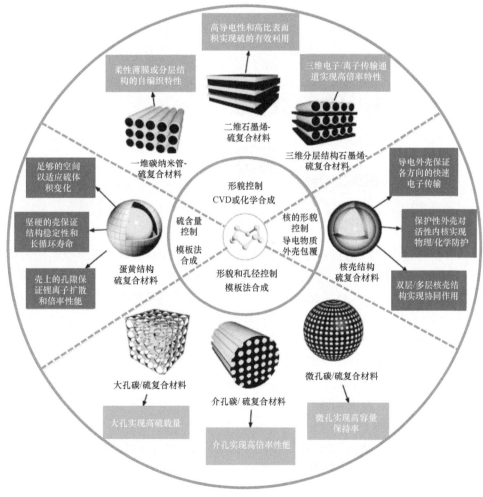

图 2-13　基体材料的典型构筑策略及其特性[57]

2.3.1.1 零维碳材料

零维碳基体材料最具代表性的就是碳球结构材料，例如核壳结构碳-硫复合材料和蛋壳结构碳-硫复合材料等，如图 2-14（a）、（b）所示。核壳结构碳-硫复合材料是在硫内核外包覆一层导电的外壳或者在导电核外部包覆一层硫物质，这种结构可以为电子提供快速传输的路径，而且外壳还可以保护内部的核免受物理或化学变化的影响。

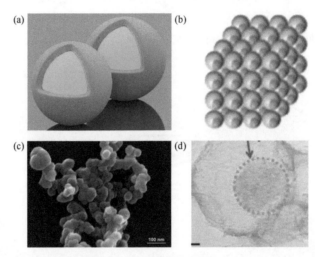

图 2-14　含 S 基体材料的（a）核壳结构示意图；（b）蛋壳结构示意图；
（c）核壳结构电镜照片；（d）蛋壳结构电镜照片[58,60]

董全峰课题组[58]通过在水溶液中简单快速的沉积方法制备了核壳结构的碳硫复合材料，如图 2-14（c）所示：该材料含有 85wt%的硫，尺寸为 10 nm 的念珠状的颗粒作为硫壳保持了碳核的形貌。该核壳结构的碳硫复合材料的初始放电容量高达 1232.5 mAh·g^{-1}，50 周循环后放电容量保持在 800 mAh·g^{-1}。此外，该复合材料还表现出了较好的倍率性能。

陆安慧课题组[59]以中空碳壳交联碳球作为硫的基体材料，该材料的分级结构为锂离子的传输提供了快速通道，在提高硫载量的同时也可有效抑制多硫化物的穿梭效应。硫含量为 70wt%的复合材料在 0.5 C 倍率下循环 200 周之后仍能保持 960 mAh·g^{-1} 的容量。

尽管零维核壳结构的硫-碳复合材料在锂硫电池的正极材料改性中取得了一定的效果，但是这种设计仍存在一些缺点。首先，很难在材料的表面上形成均匀的涂层；其次，由于硫核和碳壳之间的紧密接触，在循环过程中硫的体积变化引起的机械应力可能会导致碳壳的破裂。研究人员对这一结构进行改进并设计出了具有内部空间的蛋黄结构，通过在核壳之间预留出一部分空间来缓冲活性物质在循环过程中的体积变化，该设计有利于增强电极结构的稳定性。

宗云课题组[60]将硫限制在导电碳壳的内部，制备了蛋黄结构的硫碳复合材料。在蛋黄结构中，硫填充在了导电碳的部分内部空间，可以有效地容纳放电过程中锂化反应导致的体积变化，这种三维交联的纳米结构表现出了 560 mAh·g^{-1}（相对于整个电极的质量）的高比容量和稳定的循环性能，如图 2-15 所示。

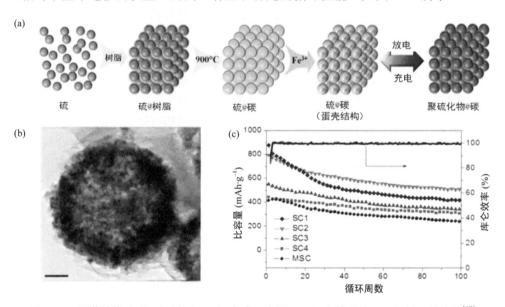

图 2-15　蛋黄结构硫碳正极材料：（a）合成示意图；（b）电镜照片；（c）循环性能图[60]

然而，蛋壳结构复合材料的合成过程比较复杂，必须精确地控制壳内硫的含量，以预留出足够的内部空间缓冲硫的体积变化。另外，蛋壳须有良好的离子和电子导电性，以保证锂离子和电子的快速传输。因此，在蛋黄结构硫-碳复合材料的研究上，研究人员还需开发更为简便的合成方法，以实现该材料在锂硫电池中的工程化应用。

2.3.1.2　一维碳材料

一维碳材料基体的代表是碳纳米管（CNT）、碳纳米纤维（CNF）和碳纤维（CF）。

其中，碳纳米管有很多可以满足硫正极基体材料需求的物理性质：第一，碳纳米管具有较高的电导率，可以有效改善硫正极的导电性；第二，碳纳米管具有较大的比表面积，可以物理限制多硫化物，抑制其穿梭；第三，碳纳米管具有较高的机械强度，可以构建坚固的碳纳米管-硫复合结构；第四，一维的碳纳米管可以构建坚固的多孔网络，可控地产生适当的孔隙率，以适应硫在循环过程中的体积变化并促进电解液的浸润；第五，由于碳纳米管具有高纵横比，可以制备自支撑柔性薄膜作为免集流体的硫正极基体，从而有效提高电池的能量密度。

邱新平课题组[61]研究了多壁碳纳米管担载硫正极的性能：发现使用碳纳米管的正极相比于使用炭黑的硫正极，其电化学性能得到了明显改善。这不仅归因于碳纳米管更高的导电性能，同时其较大的比表面积也有利于电解液的浸润和多硫化物的捕获。将纳米管编织成网络结构能够进一步提升电池的性能，例如董全峰课题组[62]采用熔融扩散法和溶液沉淀法制备了具有独特核壳结构的硫包覆 CNT 复合材料，均匀分散的碳纳米管网络基体有利于抑制硫和多硫化物的聚集，可以为电子传输提供连续的导电通路并有效减缓硫的体积变化，该复合材料在循环 60 周后，可逆容量仍维持在 670 mAh·g^{-1}。适当的孔隙结构可以更好地适应硫的体积变化，提高电池循环的稳定性。董全峰课题组[63]还将核壳碳纳米管/硫复合材料构建为三维分级中空纳米微球结构，该结构有利于抑制多硫化物的穿梭效应，缩短离子/电子的传输途径并缓冲由体积波动引起的机械应力，如图 2-16 所示。

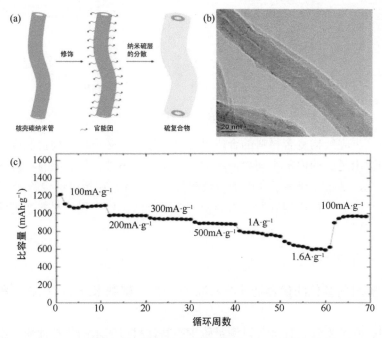

图 2-16 碳纳米管三维分级中空纳米微球：（a）结构示意图；
（b）电镜照片；（c）倍率性能图[63]

类似的，耿建新课题组[64]使用压缩的多壁碳纳米管（UMWNTs）球磨硫将硫纳米粒子共价固定到 UMWNTs 上，从而形成具有高导电性的复合材料（S@UMWNTs）。牛志强课题组[65]通过压制还原氧化石墨烯纳米管包裹硫纳米颗粒（RGONTs@S）复合泡沫制备了独立的 RGONTs@S 的复合薄膜，这种复合薄膜通过冷淬和冷冻干燥以及随后的还原过程相结合而成。这些 RGONTs@S 复合薄膜可用作锂硫电池的自支撑正极，无须额外的黏结剂和导电剂。Pint 课题组[66]展示了通过溶液冷冻干燥法预先形成的低密度碳纳米管泡沫，然后通过气相渗透来产生高比表面积负载和面容量硫正极的策略。

一维碳材料的制备和优化还需要碳纳米管进一步发挥出自身的潜力，从而使得锂硫电池具有更优异的循环稳定性和倍率性能[67]。除了在碳纳米管表面上沉积硫之外，王春生课题组[68]还提出了一种将硫浸渍到碳纳米管内的新方法，使用带有阳极氧化铝（AAO）膜的硬模板合成具有无定形碳结构和大孔空隙（200 nm）的无序碳纳米管阵列，碳纳米管基体经过改性后的中空结构可以使硫浸渍在其内部。在真空环境中对碳纳米管-硫复合材料进行高温热处理之后可以明显改善电池的循环稳定性和库仑效率。据推测，热处理提升硫正极电化学性能的原因是这一步骤可以将 S_8 分子分解为 S_6 或 S_2 小分子，并且能够实现硫-碳的强键合，从而改变了可溶性多硫化物的成分。除此之外，空心纳米管结构可以进一步增大材料的比表面积，填充更多的硫物质，例如官轮辉课题组[69]将碳纳米管封装到空心多孔碳纳米管中，构建了管中管结构。该材料的比表面积和孔体积分别高达822.8 $m^2 \cdot g^{-1}$ 和 1.77 $cm^3 \cdot g^{-1}$，能够负载 71wt%的硫。所得的复合材料表现出优异的循环稳定性，在 200 周循环后仍有 647 $mAh \cdot g^{-1}$（1.2 C 倍率下）的可逆容量。

黄少铭课题组[70]发现活化是增加碳纳米管表面积以负载更多硫（70wt%）的一种有效方法，他们合成的碳纳米管/硫复合材料的初始容量为 1382 $mAh \cdot g^{-1}$，并且在 0.2 C 倍率下循环 250 周后仍然有 950 $mAh \cdot g^{-1}$ 的容量。以上这些研究成果都说明了控制孔隙度有助于提升锂硫电池的电化学性能。除多孔结构外，对碳纳米管进行官能团改性[62]或氮掺杂[71]可以通过硫和基体材料间的强化学相互作用促进硫正极的循环稳定性。

一维碳材料基体的代表还有碳纳米纤维（CNF），CNF 的物理、化学和形态特征都类似于碳纳米管，但碳纳米纤维没有类石墨和明确的空心结构，只能通过其本身排布产生不同类型的孔，从而起到固定多硫化物的作用，该结构所具有的较大的孔体积可以实现高硫负载并减轻机械应力[72]。张跃刚课题组[73]报道了一种多孔碳纳米纤维，这种材料是通过静电纺丝 PAN/聚甲基丙烯酸甲酯（PMMA）共混物前驱体制备。随后经过硫化-沉积得到复合材料，复合材料中的硫和碳纳米纤维之间具有紧密的机械和电化学连接，从而使电极材料有较高的可逆容量、良好的容量保持率、较好的倍率性能和库仑效率。李文翠课题组[74]使用间苯二酚制备的微孔碳纳米纤维也被证明是一种优良的碳基体材料，该材料可以有效提升硫正极的容量和循环稳定性。然而，复合材料的硫载量只有 42 wt%或 27wt%，不适合工程化应用。余爱水课题组[75]通过聚吡咯制备的高度多孔的碳纳米纤维具有较高的比表面积（2600~2800 $m^2 \cdot g^{-1}$）和高的氮掺杂量，有利于固定硫并将硫含量提升到 60wt%~83wt%。同时，复合材料可以提升硫的利用率、容量保持率和倍率性能。

很多的研究工作使用类似于上述提及的制备碳纳米管的方法制得中空碳纳米纤维[76]，AAO 的使用有助于将硫注入碳纳米纤维的空心空隙中，而不是沉积在其外部碳壁上[77]。崔屹课题组[78]的研究工作表明：中空碳纳米纤维是捕获可溶性多硫化物并适应硫的体积膨胀的理想结构，薄碳壁还可以减少电子和离子的传输距离从而提升电极的反应动力学。该中空结构使复合材料在 75wt%的高硫载量下实现了约 1500 mAh·g^{-1} 的初始放电容量，但是在前 20 周循环中容量衰减比较明显，150 周循环后容量保持率仅为 50%，复合材料较快的容量衰减可能是由于其过大的开放孔道结构所致。进一步的研究表明，硫化锂与碳之间的界面效应在硫转换反应中起着重要作用。根据密度泛函理论模拟计算，如图 2-17 所示，碳硫之间的结合能（0.79 eV）大于碳与 Li_2S_2（0.21 eV）和碳与 Li_2S（0.29 eV）之间的结合能。随着放电过程的进行，硫转换为硫化锂和二硫化锂，这两种物质与碳之间较低的结合能导致它们容易从碳材料基体上脱离并自聚集。由于硫化锂和二硫化锂都是电子和离子绝缘体，导致在循环过程中活性物质的损失和可逆容量的衰减。为了解决这个问题，他们还通过接枝两亲性聚合物，例如聚乙烯吡咯烷酮（PVP）来改性碳-硫界面：这些两亲性聚合物与高极性的硫化锂和非极性的碳表面之间都有较强结合力的功能官能团，像一条锁链一样把硫化锂和碳牢牢地拴在一起，避免了硫化锂与碳基体材料的脱离。电化学测试表明，该设计思路有助于稳定放电产物，提高循环性能：复合正极经过 300 周循环后，容量保持率仍高于 80%。

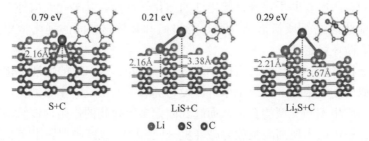

图 2-17 碳与硫和锂硫化物结合的理论计算[78]

陆安慧课题组[79]报道了一种巧妙的结构设计，空心碳纳米纤维具有封闭的两端和原生介孔的外壳，在硫注入后可以缩成微孔。这种动态可调的孔隙大小保证了高硫载量，更重要的是，消除了硫与电解质的过度接触。同时，碳纳米纤维的高纵横比和薄碳壳层促进了锂离子和电子的快速传输，并且碳纳米纤维的封闭端结构进一步阻碍了多硫化物从两端溶出，这与端部开放的碳纳米管有明显的不同。所得的硫-碳正极表现出优异的性能，硫利用率高、倍率性能优异，在 1.0 C、2.0 C 和 4.0 C 时分别具有 1170 mAh·g^{-1}、1050 mAh·g^{-1} 和 860 mAh·g^{-1} 的容量，在 2.0 C 时循环 300 周后有 847 mAh·g^{-1} 的稳定可逆容量。

碳纤维（CF）是指直径为几微米的微碳纤维，通常被编织成不同的形态，如碳布或碳纸等[80]。碳纤维不仅具有碳纳米纤维的物理化学性质，而且通过简单的化学活化，可以沿纤维体产生大量的微孔。据 Aurbach 课题组[80]的工作，微孔活化碳纤维布用硫浸渍后，较强的纤维骨架能够保持结构的完整性，而微孔结构也能够有效吸附硫并抑制多硫化物的溶出。碳纤维将硫正极的硫载量提升到 6.5 mg·cm^{-2}，同时在碳和硫之间保持良好的电子传导性，另外纤维之间的开放空间也有助于电解质的渗透。基于上述优点，该电极的最高放电容量高达 1050 mAh·g^{-1}，80 周循环后放电容量仍高于 800 mAh·g^{-1}。尽管该材料具有很高硫载量，但在复合硫之后，碳布的比表面积从 2000 m^2·g^{-1} 降低至 1200 m^2·g^{-1}，表明至少有 50% 的空间未被利用，导致复合材料的实际硫含量仅为 33wt%。之后的研究工作可以在孔结构、形态方面进一步优化碳纤维布，以提高硫载量及其利用率。

2.3.1.3 二维碳材料

具有二维结构的碳材料在锂硫电池正极中也有广泛应用，其中最具代表性的是石墨烯。石墨烯是 sp^2 杂化碳的二维单层结构，如图 2-18 所示[81]：石墨烯不仅具有优异的导电性、较高的比表面积和良好的机械柔韧性，还能够有效改善硫正极的导电性，抑制多硫化物的穿梭。

王家钧课题组[82]合成了石墨烯纳米片/硫复合材料，通过简单的两步熔融扩散法将石墨烯包覆在硫的外面，并将其与电解液分离。石墨烯包覆层允许锂离子的快速传输，并抑制多硫化锂的透过。石墨烯六方结构内的缺陷可改变电荷分布的均匀性，有利于在电化学反应中形成电荷转移的捷径。相较于纯硫电极，该复合材料展现出更高的初始放电容量和更低的电化学阻抗。

氧化石墨烯除了有与石墨烯类似的性质，也有其本身的特点：相邻氧化石墨烯片层之间的静电排斥力和氧化石墨烯的亲水性使其易于分散在水溶液中，为调整氧化石墨烯-硫纳米复合材料的形态提供了可行的条件。氧化石墨烯上丰富的官能团不仅可以充当硫成核、生长的活性位点，而且 C—S 和 O—S 之间的相互作用还可以抑制多硫化物的迁移。例如张跃刚课题组[83]通过简单的化学沉积法在氧化石墨烯上均匀沉积了一层硫，氧化石墨烯上的活性官能团可以有效固定硫，使硫

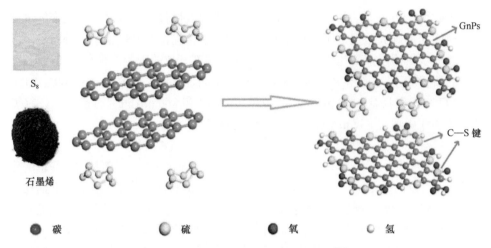

图 2-18　硫和石墨烯相互作用示意图[81]

与导电基体紧密接触，并能有效地限制多硫化锂的溶解穿梭。周崇武课题组[84]开发了一种简单的涂层策略，通过氧化石墨烯包裹不同尺寸（0.1～10 μm）的硫颗粒。而通过优化硫颗粒的尺寸，研究人员发现沉淀后的核壳结构硫/氧化石墨烯复合材料在 0.6 C 倍率下循环 1000 周后的可逆容量仍高达 800 mAh·g^{-1}。

氧化石墨烯上大量的官能团是一把双刃剑，这些含氧基团会降低氧化石墨烯的电导率[85]。为了克服这个缺点，Cairns 课题组[86]利用改性氧化石墨烯-硫纳米复合材料来提高锂硫电池的电化学性能。他们使用十六烷基三甲基溴化铵（CTAB）作为阳离子表面活性剂来改性氧化石墨烯-硫纳米复合材料的表面官能团并固定外层的硫，使用苯乙烯丁二烯橡胶（SBR）/羧甲基纤维素（CMS）作为弹性体黏结剂代替传统正极中的聚偏氟乙烯（PVDF），结合含有 PYR14TFSI、LiTFSI 和 LiNO$_3$ 的复合离子液体电解质，组装的电池在 1 C 倍率下具有超过 1500 周的超长循环寿命（每个循环的容量衰减率仅为 0.039%），1500 周循环后的可逆容量高达 800 mAh·g^{-1}。

为了提高氧化石墨烯的导电性，还可以使用化学还原剂（如肼）除去部分官能团。王丽敏课题组[87]在油/水体系中使用准乳液法制备具有球囊状结构的 S@rGO 复合材料。与常见的化学还原的氧化石墨烯相比，该球状氧化石墨烯均匀地包覆硫纳米颗粒后提供了更有效的电子传导网络。电化学测试表明，S@rGO 复合材料有效提升了电池的倍率性能。Nazar 课题组[88]用化学还原的氧化石墨烯包覆微米级硫颗粒（1 μm），得到硫含量高达 87% 的复合材料：该复合材料的放电容量高达 1237 mAh·g^{-1}，初始库仑效率为 98.4%。目前还需要通过调整复合材料的形态和微观结构来提高硫的利用率，以提升锂硫电池的循环稳定性。

氧化石墨烯的导电性除了受官能团的影响，还受其本身结构缺陷的影响，这些缺陷破坏了石墨烯的共轭 π 键状态：由于氧化石墨烯是石墨通过溶液剥离法制备的，片层内部会有很多缺陷，即使是化学还原的氧化石墨烯仍显示出有限的导电性。黄富强课题组[89]采用透明带状硫辅助石墨剥离法制备了石墨烯-硫复合材料，硫和石墨烯之间的化学相互作用强于相邻 π-π 堆叠层之间或两个硫分子之间的范德瓦耳斯力，因此，在以剪切力为主的研磨期间，黏附在表面上的硫和石墨的边缘以类似透明胶带的方式以微机械的形式剥离石墨。该方法不仅赋予石墨烯纳米片较高的电子电导率（1820 S·cm^{-1}），还可以将硫分子紧密地固定在纳米片上，该复合材料的硫含量为 73wt%。夹层结构的复合材料表现出较好的电化学性能：在 1 C 倍率下循环 100 周后容量保持率为 70%。更重要的是，该研究中使用的方法具有可扩展性，在未来有望与工业实际生产结合起来。

2.3.1.4　三维碳材料

三维结构的碳材料在所有碳基材料的研究中占据着举足轻重的位置，其中最具代表性的是多孔碳材料。多孔碳具有较大的内部空间和一定的孔径分布，作为硫正极基体时，能够容纳活性物质硫并在一定程度上限制多硫化物的溶出[90,91]。根据孔径的大小，多孔碳材料可分为微孔碳（<2 nm）、介孔碳（2~50 nm）和大孔碳（>50 nm）。

微孔碳可以通过较强的物理吸附作用促进小分子硫的形成并储存小分子硫，其中小分子硫促进了固-固反应的进行并不产生可溶性的多硫化物，从而起到抑制长链多硫化物的穿梭效应。万立骏课题组[44]在碳纳米管表面包覆了一层孔径约为 0.5 nm 的微孔碳，得到微孔碳包覆碳纳米管（CNT@MPC）复合材料，如图 2-19（a）、（b）所示。通过理论计算发现，小分子硫的同素异形体都是链状结构，其中 $S_{2~4}$ 至少有一个方向的尺寸小于 0.5 nm，而 $S_{5~8}$ 至少有两个方向的尺寸大于 0.5 nm。因此，CNT@MPC 只允许短链的 $S_{2~4}$ 出入，避免了可溶性中间多硫化物（$S_{5~8}$）的生成，可以有效抑制穿梭效应。在 S/CNT@MPC 复合材料的放电曲线中，只在 1.8 V 左右观察到一个放电平台，没有出现硫正极在 2.3 V 和 2.1 V 附近两个典型的放电平台，如图 2-19（c）所示。该电池在 0.1 C 倍率下的首周放电容量高达 1670 mAh·g^{-1}，循环 200 周后可逆容量仍高达 1149 mAh·g^{-1}。高学平课题组[45]使用微孔碳作为硫正极的基体，在 149 ℃下加热 6 h 再在 300 ℃下加热 2 h 将小硫分子限制在微孔中，制备出硫含量为 42wt%的硫-碳复合材料。该复合材料在 400 mA·g^{-1} 电流密度下的初始放电容量为 1180 mAh·g^{-1}。同样，该复合材料在放电过程中仅在 1.8 V（相对于 Li/Li$^+$）处有一个低电位平台，对应于小分子硫的还原过程。王春生课题组[92]报道了一种可以包覆小分子硫的微孔碳基体，"S_2 类物质"被封装在微孔碳基体的微孔结构（0.5 nm）中，在碳酸酯类电解液中，该微孔碳基体在第一次充放电过程中形成了类似硫代碳酸盐的固体电解质膜，该正极材料在循环 4020 周后的放电容量仍维持在 600 mAh·g^{-1}（每周容量衰减率仅为 0.0014%）。虽然微孔碳可以抑制多硫化物的溶解穿梭，增强硫正极的循环稳定性，但微孔碳材料只能储存有限的硫，硫含量普遍较低，不可避免地会降低锂硫电池的能量密度；同时，小分子硫的工作电压较低，这也会导致能量密度的下降。

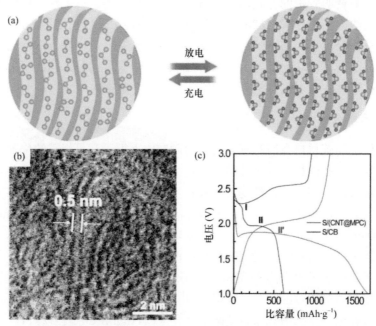

图 2-19　小分子硫在微孔碳中：（a）充放电反应示意图；（b）电镜照片；（c）电压曲线[44]

介孔材料具有合适的孔道结构，可以容纳更多的硫，锂离子可以通过孔结构参与到正极的反应中来，而孔的尺寸又可以抑制多硫化锂的溶解穿梭。Nazar 课题组[93]开发了一种具有高度有序的介孔 CMK-3 作为硫的基体，CMK-3 由一系列直径为 6.5 nm 的空心碳棒组成，由 3～4 nm 的通道空隙隔开，如图 2-20 所示。在经过 155 ℃的热处理之后，硫物质与导电碳壁紧密接触。电化学测试表明：CMK-3/硫复合材料具有高达 1000 mAh·g^{-1} 的比容量。刘俊课题组[94]研究了不同孔径（22 nm、12 nm、7 nm 和 3 nm）和孔体积（1.3～4.8 cm^3·g^{-1}）的介孔碳对锂硫电池电化学性能的影响。研究表明，与全硫填充介孔碳基体相比，部分硫填充介孔碳基体可以更好地改善电池的电化学性能，主要是因为全硫填充后，材料电子和离子的传输比较有限。而经过优化后的特定孔径和孔隙体积（22 nm，4.8 cm^3·g^{-1}）以及特定的硫含量（50wt%）相结合可以得到性能最佳的硫正极。

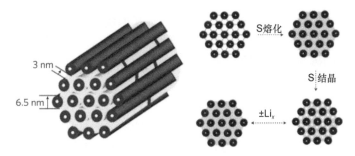

图 2-20　CMK-3 固定硫的结构及过程示意图[93]

　　关于单纯大孔碳做硫正极基体材料的研究工作较少，主要是因为大孔碳过大的开放结构不能有效地抑制多硫化物的穿梭效应。然而，大孔结构允许电解液的快速进入和扩散，可以增强锂离子的传输，并且为高硫载量提供足够的体积空间。

　　为了综合各种尺寸孔径的优势，研究人员致力于设计包含至少两种不同孔径的分层多孔碳材料。在这种设计中，微孔结构可以有效抑制多硫化物的穿梭，介孔结构可以在限制多硫化物穿梭的同时增强电解液的浸润性，大孔结构可以实现快速的电池反应动力学和高的硫载量。将不同结构的碳材料有效组合可以增强电池的循环稳定性，提高电池的倍率性能和能量密度。

　　梁成都课题组[95]通过改性有序介孔碳得到了介孔微孔复合碳基体，如图 2-21 所示：通过软模板合成法制备出了 7.3 nm 的均匀中孔，并使用 KOH 进行化学活化以产生黏附在介孔上的微孔结构。与仅含微孔或介孔结构的碳材料相比，这种具有高比表面积的分层结构碳-硫纳米复合材料作为正极材料，有效改善了硫正极的循环性能和活性物质的利用率。然而，该复合材料的硫含量仅为 11.7wt%，而且在循环过程中容量衰减非常明显，可能是由于结构中间碳壁的破坏和微孔结构限制了硫的含量。该活化方法还可以用于制备一系列介孔微孔亚微米球碳基体，

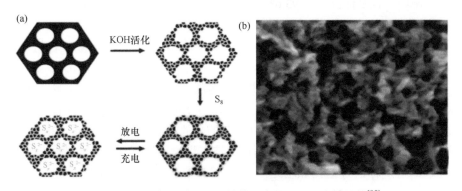

图 2-21　分层多孔碳：（a）结构示意图；（b）电镜照片[95]

可以将硫负载到长寿命正极材料中[96]。通过优化的碳-硫复合材料在 1 C 倍率下 800 周循环后仍具有 600 mAh·g^{-1} 的高可逆容量，有效提升了锂硫电池的长循环寿命，但 40wt%的硫含量仍偏低。这些例子都表明介孔碳基体中的微孔结构应该被优化以更好地利用微孔和介孔的结合特性。

如上所述，如果基体材料在介孔中含有微孔，这些微孔结构可以增加材料的比表面积，有利于硫材料的附着。然而在另一些情况中，介孔中的微孔可能存在着一些弊端和不足之处。这是因为介孔碳的结构是属于电化学反应可发生的区域，而微孔则会使得硫正极发生不可逆的硫沉积而影响电荷的转移，影响电池的电化学性能[97]。万立骏课题组[44]阐明微孔结构可以容纳较小的硫分子（S$_{2~4}$），介孔碳中的微孔结构的缺点是一部分 S$_8$ 分子填充在微孔内部，而微孔因为距离过远，不能很容易地参与电化学反应，导致活性物质的不可逆损失。因此，在设计多孔碳材料基体时，要考虑碳材料的电化学反应可发生的区域是否满足要求，以避免任何不可逆反应过程发生的可能性。此外，Giannelis 课题组[98]研究了一系列具有不同结构的介孔碳，并从中得出结论：影响多孔碳基体正极性能的关键因素是孔体积，而不是表面积。

黄雅钦课题组[99]报道了一种分级结构的多孔碳块，样品在三个区域存在大量直径分别为 0.6~2.0 nm、2~10 nm 和 10~100 nm 孔道结构，构成分层的微孔-介孔-大孔结构。硫含量为 63wt%的复合材料的初始放电容量为 1265 mAh·g^{-1}，但在 50 周循环后仅剩 643 mAh·g^{-1}，这可能是由于不规则的碳结构导致的。陈军课题组[100]制备了酚醛树脂衍生的类似结构多孔碳，这种材料具有从微孔到介孔再到大孔的孔径分布。该多孔碳的比表面积高达 1520 m^2·g^{-1}，孔体积为 2.61 cm^3·g^{-1}，电子电导率高达 2.22 S·cm^{-1}。为了避免碳材料表面被硫覆盖，他们通过熔融扩散法控制硫的浸渍过程，将较小含量（50.2wt%）的硫填充到孔中。所获得的复合材料在 0.05 C 倍率下的首周放电容量为理论容量的 86.6%，即 1450 mAh·g^{-1}，并且在 50 周循环后容量保持率为 93.6%。然而，随着放电倍率的增加，容量保持率从 0.05 C 时的 93.6%迅速下降至 0.5 C 时的 73.4%。

王先友课题组[101]报道了离子表面活性剂修饰的分层多孔碳/硫复合材料。第一性原理计算表明，多硫化物能与表面活性剂中的 O 或 N 官能团形成强的结合作用。此外，从廉价的纤维素废弃物——莲蓬壳中提取的分层多孔炭，比表面积高达 2923.04 m^2·g^{-1}，孔隙体积约为 1.4823 cm^3·g^{-1}。因此，在具有高面载量 3.2 mg·cm^{-2}、高硫含量 86.55wt%以及 0.5 C 的高放电倍率下，获得了 1138 mAh·g^{-1} 的优异初始容量。即使经过 100 周循环，该正极材料仍具有良好的循环稳定性，在 0.1 C 时可逆容量为 1116 mAh·g^{-1}，每周循环容量衰减率低至 0.16%，库仑效率高约 97%。

尽管探索了各种形态的多孔碳材料，但是能够均匀地浸渍高活性硫仍然具有挑战性。为了解决这个问题，Moon 课题组[102]展示了一种 CNT 颗粒构成的分层孔结构材料，其具有几百纳米的球形大孔。他们通过干燥分散有 CNT 和聚合物颗粒的气溶胶来制备大孔 CNT 颗粒（M-CNTP）。球形大孔在硫负载过程中显著改善了硫向碳主体的扩散，同时大孔的形成极大地促进了 CNT 链之间的微孔体积。结果得到了均匀浸渍 70wt%硫的复合材料而没有硫残留物。即使在 70wt%的高硫含量下，S-M-CNTP 正极在 0.2 C 的倍率下显示出高可逆容量 1343 mAh·g^{-1}。当倍率增加 10 倍时，观察到容量保持率为 74%。这种材料和孔隙控制技术将推动锂硫电池的商业化。

2.3.1.5 碳材料的掺杂改性

单纯的碳材料往往具有较弱的极性，对多硫化物的捕获和限制作用有限，在充放电过程中仍会造成容量不断地损失。在碳骨架当中引入杂原子是一种简单有效的改性策略。一方面，杂原子可以进一步增强碳基体的导电性（例如氮掺杂）；另一方面，引入的杂原子往往具有更强的电负性，可以和多硫化物之间形成更强的静电相互作用，化学吸附多硫化物，从而抑制穿梭效应。

但并不是所有的掺杂改性都能起到正面作用，有一部分的掺杂并不会增强碳材料对多硫化物的吸附能力。张强课题组[103]证明只有 N 和 O 的掺杂才能有效地增强碳基体与多硫化锂之间的化学相互作用，这两种元素的原子含有额外的电子对，是优秀的电子供体，而多硫化锂是强路易斯酸，这些元素的原子可以充当路易斯碱性位点以与多硫化锂中的末端 Li 原子相互作用。研究表明其他单一掺杂剂如 B、F、S、P 和 Cl 等并不能提升碳基体和多硫化锂之间的化学相互作用。尽管如此，目前还不能证明其他杂原子掺杂对硫正极的电化学性能没有任何作用，因为任何掺杂剂都可以增加碳基体的物理和化学不规则性，问题在于这些额外增加的不规则性是否更有利于捕获硫和多硫化物，还是仅仅增加了碳基体的结构复杂性而不能增强对多硫化物的吸附作用，这还有待于进一步的研究进行证实。

Manthiram 课题组[104]工作表明，B 掺杂和 N 掺杂的石墨烯在与硫和多硫化物的相互作用方面具有相似的性质，但 N 掺杂更为有效。实验结果也表明：石墨烯氮和硫的共掺杂可以显著提高电池的电化学性能[105]。可以通过简单的溶剂热方法（使用含氮的胺配体，如乙二胺和尿素[106]等），或在氨气气氛中通过热氮化[107]，制备氮掺杂的石墨烯片（N-GS）。氮掺杂不仅改善了石墨烯骨架的电子传导性，还有助于固定硫并通过氮官能团和多硫化物之间的强化学相互作用抑制可溶性多硫化物的扩散。通过"从头算"的方法计算 Li$_2$S$_4$ 在石墨烯上的吸附作用表明，结合增强主要是由于 N 和 Li 原子之间的强离子吸引力，而不是 N 和 S 之间的离子吸引力[107]。因此，N-GS/硫复合电极往往具有出色的倍率性能和高的循环稳定性。张治安课题组[106]比较了两种不同氮掺杂的石墨烯纳米片，分别是吡咯-N 和吡啶-N 掺杂，以验证不同氮掺杂对提高硫的利用率和包覆能力的效果：研究发现吡啶-N 掺杂更有利于提升电池的电化学性能。在高硫含量（80wt%）下，吡啶-NG/硫复合物具有更长的循环寿命，在 1 C 倍率下 500 周循环后容量仍维持在 578.5 mAh·g^{-1}。张跃刚课题组[107]通过氮掺杂石墨烯（N-GO）包覆硫颗粒制备了纳米复合材料，在硫含量为 60wt%下，N-GO/硫正极在 0.2 C 和 5 C 倍率下的放电容量分别为 1167 mAh·g^{-1} 和 606 mAh·g^{-1}。此外，电池具有超过 2000 周的超长循环寿命。

对于其他的碳材料，也可以通过杂原子的掺杂来作为硫正极的基体[108]。王东海课题组[109]引入了 N 掺杂的介孔碳作为硫正极的基体材料，有效提升了硫正极的循环稳定性，在循环 100 周后容量保持率仍维持在 95%（初始容量为 800 mAh·g^{-1}），循环稳定性的大幅提升主要归功于 N 的掺杂增强了对多硫化物的化学吸附作用。研究人员还通过使用碳纳米管-N 掺杂介孔碳球显著改善了电池的循环性能（200 周循环后可逆容量为 1200 mAh·g^{-1}）。张治安课题组[106]通过密度泛函理论分析，发现锂离子易于与富电子的吡啶氮结合。对于季氮，由于离域系统中 N 供给电子的分布，多硫化物更可能被吸附到相邻的碳表面。简而言之，这种耦合界面与多硫化物和 N 掺杂碳之间的电子给予/接受行为有关。

MOFs 衍生碳材料，不仅有着高的导电性和多孔性，能够促进锂离子和电子的传输，同时能够抑制正极的体积膨胀。可控化学位点的存在可以有效地吸附多硫化物，并促进它们的转换反应动力学。熊胜林课题组[110]设计了一种灵活的方法，通过调整预先制备的沸石咪唑酯骨架-8（ZIF-8）晶体的碳化温度，设计具有不同功能和结构特性的氮掺杂碳材料（NC），包括 N 掺杂水平、石墨化和表面积等参数。由于电荷载体的传输得到改善，活性硫的有效锚定、高比表面积和 N 掺杂可以共同提高硫正极的容量，而后者的特性使得硫正极在低表面积的情况下具有良好的容量。石墨化有效地改善了电极的电导率，依赖于对活性材料的有效固定，提高了电池的初始放电容量，并且具有良好的循环能力。熊胜林课题组[111]还报道了一种新的氮和氧原位双掺杂无孔碳质材料（NONPCM），其由很多类石墨烯颗粒组成。重要的是，NONPCM 可以通过廉价的水热碳化方法以千克级规模制造。

Wu 等[112]总结了多种 MOFs (例如 ZIF-8、ZIF-67、普鲁士蓝、Al-MOF、MOF-5、Cu-MOF、Ni-MOF 等)衍生碳材料的合成手段、形成过程和形貌、结构优越性和电化学性能。此外，生物质衍生碳材料有着更加特殊和新颖的孔结构，在锂硫电池中的应用也越来越多。Liu 等[113]对生物质衍生多孔碳的合成和功能、结构多样性、多孔性和杂原子掺杂的电化学效果进行了讨论,并进一步提出了其经济效益及新的趋势和挑战。

碳材料结构的多样性给硫正极的基体提供了多种选择,是目前研究工作最集中的领域之一。不同维度和不同孔结构的碳材料都有其独特的优点和需要解决的问题,需要采用合适的方法对这些结构进一步优化,并综合各类材料的优点,以促进锂硫电池正极材料的发展。

2.3.2 聚合物材料

各种导电聚合物[如聚苯胺(PANI)[114]、聚吡咯(PPy)[115]和聚 3,4-乙烯二氧噻吩(PEDOT)[116]等]和不导电聚合物[如聚丙烯腈(PAN)[19]等],已经被成功用来抑制多硫化锂的穿梭,从而提升硫正极的电化学性能。聚合物基体的结构对于锂离子来说是可以渗透的,因此锂离子可以扩散到内部与硫进行锂化反应。一方面,聚合物基体内的宽大间隙为硫的体积膨胀提供了缓冲空间,而且聚合物具有一定的柔性,因此电极在放电过程当中的体积变化并不会破坏聚合物外保护层;另一方面,由于多硫化锂与聚合物链的化学相互作用,聚合物可以吸附多硫化物,抑制穿梭效应,提高电池的容量。

2.3.2.1 聚苯胺

聚苯胺是三大导电聚合物之一,在锂硫电池当中的应用最为广泛。聚苯胺链中含有还原单元(胺基官能团)和氧化单元(亚胺官能团),通常用还原单元占的比例 y 作为氧化程度的判断。$y=1$ 或 $y=0$ 时,结构都不具有导电性。而在 $0<y<1$ 的情况下,结构都可以通过质子酸掺杂变为导体,一般实验合成的 $y=0.5$。聚苯胺作为硫的基体材料,不仅能够增强正极的导电性,提高活性物质的利用率,而且其中的胺基和亚胺官能团可以化学吸附多硫化物,同时聚苯胺的柔性骨架可以有效地缓冲充放电过程中的硫的体积变化。

刘俊课题组[117]通过研究发现:之前报道的使用导电聚合物包覆硫制备的复合材料的容量保持率并不是很高。他们认为单纯的物理限制和吸附过程不能有效限制多硫化物的溶解穿梭,进而使电池在循环过程中无法保持较高的容量保持率和长的循环寿命。而从另一个方面,他们认为聚合物链上面键合的二硫键可以保持很好的电化学可逆性,并且高分子链在电化学循环过程当中可以保持稳定。基于此,他们通过 280 ℃原位硫化的方法,使硫和聚苯胺纳米管(PANI-NT)形成了三维、交联、结构稳定的复合材料,如图 2-22 所示:该材料可以通过物理和化学作用固定活性物质硫和多硫化物,柔软的聚合物基体和纳米结构可以使多硫化

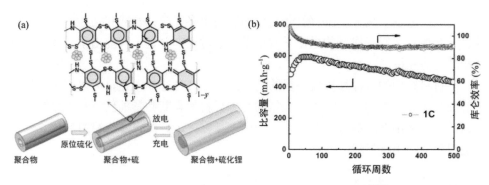

图 2-22　经典聚合物基体材料用于锂硫电池的实例[117]

物在放电过程中原位可逆沉积，并使随后的再充电过程多硫化物的转化发生在聚合物内部，从而很好地缓解了硫的体积变化，保持了电极结构的完整性。该复合材料在 1 C 倍率下循环 500 周后仍能保持 432 mAh·g^{-1} 的容量，容量保持率为 76%，库仑效率为 90%。该研究工作也表明，通过三维、交联的硫化聚苯胺纳米管对硫进行分子级别的限制是一种非常有效的改性方法；与此同时，在充放电过程当中，高分子骨架作为一个呼吸式的柔性基体材料，很好地缓冲了电极体积变化所带来的压力波动。硫化聚苯胺纳米管上面的胺和亚胺官能团也可以通过静电引力吸附多硫化物，抑制穿梭效应。

　　Abruña 课题组[114]认为增强循环性能的报道很多，但是高昂的成本和复杂的合成工艺阻碍了这些策略的实际化应用。而通过热处理来合成蛋壳结构要比化学溶出法更加有效，更容易获得均匀的复合结构。因此他们通过核-壳复合材料的热处理制备出新型 PANI/S 蛋壳结构复合材料。蛋壳结构中的内部空隙可以有效缓解硫在锂化过程中的体积膨胀，从而保持正极结构的完整性并增强硫正极的循环稳定性。该复合材料在 0.2 C 倍率下的放电容量为 765 mAh·g^{-1}。该研究为开发具有良好结构稳定性和高性能的硫导电聚合物纳米复合材料提供了重要的参考价值。

2.3.2.2　聚吡咯

　　聚吡咯也是一种常见的导电聚合物，属于杂环共轭型导电高分子材料，一般通过吡咯单体聚合而成。它的电导率可达 $10^2 \sim 10^3$ S·cm^{-1}，拉伸强度可达 50～100 MPa。

　　制备核壳结构的导电聚合物-硫复合材料可以有效改善锂硫电池的电化学性能。例如，温兆银课题组[115]通过构筑的聚吡咯纳米管（T-PPy）-硫复合材料，将硫包覆在聚吡咯纳米管的外围，聚吡咯有效提升了复合材料的导电性，纳米硫的均匀分布以及聚吡咯对多硫化物的有效吸附作用使电池在 80 周循环后仍可以保持 650 mAh·g^{-1} 的可逆容量。

而将聚吡咯包覆在硫的外面也可以起到类似的效果。聚吡咯不仅可以保护内部的硫，还可以缓解放电过程中硫的体积变化并抑制多硫化物的穿梭效应。例如 Manthiram 课题组[118]合成了一种核壳结构的硫-聚吡咯复合材料，通过大约 100 nm 的聚吡咯包覆层为硫提供了快速的电子传导，该材料在 2 C 倍率下的初始放电容量为 700 mAh·g^{-1}，在 50 周循环后放电容量维持在 400 mAh·g^{-1}。通过改善硫核形貌也可以在一定程度上增强硫正极的电化学性能，Manthiram 课题组[119]通过表面活性剂诱导，利用液相合成法合成出了具有双金字塔形的硫颗粒，并在硫颗粒表面包覆了一层纳米级别的聚吡咯。聚吡咯涂层不仅增强了复合材料的电子电导率，还有效抑制了多硫化物的溶解穿梭。该复合材料的硫含量为 63.3%，在 0.2 C 倍率下循环 50 周后的放电容量比空白硫电极高 200 mAh·g^{-1}。

2.3.2.3　聚噻吩

聚噻吩是乙烯二氧噻吩单体聚合形成的聚合物材料，也是三大导电聚合物之一。它电导率高，氧化状态下具有很高的稳定性，应用到锂硫电池中能有效提高活性物质的利用率，提升电池的电化学性能。

陈人杰课题组[116]通过原位化学氧化方法，使用氯仿作为溶剂、噻吩作为反应剂、氯化铁作为氧化剂在硫表面均匀包覆了一层聚噻吩（PEDOT），形成核壳结构。电化学测试表明，当硫和聚噻吩的含量分别为 71.9%和 18.1%时，最有利于硫正极电化学性能的提升。聚噻吩不仅可以作为导电剂提升硫正极的导电性，还可以作为多孔吸附剂抑制多硫化物的穿梭效应。该复合材料的初始放电容量高达 1119.3 mAh·g^{-1}，80 周循环后放电容量仍保持在 830.2 mAh·g^{-1}。

2.3.2.4　其他聚合物材料

一些不导电的聚合物也被用作硫的基体材料，例如聚丙烯腈（PAN），其是由丙烯腈经过自由基聚合反应得到的高分子材料。在 300 ℃时，融化的聚丙烯腈会发生环化反应，形成热稳定性更高的异环化合物。

Archer 课题组[19]将硫和聚丙烯腈共热得到了一系列硫-聚丙烯腈复合材料。在复合材料中硫以小分子硫（S_2/S_3）的形式存在于整个电化学氧化还原过程中，可有效地消除长链多硫化物的溶解穿梭带来的容量损失。在不添加常规盐类添加剂的碳酸酯电解液中，复合材料在 0.4 C 倍率下循环 1000 周后的放电容量仍高于 1000 mAh·g^{-1}。

陈忠伟课题组[120]选取了一种天然丰富的有机分子蒽醌，通过氧化还原反应抑制了多硫化物的溶解和扩散。蒽醌的酮基在形成强路易斯酸基化学键中起着关键作用，这种机理促进了硫正极长周期的稳定循环。当硫含量在 73%左右时，在 0.5 C 倍率下，300 周循环后容量衰减率低至 0.019%，500 周循环后的容量保持率为 81.7%。

陈人杰课题组[121]针对硫正极结构稳定性的问题，基于纳米黏结剂的设计理念，在空心纳米硫外包覆了一层具有高黏度特性的聚多巴胺，得到聚多巴胺包覆空心纳米硫复合材料。然后，又利用聚多巴胺的高黏度特性，在纳米尺度下将导电炭黑黏附在聚多巴胺的外侧，制备了炭黑外包覆层-聚多巴胺内包覆层的复合材料，如图 2-23（a）所示。聚多巴胺具有较高的弹性，不仅可以作为有效的包覆层抑制多硫化物溶解到电解液中，还可以有效缓解硫在充放电过程中的体积膨胀，维持正极结构的稳定性。高黏度的聚多巴胺可以将导电炭黑牢固地固定在复合材料的最外侧，防止其在充放电过程中脱落，维持长循环过程中的良好导电性。如图 2-23（b）所示，该复合材料在 0.1 C 倍率下循环 500 周后的放电容量仍维持在 804.7 mAh·g^{-1}，0.5 C 倍率下循环 2500 周后对应的每周容量衰减率仅为 0.014%。

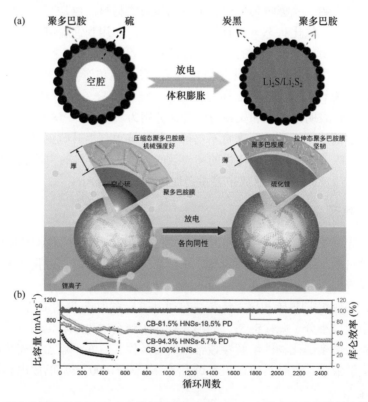

图 2-23　高稳定性的聚多巴胺-空心纳米硫复合材料：（a）充放电前后的结构变化示意图；（b）长循环性能[121]

2.3.3 金属化合物

除了碳材料和导电聚合物之外，不同种类金属化合物也被广泛地应用在锂硫电池的正极材料中。金属化合物可以分为金属硫化物、金属氧化物、金属碳化物、金属氮化物、金属磷化物等。不同种类的金属化合物有各自的优点和不足，例如金属氧化物往往具有较强的极性，可以有效吸附多硫化物，但是其电子电导率较低，在一定程度上限制了多硫化物的快速转化。

2.3.3.1 金属硫化物

金属硫化物具有较强的亲硫性，被广泛用作硫的基体材料。电化学反应过程中，金属硫化物可以有效吸附多硫化物，同时，相比于氧化物，金属硫化物具有低的锂化电位（相比于 Li^+/Li 电对而言）[122]，在约 2 V 的硫正极反应电位下不会和锂离子发生反应，更加有利于电池的循环稳定性[123]。金属硫化物还具有良好的导电性，可以促进吸附的多硫化物快速转化。

Bugga 课题组[124]使用 TiS_2 和 MoS_2 制备了高硫载量（>12 $mg\cdot cm^{-2}$）的硫正极，金属硫化物对多硫化物的吸附作用以及对硫正极离子电导率的改善有效提升了锂硫电池的电化学性能。研究表明，金属硫化物的表面反应会影响正极反应过程和中间产物的形成。

不同于一般的硫化物材料，部分金属硫化物具有较高的导电性，在抑制穿梭效应的同时还可以增强材料的导电性。Nazar 课题组[125]制备了具有相互连接的类石墨烯纳米结构的 Co_9S_8，该材料可以有效抑制穿梭效应并提高硫正极的导电性。具有较高的室温电子电导率且纳米结构的 Co_9S_8 显示出优异的多硫化物吸附性：电化学测试表明，Co_9S_8 吸附的 Li_2S_4 比 Ti_4O_7 和介孔 TiO_2 高50%。通过 DFT 模拟可以看出，Co_9S_8 和二硫化锂的结合能为 6.93 eV，明显高于金属氧化物与二硫化锂之间的结合能。Co_9S_8-硫复合材料在 0.05 C、0.5 C、1.0 C 和 2.0 C 倍率下的放电容量分别为 1130 $mAh\cdot g^{-1}$、890 $mAh\cdot g^{-1}$、895 $mAh\cdot g^{-1}$ 和 863 $mAh\cdot g^{-1}$。此外，该复合材料在 0.5 C 倍率下循环 1500 周后的每周容量衰减率仅为 0.045%。其他种类的硫化物也已被用作硫的基体材料，例如 FeS_2、MoS_2、TiS_2、CuS 和 SnS_2 等，均可以有效抑制多硫化物的穿梭效应，提升电池的电化学性能。

2.3.3.2 金属氧化物

金属氧化物含有氧负离子 O^{2-}，具有较强的电负性，可以和多硫化物形成较强的化学相互作用。同时由于金属氧化物具有较大的暴露表面，还可以提供大量的活性位点吸附多硫化物。此外，金属氧化物材料具有较大的压实密度，可以进一步提高锂硫电池的体积能量密度。多种金属氧化物已被应用在锂硫电池中，如 MnO_2[126]、Ti_4O_7[127]、TiO_2[128]、SnO_2[129]、Al_2O_3[130]和 MgO[131]等。

Nazar 课题组[132]将 MnO_2 纳米片作为硫的基体材料，其中 MnO_2 纳米片可以化学吸附多硫化物，并通过歧化反应将它们还原为不溶性的放电产物。制备的 S/MnO_2 纳米片复合材料的硫含量为 75wt%，可逆放电容量高达 1300 $mAh \cdot g^{-1}$，循环 2000 周后的每周容量衰减率仅为 0.036%。通过研究发现 S/MnO_2 复合材料在放电过程中生成的硫代硫酸盐可以促进多硫化物的吸附和转化。

除了金属氧化物纳米片之外，蛋壳结构的硫-金属氧化物复合材料也可以对多硫化物起到较好的阻挡和限制作用。纳米结构的氧化物外壳不仅可以物理阻隔并化学吸附多硫化物，其内部的中空结构还可以缓解硫在充放电过程中的体积变化。例如崔屹课题组[133]首次通过涂层-溶解方法合成了蛋壳结构的 $S@TiO_2$ 复合材料，如图 2-24 所示。所制备的复合材料在 1000 周循环后对应的每周容量衰减率仅为 0.033%。蛋壳结构内部的空隙在适应硫的体积变化中起到了关键作用，提高了硫正极的循环稳定性，这种空隙可以保持 TiO_2 保护壳的结构完整性，有效降低多硫化物的溶解扩散。陈忠伟课题组[134]发现纳米结构的外壳在循环过程中对电池的循环稳定性有着重要的作用，在核/壳结构中可能对此有益的另一个因素是空芯的存在，因为通过硫基质的锂离子扩散十分困难，因此位于核心的大部分硫都不是电化学可接近状态，空芯的存在则可以缓解这个问题。

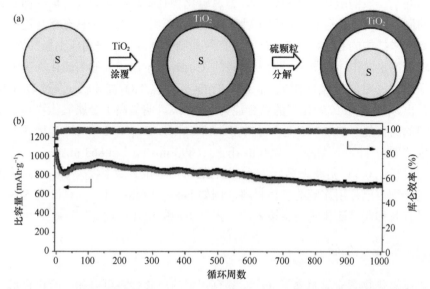

图 2-24 硫-TiO_2 蛋壳结构：（a）合成示意图；（b）锂硫电池循环性能图[133]

金属氧化物对多硫化物的吸附过程存在两种机制，分别如下：

吸附-扩散机制依赖于金属氧化物的晶格结构，多硫化物在金属氧化物上的表面扩散与初始吸附一样重要，如图 2-25 所示。崔屹课题组[131]通过对不同氧化物吸附多硫化物的机理进行研究和理论模拟发现：金属氧化物和多硫化锂之间没有电子转移或电化学反应，吸附和表面扩散仅仅将多硫化锂导向碳电极，然后发生电化学反应，并且吸附和扩散这两个过程都应该足够快。吸附扩散第一步仅是单层化学吸附，之后金属氧化物的表面结构在表面扩散中起着关键作用。晶格侧向结构上的扩散路径由于动力学过程不同，因而反应途径也不同，并且可能形成中间体。因此，设计具有优异表面扩散性能的金属氧化物材料也很关键：只有多硫化物的扩散过程比较顺畅，在电化学反应过程中的转化较快，才可以有效提升电池的电化学性能（如 MgO、CeO$_2$、La$_2$O$_3$）。此外，金属氧化物和多硫化物之间的结合力也不是越强越好，适当的结合力才能促进多硫化物的脱附和进一步的转化。

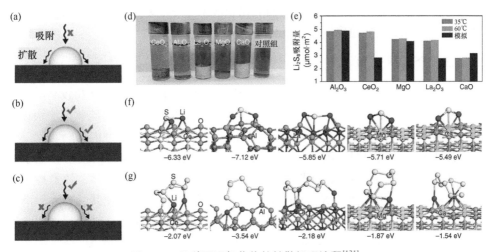

图 2-25　几种不同氧化物的扩散机理诠释[131]

另一种机制是伴随着金属氧化物的电化学还原和多硫化物向硫代硫酸盐/连多硫酸盐的转化过程。Nazar 课题组[135]比较了不同金属氧化物和多硫化锂间的化学相互作用。研究发现：金属氧化物捕获多硫化锂的能力与其电化学性质直接相关，金属氧化物的捕获多硫化物的能力与氧化还原电位有关。同时部分金属氧化物（如 Co$_3$O$_4$、Ti$_4$O$_7$、Cu$_2$O、Fe$_3$O$_4$）在循环过程中保持稳定，但有一部分金属氧化物在电池循环过程中对多硫化锂的吸附伴随着自身的还原过程（例如 MnO$_2$、V$_2$O$_5$、NiOOH、CuO），如图 2-26 所示。对于在锂硫电池的电压范围内具有活性氧化还原体系的金属氧化物，相应的电化学反应将多硫化锂氧化成硫代硫酸盐/连多硫酸盐，氧化产物与金属氧化物表面化学键合，最终将这些硫基团还原以实现可逆的充电/放电循环。

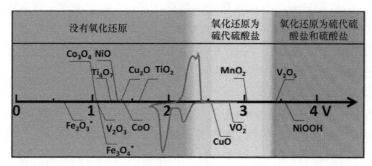

图 2-26　几种不同氧化物与多硫化锂的反应电位与锂硫电池循环伏安曲线的比较[135]

　　尽管这两种机理不同，但两类金属氧化物都已成功用于提高硫正极的电化学性能，两种不同的模型表明金属氧化物/多硫化物相互作用的机理并不是简单的化学吸附，也有可能伴随着多硫化物的氧化和转换反应，之后的研究还要进一步从表面化学的角度深刻地理解这些过程。

2.3.3.3　金属碳化物

　　相比于导电性较差的金属氧化物，金属碳化物具有较强的极性和较高的电子电导率，在吸附多硫化物的同时可以提供电子，促进多硫化物向硫化锂的快速转化。在减少中间体在电解液当中溶解的同时也提高了电池倍率性能。

　　汪国秀课题组[136]采用一步法合成了对多硫化物具有强物理吸附和化学吸附性的褶皱氮掺杂 MXene 纳米片，并将其作为锂硫电池的硫载体。该氮掺杂策略可以将杂原子引入到 MXene 纳米薄片中，并同时将其诱导使其具有界限清晰的多孔结构、高比表面积和大孔隙体积。制备的氮掺杂 MXene 纳米片表面含硫量可达到 5.1 mg·cm^{-2}。锂硫电池基于褶皱氮掺杂 MXene 纳米片/硫复合材料，表现出高可逆容量和循环稳定性，在 0.2 C 倍率下容量可达 1144 mAh·g^{-1}，在 2 C 下循环 1000 周后容量保持在 610 mAh·g^{-1}。

　　Nazar 课题组[137]报道了一种具有高导电性的 2D MXene（Ti$_2$C）硫基体，如图 2-27 所示，该材料可以促进多硫化物的电化学反应动力学并通过其表面自功能化抑制穿梭效应。通过熔体扩散将硫引入 Ti$_2$C 基体中，通过路易斯酸碱机制解释了 Ti$_2$C 与多硫化物阴离子电子对的强化学相互作用，S$_x^{2-}$ 的存在使其成为路易斯碱，而且 Ti$_2$C 具有路易斯酸特性。因此，Ti$_2$C 表面显示出与多硫化锂较强的相互作用，并能提供丰富的 Li$_2$S 成核位点，从而提升电池的循环性能（容量衰减率为 0.05%/周）。此外，与无机硫基体相比，MXene 的良好金属导电性也是倍率性能优异的原因之一。张传芳课题组[138]通过过滤-蒸发的方法合成了 Ti$_3$C$_2$T$_x$/S 导电碳纸，该柔性薄膜不仅具有较高的导电性和优异的机械强度，同时对多硫化物有着独特的吸附作用。在循环过程中，会在 MXene 表面原位形成一层厚的硫酸盐络合物层，有效地抑制了多硫化物的穿梭并且增强了硫的利用率。该柔性 MXene 纸在 1C 倍率下循环 1500 周，每周容量衰减率为 0.014%，是目前报道的最低值。

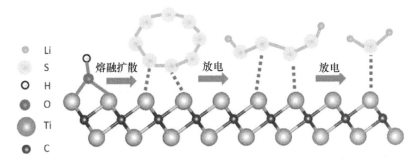

图 2-27　MXene 表面的价键结合状态变化示意[137]

2.3.3.4　金属有机骨架化合物

金属有机骨架化合物（metal-organic frameworks，MOFs）材料已成为电化学能源领域的一种重要新材料，其孔径可控，具有高度有序的结构和超高孔隙度。越来越多的研究尝试应用 MOFs 材料作为锂硫电池的正极载体材料，并得到了有意义的结果。MOFs 复合材料和 MOFs 衍生物能够改善活性物质的导电性，具有大的比表面积，可以物理限域多硫化物，还具有离子选择性，可以化学吸附多硫化物，控制多硫化物溶出。此外，金属有机骨架化合物材料还具有催化作用，为穿梭效应制造了多重屏障。

王博课题组[139]比较了四种不同的 MOFs，分别为 ZIF-8、NH2-MIL- 53（铝）、MIL-53（铝）和 HKUST-1。MOFs 材料中存在的孔隙为电化学反应提供了空间，锂离子和电子都可以传导到活性物质，将硫还原成长链多硫化物。只要多硫化物形成，就会发生三种变化：①在 MOFs 材料的孔道内部锂离子和电子传导到多硫化物；②高聚态多硫化物继续反应成为短链多硫化物；③扩散和容量的大小取决于内部输运和界面电荷转移的竞争。对不同 MOFs 材料和硫的复合材料在 0.5 C 充放电倍率下进行长程循环测试，S/MIL-53、S/NH2-MIL-53、S/HKUST-1 和 S/ZIF-8 在整个过程中实现的最大放电容量分别是 793 mAh·g^{-1}、568 mAh·g^{-1}、431 mAh·g^{-1} 和 738 mAh·g^{-1}。另外，300 周循环后，放电容量分别达到 347 mAh·g^{-1}、332 mAh·g^{-1}、286 mAh·g^{-1} 和 553 mAh·g^{-1}。他们将此容量降低归因于 MOFs 孔径，四种材料的孔径分别是 8.5 Å、7.5 Å、6.9 Å 和 3.4 Å，与放电容量的减少一致。

邓鹤翔课题组[140]报道了一种将 MOFs 材料的电导率提高了 5～7 个数量级的

新方法，探索了 MOFs 在电化学应用中的潜力。该方法结合了 MOFs 的极性和孔隙率优势与导电聚合物的导电特征，构建了用于限制锂硫电池中硫的 PPy-MOF 架构。复合电极的性能超过了 MOFs 和 PPy 单独的性能，特别是在高的充放电倍率下。通过比较 PPy-MOF 隔室与不同孔隙形状的材料，阐明了离子扩散对高倍率性能的关键作用。具有交联孔道的复合材料性能突出，在 10 C 倍率下，循环 200 周和 1000 周后分别保持 670 mAh·g^{-1} 和 440 mAh·g^{-1} 的高比容量，对高倍率长循环锂硫电池来说是一个新突破。

汪国秀课题组[141]展示了一种多孔 N-Co$_3$O$_4$@N-C 纳米十二面体复合材料，能够抑制穿梭效应并实现高能量密度。该复合电极材料通过简便的热解方法从 ZIF-67 衍生而来，实现了有效的氮掺杂的 Co$_3$O$_4$ 和碳复合材料，同时具有良好的多孔结构。用还原氧化石墨烯（rGO）包裹后，这种多孔 N-Co$_3$O$_4$@N-C/rGO 正极具有高的硫载量，约为 5.89 mg·cm^{-2}，并表现出优异的循环稳定性，在 2 C 下循环 1000 周后，保持 611 mAh·g^{-1} 容量。此外，通过非原位拉曼光谱、非原位 X 射线光电子能谱、紫外-可见吸收光谱和第一性原理计算证实，N-Co$_3$O$_4$@N-C/rGO 纳米十二面体在多个循环中可有效地结合电极中的多硫化物。这证明多孔 N-Co$_3$O$_4$@N-C 纳米十二面体中的钴氧化物对多硫化物具有强亲和力。将氮同时掺杂到钴氧化物和碳骨架材料中不仅提高了对多硫化物吸收的结合能，也提高了纳米十二面体的总电导率。交联的多孔结构有助于电子转移并缓解循环过程中活性材料的体积变化。此外，研究对象还有传统的 ZIF-8[142]和镍基金属有机化合物（Ni-MOFs）[143]。

2.3.3.5 其他金属化合物

除了金属氧化物、金属硫化物、金属碳化物之外，其他一些金属化合物也可以用作硫的基体材料。例如 Goodenough 课题组[144]采用介孔 TiN 作为硫正极的基体材料：TiN 有着高于钛金属和碳材料的优异导电性能，同时由于其表面氧化物钝化层的存在，TiN 具有优异的化学稳定性。作为硫的基体材料，在 500 周循环后的每周容量衰减率仅为 0.07%，明显优于 TiO$_2$-硫的复合材料。

杨全红课题组[145]报道了一种双 TiO$_2$-TiN 异质结构，它结合了高吸附性 TiO$_2$ 和导电 TiN 的优点，实现了多硫化物在界面上的捕获-扩散-转换过程。TiO$_2$ 对多硫化物具有高吸附性，而 TiN 能够促进其转化为不溶性 Li$_2$S。董全峰课题组[146]采用一种简便易行的方法合成了由 Co$_4$N 纳米片构成的介孔球，该材料对多硫化物具有高亲和力、快速捕获和吸附能力。利用这种介孔球体作为硫骨架的锂硫电池获得了优异的电化学性能。

陶新永课题组[147]研究了三种过渡金属磷化物：Ni$_2$P、Co$_2$P、Fe$_2$P 作为硫的基体材料。研究发现三种磷化物材料均要比空白样品有着更高的可逆容量和更好的循环性能。含有 Ni$_2$P 的复合材料在 0.1 C、0.2 C、0.5 C、1.0 C 和 2.0 C 倍率下的可逆容量分别为 1165 mAh·g^{-1}、1024 mAh·g^{-1}、912 mAh·g^{-1}、870 mAh·g^{-1}、812 mAh·g^{-1}。金属磷化物不仅可以捕获多硫化物，还可以有效催化多硫化物的转化反应，从而提升活性物质的利用率。类似的还有王海亮课题组[148]报道的一种 CoP 纳米颗粒。

楼雄文课题组[149]合成了含有氢氧化钴和双金属氢氧化物的双壳纳米笼结构：这种中空多面体结构不仅有着较高的硫含量（75wt%），还可以提供足够多的功能化表面来吸附多硫化物，从而抑制其向外扩散。硫载量为 3 mg·cm^{-2} 的复合材料在 0.2 C、0.5 C 和 1 C 倍率下的可逆容量分别为 800 mAh·g^{-1}、650 mAh·g^{-1}、500 mAh·g^{-1}。楼雄文课题组[150]还设计并合成了新型中空 Ni/Fe 层状双氢氧化物多面体作为硫载体。这种材料具有多种优势：首先，Ni/Fe 层状双氢氧化物多面体壳可以提供足够的疏基位点与多硫化物化学键合；其次，中空结构可以提供足够的内部空间，以便加大硫载量并适应其较大的体积膨胀；而且，一旦活性物质被限制在宿主体内，外壳可以很容易地限制多硫化物向外扩散，即使在高硫载量下也能保证超长的循环寿命。

高学平课题组[151]制备了一种新型的镍铁氧体（NiFe$_2$O$_4$）纳米纤维作为硫的新型基质，不仅可以锚定多硫化物，提高硫正极的循环稳定性，还有助于提高 S/镍铁氧体复合材料电极的体积比容量。具体而言，由于 S/镍铁氧体的高振实密度，S/镍铁氧体复合材料在 0.1 C 倍率下的初始体积容量为 1281.7 mAh·cm^{-3}，比 S/碳纳米管复合电极高 1.9 倍。

2.3.4 复合材料

如前文所述，不同种的材料如碳材料、金属化合物材料等做基体时都具有自己的优点和不足。将不同种类的材料结合在一起制备复合材料，不仅可以兼顾不同材料的优点，弥补彼此的不足，还可以获得性能更加优异的电极材料。

2.3.4.1 不同碳材料的复合基体

碳材料之间的相互复合有助于整体材料性能的提升。例如：单纯的石墨烯材料容易发生片层之间的堆叠，使得石墨烯的大比表面积优势未得到体现。如果将石墨烯和碳纳米管材料进行复合，碳纳米管由于本身优异的力学性能不仅会增强材料的机械强度，而且会嵌入到石墨烯片层之间，防止石墨烯的堆叠，增大材料的比表面积，进而提升电解液的浸润性和电池的电化学性能。

石墨烯和碳纳米管之间的复合是最常见的碳材料的复合形式，如图 2-28 所示，例如张强课题组[152]通过 CVD 合成了分层 3D 石墨烯-碳纳米管杂化物，可以同时催化生长两个不同的层状碳结构：两个堆叠的石墨烯层之间的内部空间和 SWNT 之间的内部空间贡献了大小约为 8 nm 的中孔用于储存硫物质，这种中孔骨架可以有效地抑制多硫化物的穿梭效应。此外，碳杂化物优异的电子传导性（3130 S·cm^{-1}）有助于构建 3D 导电网络，以确保电子的快速转移，使得 G-SWNT/S 正极基体材料具有非凡的倍率性能：即使在 5 C 的高倍率下，所获得的正极复合材料依然能在 100 周循环后释放 650 mAh·g^{-1} 的容量。多孔碳结构中进一步掺入高导电性 G-SWNT 混合物以构建具有相互连接的微孔/中孔分层结构，可实现更高质量的硫负载（77wt%）。

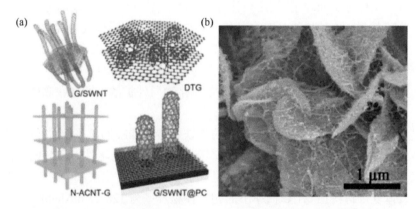

图 2-28　（a）石墨烯和碳纳米管的复合结构；（b）G/SWNT-S 复合材料的形态[152]

汪国秀课题组[153]发现普鲁士蓝-脱水亚铁氰化钠可以通过简单的一步热解过程转化为氮掺杂石墨烯-碳纳米管复合材料。通过场发射扫描电镜、透射电镜、X 射线衍射、拉曼光谱、原子力显微镜和等温分析，作者发现二维石墨烯和一维碳纳米管在生长阶段无缝结合。用作锂硫电池硫正极的载体时，它展示出了优异的电化学性能，包括较高的可逆容量、优秀的倍率性能和良好的循环稳定性，在 0.2 C 倍率下，表现出 1221 mAh·g^{-1} 的可逆比容量，在 5 C 和 10 C 倍率下比容量分别为 458 mAh·g^{-1} 和 220 mAh·g^{-1}，循环 1000 周后衰减为 321 mAh·g^{-1} 和 162 mAh·g^{-1}。电化学性能的提高可以归因于混合材料的三维结构，其中氮掺杂产生缺陷和活性位点，从而改善界面吸附。此外，氮掺杂使多硫化物能够有效地固定在正极的电活性位点上，从而显著改善了电池的循环性能。

陈人杰课题组[154]基于三明治型层级结构电极材料的设计思路，制备了石墨烯-多壁碳纳米管@硫（GS-MWCNT@S）复合材料，如图 2-29 所示。该复合材料可以有效促进电子的传输、限制多硫化物的溶解穿梭、缓解硫正极的体积膨胀。

石墨烯-多壁碳纳米管的混合三维导电碳骨架可以有效降低电池的界面阻抗，碳骨架中的多孔结构有利于离子的快速传输。石墨烯表面上残存的含氧官能团和多壁碳纳米管的吸附作用可以协同抑制多硫化物的溶出。此外，石墨烯的柔性骨架可以缓冲硫在充放电过程中的体积膨胀，保证电极结构的稳定性。基于上述优势，硫含量为 70% 的 GS-MWCNT@S 复合材料循环 100 周后的可逆容量高达 844 $mAh \cdot g^{-1}$，1 C 倍率下的放电容量为 743 $mAh \cdot g^{-1}$，具有良好的循环稳定性和倍率性能。

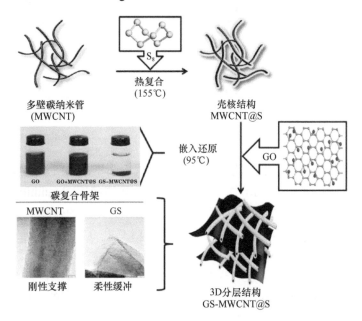

图 2-29　三维层状结构的 GS-MWCNT@S 复合材料的制备过程[154]

　　此后，陈人杰课题组[155]又通过"吹气泡"的方法制备了一种二维相互交织的、"类气泡"结构的碳纳米织布，该碳纳米织布的厚度约为 30 nm，具有独立的孔道结构，可以提高离子/电子的传输，有效固定可溶性多硫化物，如图 2-30 所示。通过将硫以纳米点的方式固定在碳纳米织布的独立孔道中，然后通过水热法将其与还原氧化石墨烯复合，制备得到了具有免黏结剂和免集流体功能的相互交织碳纳米织布-纳米硫-还原氧化石墨烯（ICFs/nS/rGO）复合材料。复合正极在硫含量为 70wt%，单位面积硫载量为 2.8 $mg \cdot cm^{-2}$ 的情况下，在 0.5 C 的倍率下表现出约 800 $mAh \cdot g^{-1}$ 的可逆容量。

　　Nazar 课题组[156]通过将多功能、分级结构的硫复合材料与原位交联剂耦合，构建稳定、高体积能量密度的锂硫电池。通过第一性原理计算和实验研究相结合，证明了石墨烯与层状石墨化氮化碳交替叠加形成的杂化硫骨架具有高的电子导电

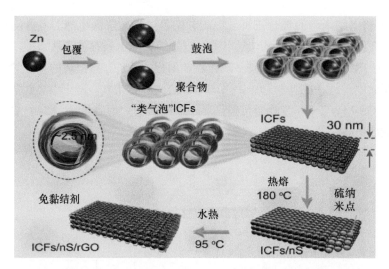

图 2-30　"类气泡"结构的碳纳米织布的合成过程及其在锂硫电池正极中的应用[155]

性和高的多硫化物吸附性能。邵光杰课题组[157]采用简单的热解法制备了一种新型三维互联多孔碳纳米片/碳纳米管（PC/CNT）多硫化物储层。Manthiram 课题组[158]提出了一种新型石墨烯/棉碳正极，其具有高达 46 mg·cm^{-2} 的硫载量和 70wt%的硫含量，液硫比低至 5。石墨烯/棉碳正极分别在 0.1 C 和 0.2 C 的倍率下，电池的峰值比容量分别为 926 mAh·g^{-1} 和 765 mAh·g^{-1}。

碳纳米管和纳米纤维的复合也是碳材料复合的一种。纤维材料不仅可以增强基体材料的韧性和机械强度，还可以有效地抑制充放电过程中的体积变化。例如余彦课题组[159]将碳纳米管和多孔碳纳米纤维结合起来制备了复合材料（CNT/CNF）。他们通过同轴静电纺丝将 CNT 嵌入到 CNF 中，CNF 可以作为硫渗透的柔性支架。与不含 CNT 的 CNF/硫复合材料相比，多孔 CNT/CNF-硫复合材料表现出更好的循环性能和倍率性能，这可能是由于复合 CNT-CNF 具有结构优异的导电性和均匀的微孔分布。Goodenough 课题组[160]设计了一种采用静电纺丝法制得的多孔中空 CNT/CNF 复合碳结构，该材料具有 1400 m^2·g^{-1} 的高比表面积和 1.12 cm^3·g^{-1} 的总孔体积，可以填充 55wt%的硫。当使用这种材料作为正极测试时，在 0.2 C 下具有 1313 mAh·g^{-1} 的高比容量，并且在 5 C 的高倍率下仍然具有 572 mAh·g^{-1} 的容量。在 1 C 下进行 100 周循环或在 5 C 下进行 200 周循环，都能保持 80%的初始容量。这些结果都说明了该混合碳结构制得的电极具有应用于高容量和高功率锂硫电池的潜力。

陈忠伟课题组[161]报道了一种由金属有机骨架材料衍生的多孔碳多面体和碳纳米管（CNTs）组成的混合纳米结构的硫正极主体，可显著改善电极的循环性能。交织的 CNTs 和串联的多孔碳多面体作为无黏结剂薄膜的强耦合作用，增强了远程电子传导性，并提供了丰富的活性界面。由于 CNTs 和碳多面体的协同组合，组装成的硫电极表现出优异的循环性和高倍率性并具有 960 Ah·L^{-1} 的体积比容量。

2.3.4.2 碳材料与金属化合物的复合基体

碳材料具有大的比表面积、高的电子传导、优异的机械性能，适合作为硫正极的基体材料，然而碳材料本身存在着极性较弱的不足。尽管碳材料可以在一定程度上通过物理作用阻挡多硫化物的穿梭，但是单纯靠物理阻隔远远不能达到理想的容量保持率。因此将碳材料和极性较强、功能性较强的金属材料相复合就可以扬长避短，得到综合性能优异的复合材料。一方面，金属材料可以提供丰富的活性位点化学吸附多硫化物；另一方面，碳材料较高的电子传导增强了活性物质利用率，其大的比表面积也增强了电解液的浸润性。这其中最简单的结构就是在高比表面积碳上分布小金属氧化物纳米颗粒，比如生长在石墨烯片上的氧化物纳米颗粒可用作多硫化物吸附剂。

张强课题组[162]描述了一种独特的多孔碳，由交联的纳米/微米片组成。前驱体水稻在 200 ℃下从 1.0 MPa 的高压密封环境中瞬间释放时，大米直接膨胀，体积增大约 20 倍。有趣的是，当金属 Ni 纳米颗粒嵌入膨化大米衍生碳（PRC）中时，可以获得高质量的 PRC/Ni 复合材料。高学平课题组[163]通过简单的热解法制备了一种新型的三维石墨烯纳米片-碳纳米管（GN-CNT）基体。通过改变碳源尿素的添加量，可以很容易地调整碳纳米管的长度和密度。类似的，金钟课题组[164]报道了一种新的硫骨架材料，基于"海胆"状钴纳米颗粒嵌入氮掺杂碳纳米管/纳米多面体（Co-NCNT/NP）结构的锂硫电池。Co-NCNT/NP 的分级微介孔可以通过物理约束，使硫高效浸渍并阻止可溶性多硫化物的扩散，嵌入 Co 纳米颗粒和 4.6 at%氮掺杂可以协同提高多硫化物的吸附作用。此外，由氮掺杂碳纳米管（NCNTs）连接的 Co-NCNT/NP 导电网络可以促进电子传输和电解质渗透。

关于金属氧化物与碳材料复合作为硫正极基体的研究也很多。王先友课题组[165]提出了一种合理的物理和化学双封装策略并应用于锂硫电池，即在氮掺杂中空多孔碳纳米球（NHCSs@MnO$_2$）两侧生长氧化锰纳米颗粒，集成化和空心混合纳米球可以提供有效的电子修饰界面，负载更多的活性物质，重要的是通过面对面协同效应可有效地防止多硫化物溶解和扩散。因此，开发的 NHCSs@MnO$_2$/S 复合材料在 0.5 C 时有 1249 mAh·g^{-1} 的初始放电比容量，并且具有良好循环稳定性，经 1000 周循环，每周容量衰减仅为 0.041%。

侯仰龙课题组[166]报道了一种空心碳纳米棒，其中填充了水钠锰矿型氧化锰纳米片（MnO$_2$@HCB），对多硫化物具有有效的物理约束和化学相互作用。Manthiram课题组[167]设计报道了蛋黄壳碳@Fe$_3$O$_4$（YSC@Fe$_3$O$_4$）纳米棒作为锂硫电池的高效硫载体。杨全红课题组[118]在三维多孔石墨烯结构上均匀分布 α-Fe$_2$O$_3$ 纳米粒子（Fe-PGM），并将其设计为锂硫电池正极载体。在这种复合结构中，α-Fe$_2$O$_3$ 纳米颗粒被证明不仅与多硫化物具有强烈相互作用，能够作为多硫化物穿梭效应的化学屏障，更重要的是还能促进它们在充放电过程中转化为不溶性放电产物，与三维分层多孔结构一起促进电子、离子的快速转移。

Nazar 课题组[168]将多孔二氧化硅嵌入碳硫复合材料中，二氧化硅通过弱相互作用吸附多硫化物，由于相互作用力恰到好处，可以实现多硫化物的可逆脱附和释放。该材料展现出了长循环稳定性和较高的库仑效率，并且这种机理对锂硫电池的设计具有普遍性意义。与此同时，由于普遍使用在活性材料上面生长钝化层的方法，他们提出了一种简单且具有普适性的方法：在功能化颗粒表面，通过金属或非金属醇盐诱导金属氧化物或非金属氧化物原位表面生长。他们将一层薄的 VO$_x$ 包覆 CMK-3-S 复合材料[169]：以 VO$_x$ 为例，表面功能化的 CMK-3 上会有很多的羧基官能团，它们会和金属醇盐[M—(OR)$_n$]形成羧酸盐（—COOR）和水解的金属醇盐[HO—M—(OR)$_{n-1}$]，金属醇盐的进一步水解和它们之间的缩合反应会将一层薄的涂覆层包覆在 CMK-3 外面。由于一开始和官能团的反应，CMK-3 表面已经有了 MO$_x$ 种子，因而在表面引发机理下，材料外表面会被包覆一层薄且均匀的 MO$_x$，这个涂层可以在初始容量略微降低的代价下显著减少多硫化物的穿梭。当该方法应用于大孔碳-硫复合材料时，效果更为显著。

然而，金属硫化物在和碳材料复合时有可能会具有更好的性能，这主要是由于硫化物与多硫化物之间更适当的结合能有助于多硫化物的可逆转化。例如钱逸泰课题组[170]通过 SnO$_2$ 和 SnS$_2$ 两者之间的比较，发现硫化物固定剂更有可能在改善电池性能方面展现出更强的协同效应。与 SnO$_2$ 相比，他们发现 SnS$_2$ 与多硫化物之间的结合能更加适当并且有着更小的电荷转移阻抗，因而能够对吸附的多硫化物中间体的氧化还原反应起到更加有效的作用。当作为锂硫电池正极时，SnS$_2$/S/C 复合材料有着 78wt%的硫含量，并且能够在 0.5 C 下 300 周循环之后释放出 780 mAh·g^{-1} 的可逆容量，而在和 Ge/C 负极匹配成全电池之后仍展现出良好的循环稳定性和较高的库仑效率。该工作也对 MO$_x$ 和 MS$_x$（M 代表相同金属原子）在硫正极中的角色和作用提供了理论指导。

硫化物不仅具有吸附作用，有些还具有优异的导电性和催化性能，与碳材料复合之后能够起到更显著的作用。例如张强课题组[171]将 CoS$_2$ 和石墨烯进行复合，该材料不仅对多硫化物具有很强的吸附作用，同时也可以作为加速多硫化物转化的催化位点。在低硫载量（0.4 mg·cm^{-2}）下，CoS$_2$/石墨烯基体的初始放电容量为1368 mAh·g^{-1}，在150周循环后，该材料仍然具有1005 mAh·g^{-1}的比容量，并且在2000周循环后的容量保持率为32%。使用循环伏安法研究CoS$_2$和Li$_2$S$_6$在电解质中的电化学反应时发现：CoS$_2$存在下的电流密度有所增加，这意味着CoS$_2$可以加速多硫化锂的化学转换。

类似的，金钟课题组[172]也报道了一种独立且高度灵活的硫载体，可同时满足柔性锂硫电池的高灵活性、高稳定性和高容量要求。主体由碳纳米管增强的CoS纳米线（CNT/CoS-NS）交叉网络组成。他们还报道了一种自模板合成的极性金属Co$_9$S$_8$纳米晶体嵌碳（Co$_9$S$_8$/C）的空心纳米多面体[173]，并将其作为一种硫载体材料。张会刚课题组[174]开发了新型Co$_3$S$_4$纳米管用于负载硫，吸附多硫化物并促进它们的转化。许俊课题组[175]报道了一种基于三维（3D）MoS$_2$/rGO泡沫的硫正极，改进了锂硫电池的电化学性能。王海辉课题组[176]采用原位热还原和硫化法制备了一种独特的硫骨架杂化材料，该材料由均匀分布在三维碳空心球（C-HS）上的纳米硫化镍（NiS）组成。王瑞虎课题组[177]报道了由VS$_2$交联还原氧化石墨烯（rGO）片和活性硫层组成的一系列弹性夹层结构正极材料。

金属氮化物和碳材料复合之后也具有优异的电化学性能，这是因为氮化物大多具有优异的导电性，例如李峰课题组[55]报道了一种氮化钒（VN）纳米带/石墨烯复合材料用于抑制多硫化物的穿梭效应。他们通过氧化石墨烯和钒酸铵混合水热的方法制备出了VO$_x$/G复合水凝胶材料，在冷冻干燥处理之后，通过在550 ℃氨气氛围中煅烧得到了VN-G复合材料。通过实验和理论计算发现该材料对多硫化物有强的吸附作用，并且能够促进多硫化物的快速转化。由于VN材料本身优异的导电性，复合正极材料表现出了较低的极化和加快的氧化还原反应动力学，该材料性能要优于空白的还原氧化石墨烯（rGO）电极：在0.2 C下有1471 mAh·g^{-1}的初始放电容量，并且在100周后仍能保持1252 mAh·g^{-1}的超高容量，该材料也为高比能锂硫电池提供了好的设计思路。类似的，夏新辉课题组[178]通过简单的化学蚀刻，联合溶剂热-超临界流体法，制备了一种新型多孔碳纤维/氮化钒阵列（PCF/VN）复合支架，用于硫的存储。PCF/VN主链中可储存更多的活性硫，在PCF/VN/S复合电极中可实现多硫化物"物理阻隔和化学吸收"的双重阻挡效应。PCF具有高孔隙结构，提供了较大的空间容纳活性硫，并具有交叉连接的迷宫通道，以物理方法固定多硫化物。VN纳米带阵列展现出较强的化学固定多硫化物的能力，从而减轻了穿梭效应。

同氮化物一样，金属碳化物在吸附多硫化物的同时也能够增强电池反应动力学，与碳材料复合之后表现出较低的电荷转移电阻和较好的电化学性能[179]，例如张强课题组[180]通过对 TiO$_2$/石墨烯和 TiC/石墨烯复合材料的电化学行为分析和 DFT 模拟发现：TiC 可以促进多硫化物的液-液转化和液-固成核/生长，这也同样是 TiO$_2$ 具有优异性能的原因。同时碳化物本身的高导电性进一步加快了电池反应的电荷转移过程，促进了多硫化物的吸附转化过程。使用 TiC/石墨烯复合材料获得了较好的电化学性能，且要比 TiO$_2$/石墨烯材料更加优异。

李晓东课题组[181]发现了一种新的内置磁场增强的多硫化物捕获机制，通过将带有石墨烯外壳的铁磁性铁/碳化铁纳米颗粒（Fe/Fe$_3$C/石墨烯）引入柔性活化棉纺（ACT）纤维，制备出 ACT@Fe/Fe$_3$C/石墨烯硫骨架。彭新生课题组[182]报道了一种金属有机化合物骨架/碳纳米管薄膜复合材料。碳纳米管通过金属有机化合物骨架晶体相互渗透，并将电极编织成层状结构，提供导电性和结构完整性，同时多孔金属有机化合物骨架对电极中硫具有强约束作用，实现了高硫负载和利用率、良好的循环稳定性以及高体积能量密度。赁敦敏课题组[183]开发了一种三维中空核壳结构，ZIF-67 和 Ni(OH)$_2$ 纳米片衍生的氮掺杂 CNT 组装成十二面体作为壳限制硫，构建了锂硫电池正极材料。电化学性能的提高可以归因于相互连接的碳纳米管组装的十二面体提供了快速的 Li$^+$/e$^-$ 传输和充足的空间缓冲体积变化；Ni(OH)$_2$ 纳米片壳不仅是一种持久的物理屏障，而且是一种极性物质，通过化学作用抑制多硫化物的穿梭。此外，碳纳米管中的原位氮掺杂为多硫化物吸附引入了丰富的缺陷和活性位点。

2.3.4.3 碳材料与聚合物的复合基体

聚合物虽然具有柔性且可以化学吸附多硫化物，抑制穿梭效应，但其比表面积往往比较低，因此借助于高比表面积的碳材料来构建宽敞的 3D 结构对于实现高比容量是必不可少的[184]。聚合物链结构的相互作用不仅可以作为黏结剂来黏合常见纳米复合材料中的硫组分和碳组分[185]，而且由于导电聚合物在很宽的电位范围内都具有氧化还原活性[186]，因此它们有助于提升电极容量。

陈人杰课题组[187]采用两步法合成了 MWCNT@S 和 MWCNT@S@PANi 复合材料，如图 2-31 所示，并研究了不同导电聚合物涂层对 MWCNT@S 复合材料电化学性能的影响。具有双核壳结构的凝胶状复合物因为具有多孔聚合物涂层，所以表现出更好的氧化还原反应动力学。具体来说，使用 MWCNT@S@PANi 电极时的反应速率几乎是使用 MWCNT@S 复合材料时的两倍。相关工作表明[188]，PEG 掺杂的 A-CNT@S@PPy 复合材料甚至可以在 8 A·g^{-1} 的高电流密度下工作。而类似的复合材料基体也获得了性能的提升，如 MWCNTs@S@PPy[189]、CMK-3/S/PEDOT[190]等等。

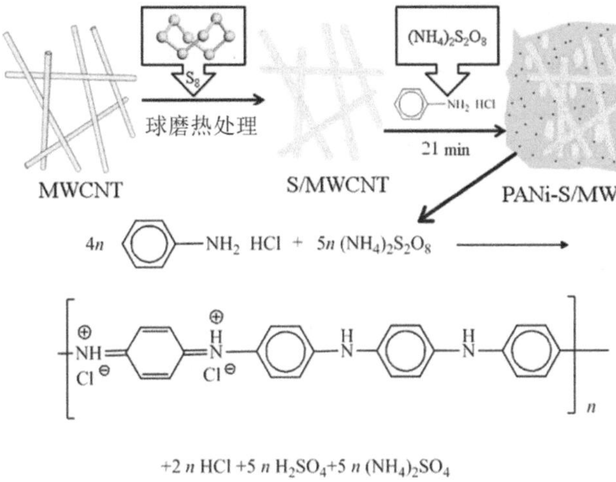
S_8
球磨热处理
$(NH_4)_2S_2O_8$
NH_2 HCl
21 min
MWCNT
S/MWCNT
PANi-S/MWCNT
4n
NH_2 HCl + 5n $(NH_4)_2S_2O_8$
NH
Cl
N
H
n
+2 n HCl +5 n H_2SO_4+5 n $(NH_4)_2SO_4$

图 2-31 两步法合成 MWCNT@S 和 MWCNT@S@PANi 复合材料[187]

同样是和 PEG 的复合，硫的粒径对结果也会产生较大的影响。基于此，戴宏杰课题组[191]基于溶液氧化还原反应制备了包裹亚微米级硫颗粒的氧化石墨烯复合基体，为了确保更好的实验结果，他们还向温和氧化的氧化石墨烯中加入 10 wt%、20wt%的炭黑以改善正极材料的导电性，同时使用聚乙二醇（PEG）表面活性剂作为封端剂来控制硫的粒径，使电极材料在充放电过程中能够捕获多硫化物并适应体积变化。然而这种正极仍然表现出较低的初始容量，并且容量在前 10 周循环中快速衰减。产生这种现象的原因可能是黏结剂或电解质等其他组分引起的一些不利影响。

同 PEG 一样，聚乙烯吡咯烷酮（PVP）也属于两亲性聚合物。这种材料不仅和多硫化物之间有较强的结合力，同时和基底碳材料之间也能够较好地结合，就像一个锁链一样，可以把多硫化物和碳材料牢牢地拴在一起，抑制多硫化物的穿梭。例如崔屹课题组[78]在中空碳纳米纤维壁上引入聚乙烯基吡咯烷酮（PVP），他们通过透射电子显微镜成像结果证实，PVP 涂层在放电时抑制了 Li_2S 从中空碳纳米纤维壁上的脱离，这有利于提高活性物质的利用率。根据密度泛函理论分析，Li^+-O 的存在对提升多硫化物的吸附起到了主要的作用。该材料表现出了优异的电化学性能。

其他聚合物材料像聚丙烯腈（PAN），在 300 ℃加热之后会形成具有良好热稳定性的杂环化合物。其中含有大量的含氮官能团，可以很好地吸附多硫化物，阻挡它们的穿梭。在与碳材料复合之后，往往会有更好的电化学性能，例如艾新平课题组[192]报道了聚丙烯腈（PAN）与石墨烯片的复合材料，该复合材料提供了均匀分布硫颗粒的基质，同时可以防止它们的聚集和生长。这样开发出的 C/S/PAN

纳米纤维正极材料具有优异的循环稳定性、高的库仑效率和良好的倍率性能。

聚多巴胺也可以和碳材料复合形成复合电极，碳化之后的聚多巴胺变为了氮掺杂的多孔碳，不仅可以增强基体材料的导电性，其中的氮原子还可以化学吸附多硫化物，例如肖兴成课题组[193]采用聚多巴胺包覆二氧化硅球，在碳化并去除内部的硅球之后获得了几百个纳米的聚多巴胺包覆的中空氮掺杂碳球。通过热附硫法将硫引入其中后发现，硫不仅可以穿过碳壳进入到碳球的内部，同时多数硫在碳壳的内表面进行聚积。氮掺杂碳壳不仅提供了较高的导电性还可以限制多硫化物的穿梭，同时锂化过程的体积变化也得到了抑制。这种材料在 600 周循环过程当中表现出良好的循环稳定性，容量最高可达 630 mAh·g^{-1}。

而聚多巴胺也可以不碳化直接作为聚合物材料使用，聚多巴胺具有较高的弹性模量和较好的柔性，应用到基体材料当中不仅可以缓解锂化反应所引起的体积膨胀问题，其较高的黏性还可以很好地黏附住多硫化物，阻挡多硫化物的穿梭，例如陈人杰课题组[194]用聚多巴胺包覆羟基化多壁碳纳米管和纳米硫的核壳结构很好地抑制了多硫化物的穿梭效应。聚多巴胺本身具有的黏性可以很好地捕获住多硫化物，同时其超凡的柔性可以使电极具有伸缩性能，就像会呼吸的电极一样。与此同时，聚多巴胺本身的超强亲水性也能够增强电解液对硫正极的浸润性，降低浓度梯度引起的极化。因此，合成的复合电极能够在 2 C 的大倍率下有超过 3000 周的循环，容量衰减率仅为每周 0.018%。

耿建新课题组[195]报道了用于容纳硫的铁掺杂的大孔共轭聚合物，作为高性能锂硫电池的正极。通过在还原氧化石墨烯（rGO）片材原位生长聚(3-己基噻吩)(P3HT)，然后对二甲苯中凝胶化（RGO-g-P3HT）并冷冻干燥来合成大孔共轭聚合物。通过控制接枝到 rGO 片材上的 P3HT 的链长，可以方便调节大孔材料的网络结构。李峰课题组[196]设计并制备了 CNT 部分插入硫共聚物的混合正极用于锂硫电池。这种结构能够利用 CNT 壁对多硫化物物理限制，并且能够利用硫共聚物与硫化学结合。插入的 CNT 能够促进充放电过程中离子和电子的传输，并缓冲硫的体积膨胀。

虽然上述提及的所有类别的基体材料都有结合在一起、组成复合材料的可能性，但每一种复合材料都需要研究人员通过进一步的实验来扬长避短，设计出实用性更强的锂硫电池正极基体材料。

2.3.5 基体材料的催化作用

锂硫电池已成为最有前景的下一代能量存储系统之一，但是穿梭效应显著降低了硫的利用率和电池的循环寿命，严重阻碍了其应用化进程。为了解决这个问题，目前主要是通过物理或化学方法限制多硫化物的溶出，但是这种限域作用会导致多硫化物不能被重复使用，因此，我们需要一个不仅能诱捕多硫化物还能促进其转化的方法[197]。

反应促进剂是一类有利于加快氧化还原反应动力学行为的材料，并能通过促进电荷转移或增强离子传输来降低电化学过电势。通常，反应促进剂可以被分为非均相介质和均相介质，这取决于反应促进剂是否存在于与目标反应物相同的相中。在典型的锂硫电池中，目标反应物就是多硫化物，存在于液体电解质中。因此，非均相介质指的是嵌入导电骨架的固相材料，而均相介质是溶解在电解质中的可与多硫化物相互作用的小分子。锂硫电池中可通过引入非均相介质和均相介质增强多硫化物的氧化还原反应的动力学。两者作用机理不同：非均相介质构成电子或空穴传输的快速通道，通过表面键合到氧化还原中间体上降低电荷传递阻力并改变反应过渡态；均相介质在电池工作电压范围内具有一定的氧化还原活性，可与多硫化物发生化学反应，通过额外的化学途径降低电化学反应能量势垒。

2.3.5.1 非均相介质的催化作用

在锂硫电池中，非均相介质包括金属、金属化合物和无机/有机配合物，均为极性材料或化学吸附载体。一方面，要通过对非均相介质的极性设计实现动力学优化，另一方面，要考虑整个界面氧化还原反应的非均相电荷传输和有效的解吸扩散。吸附性过强导致快速的吸附饱和，而不能及时地转化吸附的多硫化物；多硫化物的快速转化，可保证有效的吸附活性位点。非均相介质需要对多硫化物吸附能力实现优化平衡，并通过以下几种途径加快氧化还原反应：①弱化多硫化物内的分子键，促其易于断裂；②控制吸附取向，适应反应条件；③促进表面离子传输，克服扩散势垒；④形成活性复合物，构建新的快速氧化还原途径。非均相介质几乎不受化学吸附能力的限制，即使添加量很小也具有良好的作用效果，因此更适用于高硫载量的情况。

Arava课题组[198]研究了贵金属催化剂Pt对锂硫电池氧化还原反应的电催化作用。已经表明Pt在充电/放电过程中促进了锂硫电池的氧化还原反应，但是需要高比表面积的载体来帮助吸附可溶性多硫化物。因此，他们使用装饰有Pt催化剂的石墨烯载体，在初始放电过程中实现 1100 mAh·g^{-1} 的比容量，在 100 周循环后比容量为 789 mAh·g^{-1}。他们揭示了Pt对电荷转移动力学的催化作用，Pt/石墨烯的交换电流密度远高于原始石墨烯，表明多硫化物转化率得到有效提高，同时Pt促进 Li$_2$S$_2$/Li$_2$S 转化为长链多硫化物并避免其在电极上聚集。上述结果表明，金属催化剂显著促进了电化学氧化还原反应动力学。更重要的是，这些金属具有高电子传导性，使硫利用率得到显著改善。然而，这些催化剂是昂贵的贵金属，不利于实际应用。此外，根据传统电化学方法中的催化剂设计原理，可以通过与高比表面积碳材料配合使用，增加其活性表面积来进一步改善金属催化剂的利用。

与上述金属催化剂相比，低成本的过渡金属氧化物如 MnO_2 和 Fe_3O_4 也对多硫化物的转化具有催化作用。Nazar 课题组[199]报道了超薄 MnO_2 纳米片的催化作用。MnO_2 与多硫化物反应，形成表面结合的中间体，然后这些中间体与可溶性多硫化物相互作用，产生多硫酸盐并形成不溶性 Li_2S_2/Li_2S。该过程由 XPS 证实，反应过程中硫代硫酸盐（167.2 eV）和连多硫酸盐（168.2 eV）的存在，表明 MnO_2 在多硫化物转化中起到重要作用。在 0.05 C 倍率下进行电化学测试，可实现 $1300\ mAh·g^{-1}$ 的比容量，经 200 周循环后保持在 $1030\ mAh·g^{-1}$ 的比容量。上述研究表明，一些金属氧化物促进了可溶性多硫化物向不溶性 Li_2S_2/Li_2S 的转化，但大多数金属氧化物具有较差的导电性，这增加了电池电阻并降低了倍率性能。因此，需要努力改善低成本金属氧化物与导电网状基体如碳材料的导电性。

在锂硫电池中，除了与多硫化物的强化学相互作用外，最近的研究发现金属硫化物在促进多硫化物和 Li_2S_2/Li_2S 的氧化还原反应方面具有强催化活性。Lee 课题组[200]发现 MoS_{2-x}/还原氧化石墨烯（MoS_{2-x}/rGO）可用于催化多硫化物反应以提高锂硫电池性能。通过材料的微观结构表征，证实了硫表面缺陷参与了多硫化物反应，并显著促进了多硫化物的转化动力学。可溶性多硫化物的快速转化减少了它们在硫正极中的积累和扩散损失。因此，在含量 4wt%的 MoS_{2-x}/rGO 催化剂的存在下，8 C 高倍率下硫正极的性能从 $161.1\ mAh·g^{-1}$ 提高到 $826.5\ mAh·g^{-1}$。此外，在典型的 0.5 C 倍率下，MoS_{2-x}/rGO 还提高了硫正极的循环稳定性，使其从每循环（超过 150 周循环）0.373%的容量衰减率减小为每循环（超过 600 周循环）0.083%。这些结果为 MoS_{2-x}/rGO 在硫正极中促进多硫化物转化的催化作用提供了直接的实验依据。此外还有硫铁矿、二硫化钴（CoS_2）[179]、$Ba_{0.5}Sr_{0.5}Co_{0.8}Fe_{0.2}O_{3-\delta}$、钙钛矿纳米颗粒（PrNPs）[201]等，也在锂硫电池中展现出良好的催化作用，显著提高电池的电化学性能。

据报道非金属材料催化剂在促进可溶性多硫化物转化为不溶性 Li_2S_2/Li_2S 的氧化还原反应方面也具有催化作用。Koratka 课题组[202]证明了将少量纳米片状磷烯嵌入多孔碳纳米纤维网络中可以显著改善锂硫电池的循环寿命。经过 500 周充放电循环后，锂硫电池的比容量保持在 660 $mAh·g^{-1}$ 以上，每个周期仅约 0.053%的容量衰减。理论计算研究表明性能改进与磷烯固定多硫化物的能力有关。不同多硫化物与磷烯的结合能范围为 1～2.5 eV，显著大于六元碳环（约为 0.5 eV）。结果也表明磷烯能够降低极化，加速氧化还原反应，并提高硫的利用率。此外，关于 p-C$_3$N$_4$ 催化剂也研究的较多[203]，是不含金属的无机催化材料的典型代表。

类似于杂原子碳材料，不含金属的有机聚合物和超分子等材料被广泛研究用作涂层和基体修饰材料。通过分子设计优化，对传统导电聚合物材料进行新结构设计来构筑键合-电催化位点，成为非均相介质在锂硫电池中催化作用研究的新方向。张强课题组[204]研究了一种醌型亚胺通过质子化态—NH$^+$=和去质子化态—N=的可逆化学转换用来固定多硫化物并且促进 Li$_2$S$_2$/Li$_2$S 的形成。醌型亚胺模仿自然的自愈能力，可作为多硫化物独特的固定位点同时具有生成可逆键的能力。包覆在氧化石墨烯上含氮磷聚合物通过植酸与富醌型亚胺稳定交联，这种纳米结构聚合的基底具有化学亲和力和完全暴露的活性位点，因此对多硫化物显示出很强的吸附能力，还能有效地提高氧化还原活性，并且可降低穿梭电流。

非均相介质因其可调的表面化学性质、多样的组成变化、可控的晶体结构和可调节的电子特性，在锂硫电池中被广泛研究。目前，大部分研究工作集中在无机化合物非均相介质方面，今后开发有效的有机非均相介质新材料是值得关注的方向。

2.3.5.2　均相介质的催化作用

目前，均相介质催化作用的研究在锂硫电池中占据主导地位。均相介质也被称为氧化还原介质，其经历表面氧化还原后扩散，与活性物质发生化学作用。因为固相硫和 Li$_2$S$_2$/Li$_2$S 分别是氧化反应和还原反应的最终产物，难以与非均相介质实现有效地接触，阻碍了后续催化反应的进行。因此，均相介质在促进固相氧化还原反应中必不可少。在锂硫电池中，均相介质的催化反应机制有如下几种可能：①通过液相促进活性物质和电极之间的电子转移；②通过促进活性物质的均匀分布消除空间限制的不均匀性及导致的不可逆反应。

多硫化物是锂硫电池中天然存在的均相介质。张强课题组[205]提出了一种锂硫电池的自愈机制，用预加入的多硫化物作为外在自愈剂来实现微米级硫正极循环稳定性能的提升。不同于电化学反应本身产生的多硫化物，预加入的多硫化物可以避免原有多硫化物空间分布的不均匀，保证固体化合物均匀成核和生长，从而显著减少活性物质的不可逆损失。多硫化物氧化还原介质的均匀分布会促进放电产物的均匀沉积，避免超大固体颗粒堆积，从而实现有效的相转移优化。王东海课题组[206]提出使用二甲基二硫化物（DMDS，CH$_3$SSCH$_3$）作为锂硫电池的助溶剂，为硫正极提供了另一种反应途径，通过形成可溶性二甲基多硫化物（DMPS，CH$_3$SS$_m$SCH$_3$）代替多硫化物，从而使锂硫电池表现出更优的电化学动力学和可逆性。

新型反应促进剂的设计是提升锂硫电池综合性能的有效途径。通过加速离子和电荷的转移过程，反应促进剂可以降低锂硫电池的过电位和反应内阻，促进氧化还原转化，特别是在高硫载量和高硫含量的情况下，反应促进剂将发挥更为重要的优势。

2.3.6 小结

虽然锂硫电池已有数十年的历史，但近些年才成为研究的热门。目前大部分的研究工作都集中在正极材料的开发上，正极是锂硫电池中最重要的组成部分，而基体材料的合理设计又在正极的发展中起着重要的作用。基体材料作为硫正极的载体必须有一定的适应性：硫是典型的电子离子绝缘体，硫应用在锂硫电池体系当中，最主要的考虑是其导电性。硫正极的提出就是因为其高比能和低成本的优势。因此在设计高导电性材料的同时，也要尽可能地降低基体材料的密度和成本，使其能更多地填充活性物质，这对于工程化应用有重要的意义。单纯的微孔和介孔对于快速的电极反应动力学有阻碍作用，因此设计大孔-介孔-微孔相结合的分级多孔结构对于锂离子的快速传输和快速充放电有重要的帮助。其次，具有较强导电性的材料极性一般较弱，因此设计合理的多硫化物吸附剂，在吸附多硫化物之后又能可逆的脱附多硫化物对于基体材料的设计至关重要。如何提供足够多的暴露位点，增强极性吸附剂的比表面积是基体材料设计的技术难点。

对于材料设计方面，单一组分的材料可能会朝着金属氮化物、金属碳化物以及少量金属硫化物方向发展，因为这些材料不仅具有较强的极性，对多硫化物有较强的吸附作用，同时它们还具有优异的导电性能，能够综合两个优点。对于不能同时具备两种性质的材料来说，将不同种类的材料进行复合，结合不同材料的优势来提升锂硫电池的电化学性能：例如高导电性的碳材料和强极性的金属氧化物材料的复合。然而，单纯的复合并不能满足人们的需求，复合材料在未来还需要进一步解决和完善的问题是：减小金属化合物材料的颗粒尺寸，暴露出更多的吸附活性位点，增强其在导电基体上的均匀分布以及防止其在充放电过程中和导电基体的脱离并避免其自身的团聚现象发生等。

而从另一个角度来讲，对基体材料的机理研究和理论模拟还有很大的空间。例如吸附扩散机制的提出就从一个很新颖的角度说明了：多硫化物在吸附剂上的扩散和吸附同样重要，这对于之后的研究工作具有较强的指导意义，使人们在提高吸附剂吸附强度的同时也要兼顾材料的表面扩散性能。而任何学科深入研究的一个体现就是能否通过数学模型和计算来指导学术研究和生产实践，因此通过计算和建模研究基体材料与多硫化物之间的相互作用对于提升基体材料的研究深度和理论高度有重要意义。

2.4 黏 结 剂

通常，锂硫电池中的正极包括四个主要部分：集流体，电化学活性硫材料，导电碳添加剂和聚合物黏结剂。聚合物黏结剂通常是电化学惰性不导电的，并且通常以很小的剂量加入到工作电极中。然而，这些小剂量的聚合物黏结剂却在硫正极中起着不可或缺的作用。在本节中，我们将介绍先进黏结剂材料及其在高性能锂硫电池中应用的最新进展并讨论其工作机理，总结它们所需的性能，最后展望未来应用于锂硫电池的实用黏结剂。

2.4.1 强柔韧性黏结剂

目前常用的黏结剂与有机电解质之间的相互作用很弱且容易发生溶胀和溶解，不能提供足够的机械性能以适应重复放电/充电过程中的应力/应变。为了提高聚合物黏结剂的机械强度，研究人员发现通过各种形式的交联方式构造具有三维网络结构的聚合物黏结剂可以增强机械性能和链间相互作用，对整个电极结构起到稳定和维持的作用。

交联方式可分为化学交联和物理交联。化学交联无须额外的处理过程或交联剂，通过分子间原位共价或离子交联构建稳健的三维黏结剂网络，交联过程中化学键是稳定的，可以有效地适应大体积膨胀。Nazar 课题组[156]根据分子间原位共价交联和 CMC 中—OH 和—COOH 之间的酯化反应，将 CMC 聚合在柠檬酸（CA）中构建出高载硫正极。硫基体为氮掺杂的分层石墨烯和石墨 C_3N_4（NG-CN）、NG-CN/S 复合材料发生原位共价交联从而形成稳定的颗粒间连接和无裂缝的紧凑型正极结构。交联网状黏结剂的强黏合性和高弹性使得高载硫正极能够适应长循环中的体积膨胀和收缩。因此，当硫正极中的硫含量高达 14.9 $mg \cdot cm^{-2}$ 时，所获得的电极表现出超过 14.7 $mAh \cdot cm^{-2}$ 的面容量。

与化学交联相反，物理交联是形成机械强度更强的 3D 网络结构的更直接的方法。最近，张山青课题组[207]利用瓜尔豆胶（GG）和黄原胶（XG）之间的分子间结合作用，构建出生物聚合物网络黏结剂，研发出具有机械强度的 3D 结构硫正极。交联结构中的强相互作用强化了聚合物骨架，可以将活性材料粘在集流体上，同时还具有很强的耐受性以适应体积膨胀。总的来说，这项研究介绍了一种制备工艺简单但机械性能强大的网络生物聚合物黏结剂，从而获得高能量密度锂硫电池的新方法。

目前研究人员已经有许多有效的方法来改善黏结剂的机械性能从而增强锂硫电池中硫正极的稳定性和完整性。然而，目前还没有有效的方法来完全适应电极在循环中的体积膨胀，进而满足基于高载硫极片的锂硫电池的长期运行。使用两种或者更多种类黏结剂的组合，将复合黏结剂和活性物质结合起来，从而实现电极材料的长循环寿命并具有稳定能量输出的锂硫电池，是在未来最有前景的研究思路。

2.4.2 导电/导离子黏结剂

锂硫电池的倍率性能很大程度上与锂离子的迁移率有关，同时硫的化学反应动力学与电子转移有关。因此提高聚合物黏结剂的导电/导离子能力对增强整个硫正极的电子电导率或离子电导率都至关重要。

导电共轭聚合物虽然可以显著改善材料的导电性，但是刚性共轭链的脆性会影响材料的机械性能。杨万里课题组[208]将 9,9-二辛基芴-芴酮-甲基苯甲酸酯共聚物（PFM）应用在黏结剂中，PFM 中的官能团不仅可以提高聚合物黏结剂的导电性，同时还易与硫进行结合，避免了活性物质的溶解和损失。通过 PFM 黏结剂的高电导率和表面官能化的协同作用，锂硫电池在 150 周循环后依然具有很高的可逆容量及较低的容量衰减率。

改善活性相与导电剂之间的电子接触可显著促进硫正极中的电子转移，同时增强对电解质中离子的吸收，有效降低离子传输阻力并提高离子迁移速率。聚环氧乙烷（PEO）在液体电解质中的部分溶解和溶胀直接增强了活性材料与电解质的接触，提高了活性硫对电解质中离子的结合率。此外，PEO 在电解质中的溶胀性也显著抑制了正极的钝化，进一步降低了离子迁移阻抗。为了达到类似的目的，Nakazawa 课题组[209]通过控制聚乙烯醇（PVA）的皂化度，有效地调节了 PVA 的溶胀性能。PVA 的部分溶胀有效地改善了硫正极对电解质的吸收，从而加速离子向硫正极的转移同时抑制多硫化锂的扩散。

2.4.3 氧化还原活性黏结剂

尽管通过物理或化学作用可以抑制可溶性多硫化锂在负极和正极区域之间的流动和扩散，但是多硫化锂的穿梭效应依旧存在，进一步缓解穿梭效应仍然是一个巨大的挑战。改善可溶性多硫化物中间体的氧化还原动力学并以此促进其转化已被证明是减轻锂硫电池中穿梭效应的有效方法。Masayoshi Watanabe 课题组[210]提出了由具有氧化还原活性的苝酰亚胺（PBI）分子组成的黏结剂。他们发现 PBI 和 PVDF 的混合聚合物不仅显著消除了电极的不均匀现象，而且增强了硫电极的电解质润湿性。

陈立桅课题组[211]提出了一种具有额外电化学活性的多功能聚 4-甲基丙烯酸-2,2,6,6-四甲基哌啶-1-氮氧自由基酯（PTMA）聚合物黏结剂。通过原位电化学活化，氮氧化物分子结构中的自由基（NO•）被转换成高活性氧化的氧化铵阳离子（NO$^+$），这不仅对活化的物质具有更强的亲和力，也提供了额外的电化学活性，以促进溶解在电解质中的多硫化锂的快速还原。使用硫载量为 1.8～2.0 mg·cm^{-2} 和 PTMA 黏结剂的硫正极在 100 周循环后表现出 1254 mAh·g^{-1} 的高初始放电容量和 75% 的容量保持率，优于常见的 PVDF 黏结剂正极。在连续 500 周循环后，PTMA 正极保持着 625 mAh·g^{-1} 的可逆容量。使用 PTMA 的正极在 4 C 的高电流倍率下显示出 690 mAh·g^{-1} 的可逆容量，当将倍率降低到 0.25 C 时，容量达到 900 mAh·g^{-1}。

2.4.4 安全性黏结剂

锂硫电池中使用的黏结剂通常是有机聚合物，为了提高黏结剂的安全性、消除有机聚合物的毒性和易燃等不利影响，研究人员提出了一系列水性黏结剂用于硫正极以满足锂硫电池的实际应用，例如 LA132、PVP 和 CMC 等等。一方面，水溶性黏结剂可以避免使用有机溶剂；另一方面，水性聚合物黏结剂通常是水溶性的但不溶于有机溶剂，它在有机电解质中的不溶性显著提高了电极在循环过程中的稳定性。

环糊精（β-CD）由于其具有独特的锥形空心圆柱形结构，且该结构中含有亲水基团—OH，并且在内腔中具有疏水基团，因此在食品和医药领域备受关注。毛宗万课题组[212]通过 H_2O_2 溶液进行了部分氧化处理，改进了 β-CD，使用具有足够极性的羧基（—COOH）和羰基（—CO）的 β-CD 来改善 β-CD 的水溶性，得到的 C-β-CD 在室温下的水溶解度超过 180%，是未改性前室温下溶解度的 100 倍。C-β-CD 还显示出强大的结合力，能够紧密地在导电剂的表面包裹活性硫颗粒，从而形成均匀稳定的正极结构。

水溶性聚合物黏结剂通常富含足够的表面极性官能团，例如—COOH、—OH、—NH$_2$ 等，这些高极性基团的存在促进了聚合物黏结剂和金属基材、聚合物黏结剂和活性材料以及聚合物黏结剂和电解质之间界面处的强相互作用。如前文所述，这些功能也使得黏结剂获得优异的黏附性能并能抑制多硫化物扩散和迁移。因此，对于锂硫电池的实际应用来说，环境友好的水性聚合物黏结剂还需要更多的科学研究。

2.4.5 小结

黏结剂虽然只作为锂硫电池的硫正极中的一小部分组分，但它起到保持导电碳、活性硫和集流体之间的良好电化学接触的作用，并在循环过程中缓冲体积变化、稳定电极结构。鉴于黏结剂在保持电极结构完整性方面的主要作用，通过改善黏结剂的机械性能可以增强硫正极的机械性能；考虑到元素硫和最终放电产物的固有绝缘性能，通过构建电子/离子导电黏结剂骨架或增强电极中黏结剂电解质的吸收，可以改善动力学缓慢的电化学氧化还原反应；此外，为了进一步调节可溶性多硫化物的向外扩散能力，可以通过电化学活性黏结剂推进硫物质的氧化还原动力学，从而有效地减少它们在电解质中的富集；为了推动锂硫电池的商业化新途径，研究人员还开发了一系列新型的水性黏结剂。目前对于各式各样黏结剂的改进已经取得了有效突破，黏结剂的发展已经成为使锂硫电池获得高能量密度、长循环寿命和高速率性能的重要保障。

2.5 总结与展望

在锂硫电池正极材料的研究中，主要从活性物质硫的变化和基体材料的改性两方面开展，包括预锂化硫正极（Li$_2$S）和有机硫正极，探索了多种基体材料组分提高硫正极的性能，如 Li$_2$S 正极、不同结构的碳-硫复合材料、聚合物-硫复合材料和具有催化功能的金属基体负载硫。这些材料和结构设计有助于解决锂硫电池正极的体积膨胀，改善活性物质的离子和电子传输，缓解多硫化物的穿梭效应，从而提高电池的容量、循环寿命和倍率性能。而且，可以通过原位和非原位表征更深层次地了解锂硫电池正极材料的改性机理。这些发展为将锂硫电池推向实用化提供了有力的理论和技术支撑。

锂硫电池要实现商业应用，需要进一步提高硫载量和整个电极的压实密度，从而保证整个电池的质量能量密度和体积能量密度。与现在应用的锂离子电池相比，锂硫电池体积能量密度是一个明显的短板。此外，关于自放电和高/低温性能等重要应用特性的研究报道还很少。自放电和高温环境会导致锂硫电池发生一系列的副反应，造成安全问题；在低温环境下，活性物质的低电导率弊端更突出。虽然锂硫电池在通往实用化的道路上仍有很多问题，但现在的研究成果为未来的深入探索和性能提升打下了坚实基础，相信通过科研工作者的不懈努力，一定会进一步推动锂硫电池的实用化进程。

参 考 文 献

[1] Gao X P, Yang H X. Energy & Environmental Science, 2010, 3: 174.
[2] Ji X L, Nazar L F. Journal of Materials Chemistry, 2010, 20: 9821.
[3] Harks P P R M L, Robledo C B, Verhallen T W, et al. Advanced Energy Materials, 2017, 7(3): 1601635.
[4] 陈雨晴, 杨晓飞, 于滢, 等. 储能科学与技术, 2017, 6(2): 169.
[5] Wang D, Zeng Q, Zhou G, et al. Journal of Materials Chemistry A, 2013, 1(33): 9382.
[6] Son Y, Lee J S, Son Y, et al. Advanced Energy Materials, 2015: 1500110.
[7] Takeuchi T, Sakaebe H, K A geyama H, et al. Journal of Power Sources, 2010, 195(9): 2928.
[8] Yang Z C, Guo J C, Das S K, et al. Journal of Materials Chemistry A, 2013, 1: 1433.
[9] Nan C, Lin Z, Liao H G, et al. Journal of the American Chemical Society, 2014, 136: 4659.
[10] Zhang J, Shi Y, Ding Y, et al. Advanced Energy Materials, 2017, 7: 1602876.
[11] Wang C, Wang X S, Yang Y, et al. Nano Letters, 2015, 15(3): 1796.
[12] Han K, Shen J, Hayner C M, et al. Journal of Power Sources, 2014: 331.
[13] She Z W, Wang H, Liu N, et al. Chemical Science, 2014, 5(4): 1396.
[14] Seh Z W, Yu J H, Li W Y, et al. Nature Communications, 2014, 5: 5017.
[15] Seh Z W, Wang H T, Hsu P C, et al. Energy Environment Science, 2014, 7: 672.
[16] Jin Z Q, Liu Y G, Wang W K, et al. Energy Storage Materials, 2018, 14: 272.
[17] Wang L, He X, Sun W, et al. RSC Advanced, 2013, 3: 3227.
[18] Zhang S S. Energies, 2014, 7: 4588.
[19] Wei S, Ma L, Hentrickson K E, et al. Journal of the American Chemical Society, 2015, 137: 12143.
[20] Yu X, Xie J, Yang J, et al. Journal of Electroanalytical Chemistry, 2004, 573: 121.
[21] Wang L, He X, Sun W, et al. Journal of Materials Chemistry, 2012, 22: 22077.
[22] Chen H, Wang C, Hu C, et al. Journal of Materials Chemistry A, 2015, 3: 1392.
[23] Zeng S, Li L, Zhao D, et al. Journal of Physical Chemistry C, 2017, 121(5): 2495.
[24] Fanous J, Wegner M, Spera M B M, et al. Journal of the Electrochemical Society, 2013, 160(8): A1169.
[25] Naohisa Y. Chemistry Letters, 1998, 316: 305.
[26] Yu X G, Xie J Y, Li Y, et al. Journal of Power Sources, 2005, 146: 335.
[27] Yu X, Xie J, Yang J, et al. Journal of Electroanalytical Chemistry, 2004, 573: 121.
[28] Fanous J, Wegner M, Grimminger J, et al. Chemistry of Materials, 2011, 23: 5024.
[29] Wang J L, Yang J, Du K, et al. Advanced Materials, 2002, 14(13-14): 963.
[30] Wang J L, Yang J, Wan C R, et al. Advanced Functional Materials, 2003, 13(6): 487.
[31] Wang J L, Wang Y W, He X M, et al. Journal of Power Sources, 2004, 138: 271.
[32] Dong R, Pfeffermann M, Skidin D, et al. Journal of the American Chemical Society, 2017, 139(6): 2168.
[33] Zhou J Q, Qian T, Xu N, et al. Advanced Materials, 2017, 29(33): 1701294.
[34] Naoi K, Suematsu S, Komiyama M, et al. Electrochimica Acta, 2002, 47(7): 1091.

[35] Zhang J Y, Kong L B, Zhan L Z, et al. Journal of Power Sources, 2007, 168: 278.

[36] 王维坤, 王安邦, 曹高萍, 等. 高等学校化学学报, 2005, 26(5): 918.

[37] 王维坤, 王安邦, 曹高萍, 等. 应用化学, 2005, 22(4): 367.

[38] 苑克国, 王安邦, 曹高萍, 等. 高等学校化学学报, 2005, 26(11): 2117.

[39] 徐国祥, 其鲁, 闻雷, 等. 无机化学学报, 2005, 21(11): 1609.

[40] 徐国祥, 其鲁, 闻雷, 等. 高分子学报, 2006, 8: 987.

[41] 徐国祥, 其鲁, 闻雷, 等. 高分子学报, 2006, 6: 795.

[42] Manthiram A, Fu Y, Su Y S. Accounts of Chemical Research, 2012, 46(5): 1125.

[43] Fang R, Zhao S, Sun Z, et al. Advanced Materials, 2017, 29(48): 1606823.

[44] Xin S, Gu L, Zhao N H, et al. Journal of the American Chemical Society, 2012, 134: 18510.

[45] Zhang B, Qin X, Li G R, et al. Energy Environment Science, 2010, 3: 1531.

[46] Li Z Q, Yin L W. ACS Applied Materials & Interfaces, 2015, 7: 4029.

[47] Zhou J J, Guo Y S, Liang C D, et al. Electrochimica Acta, 2018, 273: 127.

[48] Zhao Q, Zhu Q Z, Miao J W, et al. ACS Applied Materials & Interfaces, 2018, 10: 10882.

[49] Xu N, Qian T, Liu X J, et al. Nano Letters, 2017, 17: 538.

[50] Li W Y, Liang Z, Lu Z D, et al. Nano Letters, 2015, 15: 7394.

[51] Yan J H, Liu X B, Qi H, et al. Chemistry of Materials, 2015, 27: 6394.

[52] Mosavati N, Chitturi V R, Salley S O, et al. Journal of Power Source, 2016, 321: 87.

[53] Chung S H, Chang C H, Manthiram A. ACS Nano, 2016, 10: 10462.

[54] Han S C, Pu X, Li X L, et al. Electrochimica Acta. 2017, 241: 406.

[55] Sun Z H, Zhang J Q, Yin L C, et al. Nature Communications, 2017, 8: 14627.

[56] Qie L, Manthiram A. Chemical Communications, 2016, 52: 10964.

[57] Chen R J, Zhao T, Wu F, et al. Chemical Communications, 2015, 51: 18.

[58] Wang C, Chen J, Shi Y, et al. Electrochimica Acta, 2010, 55(23): 7010.

[59] Sun Q, He B, Zhang X Q, et al. ACS Nano, 2015, 9(8): 8504.

[60] Ding N, Lum Y, Chen S, et al. Journal of Materials Chemistry A, 2015, 3(5): 1853.

[61] Yuan L, Yuan H, Qiu X, et al. Journal of Power Sources, 2009, 189: 1141.

[62] Chen J, Jia X and Dong Q F. Electrochimica Acta, 2010, 55: 8062.

[63] Chen J, Zhang Q, Zheng M, et al. Physical Chemistry Chemical Physics, 2012, 14: 5376.

[64] Qi S Q, Sun J H, Ma J P, et al. Nanotechnology, 2019, 30: 24001.

[65] Chen K, Cao J, Lu Q Q, et al. Nano Research, 2018, 11: 1345.

[66] Li M Y, Carter R, Douglas A, et al. ACS Nano, 2017, 11: 4877.

[67] Zhu L, Zhu W, Zhang Q. Carbon, 2014, 75: 161.

[68] Guo J, Xu Y, Wang C. Nano Letters, 2011, 11: 4288.

[69] Zhao Y, Wu W, Guan L. Advanced Materials, 2014, 26: 5113.

[70] Xiao Z, Yang Z, Nie H, et al. Journal of Materials Chemistry A, 2014, 2: 8683.

[71] Peng H J, Hou T Z, Zhang Q, et al. Advanced Materials Interfaces, 2014, 1: 1400227.

[72] Wang J G, Huang Z H, Yang Y, et al. Electrochimica Acta, 2011, 56: 9240.

[73] Ji L, Rao M, Cairns E J, et al. Energy & Environmental Science, 2011, 4: 5053.

[74] Zhang X Q, Sun Q, Li W C. Journal of Materials Chemistry A, 2013, 1: 9449.

[75] Zhou L, Lin X, Huang T, et al. Electrochimica Acta, 2014, 116: 210.

[76] Moon S, Jung Y H, Kim D K. Advanced Materials, 2013, 25: 6547.

[77] Zheng G, Yang Y, Cha J J, et al. Nano Letters, 2011, 11: 4462.

[78] Zheng G, Zhang Q, Cui Y. Nano Letters, 2013, 13: 1265.

[79]   Zhang X Q, He B, Li W C, et al. Nano Research, 2018, 11: 1238.

[80]   Elazari R, Salitra G, Aurbach D. Advanced Materials, 2011, 23: 5641.

[81]   Yan L, Xiao M, Wang S, et al. Journal of Energy Chemistry, 2017, 26(3): 522.

[82]   Wang J Z, Lu L, Xu X, et al. Journal of Power Sources, 2011, 196: 7030.

[83]   Ji L, Rao M, Zhang Y G, et al. Journal of the American Chemical Society, 2011, 133: 18522.

[84]   Rong J, Ge M, Fang X, et al. Nano Letters, 2014, 14: 473.

[85]   Gao X, Li J, Guan D, et al. ACS Applied Materials & Interfaces, 2014, 6: 4154.

[86]   Song M K, Zhang Y, Cairns E J. Nano Letters, 2013, 13: 5891.

[87]   Zhang F, Zhang X, Dong Y, et al. Journal of Materials Chemistry A, 2012, 22: 11452.

[88]   Evers S, Nazar L F. Chemical Communications, 2012, 48: 1233.

[89]   Lin T, Tang Y, Jiang M. Energy & Environmental Science, 2013, 6: 1283.

[90]   Wei S, Zhang H, Huang Y, et al. Energy & Environmental Science, 2011, 4(3): 736.

[91]   Li G, Sun J, Hou W, et al. Nature Communications, 2016, 7(1): 10601.

[92]   Xu Y, Wen Y, Zhu Y, et al. Advanced Functional Materials, 2015, 25(27): 4312.

[93]   Ji X, Lee K T, Nazar L F. Nature Materials, 2009, 8(6): 500.

[94]   Li X, Cao Y, Qi W, et al. Journal of Materials Chemistry, 2011, 21(41): 16603.

[95]   Liang C, Dudney N J, Howe J Y. Chemistry of Materials, 2009, 21: 4724.

[96]   Ye H, Guo Y G. Journal of Materials Chemistry A, 2013, 1: 6602.

[97]   Liu H, Chen M, Zeng P, et al. ACS Sustainable Chemistry & Engineering, 2020, 8(1): 351.

[98]   Sahore R, Levin B D A, Pan M, et al. Advanced Energy Materials, 2016, 6: 1600134.

[99]   Wei S, Yu Z. Energy & Environmental Science, 2011, 4: 736.

[100]   Zhang K, Zhao Q, Chen J. Nano Research, 2013, 6: 38.

[101]   Chen M F, Jiang S X, Cai S Y, et al. Chemical Engineering Journal, 2017, 313: 404.

[102]   Gueon D, Hwang J T, Yang S B, et al. ACS Nano, 2018, 12: 226.

[103]   Hou T Z, Chen X, Peng H J, et al. Small, 2016, 12: 3283.

[104]   Zhou G, Paek E, Hwang G S, et al. Advanced Energy Materials, 2016, 6: 1501355.

[105]   Wu F, Li J, Tian Y, et al. Science Reports, 2015, 5: 13340.

[106]   Wang X, Zhang Z, Qu Y. Journal of Power Sources, 2014, 256: 361.

[107]   Qiu W L, Zhao W, Li G, et al. Nano Letters, 2014, 14: 4821.

[108]   Song J, Gordin M L, Xu T, et al. Angewandte Chemie International Edition, 2015, 54(14): 4325.

[109]   Song J, Xu T, Gordin M L, et al. Advanced Functional Materials, 2014, 24(9): 1243.

[110]   Zhang J H, Huang M, Xi B J, et al. Advanced Energy Materials, 2017, 8: 1701330.

[111]   Mi K, Chen S W, Xi B J, et al. Advanced Functional Materials, 2017, 27: 1604265.

[112]   Wu Q, Zhou X, Xu J, et al. Journal of Energy Chemistry, 2019: 94.

[113]   Liu P, Wang Y, Liu J, et al. Journal of Energy Chemistry, 2019: 171.

[114]   Zhou W D, Yu Y C, Abruña H D. Journal of the American Chemical Society, 2013, 135: 16736.

[115]   Liang X, Liu Y, Wen Z Y, et al. Journal of Power Sources, 2011, 196(16): 6951.

[116]   Wu F, Chen J Z, Chen R J, et al. Journal of Physical Chemistry C, 2011, 115: 6057.

[117]   Xiao L, Cao Y, Xiao J, et al. Advanced materials, 2012, 24(9): 1176.

[118]   Fu Y, Manthiram A. RSC Advances, 2012, 2(14): 5927.

[119]   Fu Y, Manthiram A. Journal of Physical Chemistry C, 2012, 116(16): 8910.

[120]   Li G, Wang X L, Seo M H, et al. Nature Communications, 2018, 9: 705.

[121]   Wu F, Ye Y S, Chen R J, et al. Advanced Energy Materials. 2017, 7, 1601591.

[122] Kim H S, Chung Y H, Kang S H, et al. Electrochimica Acta, 2009, 54: 3606.
[123] Zhang S S, Tran D T. Journal of Materials Chemistry A, 2016, 4: 4371.
[124] Bugga R V, Jones S C, Pasalic J, et al. Journal of the Electrochemical Society, 2017, 164: A265.
[125] Pang Q, Kundu D, Nazar L F. Materials Horizons, 2016, 3(2): 130.
[126] Li Z, Zhang J, Lou X W. Angewandte Chemie International Edition, 2015, 54: 12886.
[127] Pang Q, Kundu D, Cuisinier M, et al. Nature Communications, 2014, 5: 4759.
[128] Zhao Y, Zhu W, Chen G Z, et al. Journal of Power Sources, 2016, 327: 447.
[129] Zhang D, Wang Q, Wang Q, et al. Electrochimica Acta, 2015, 173: 476.
[130] Choi Y J, Jung B S, Lee D J, et al. Physica Scripta, 2007, T129: 62.
[131] Tao X, Wang J, Liu C, et al. Nature Communications, 2016, 7: 11203.
[132] Liang X, Hart C, Pang Q, et al. Nature Communications, 2015, 6: 5682.
[133] Seh Z W, Li W, Cha J J, et al. Nature Communications, 2013, 4: 1331.
[134] Wang X, Li G, Li J, et al. Energy & Environmental Science, 2016, 9(8): 2533.
[135] Liang X, Kwok C Y, Lodi-Marzano F, et al. Advanced Energy Materials, 2016, 6(6): 1501636.
[136] Bao W Z, Liu L, Wang C Y, et al. Advanced Energy Materials, 2018, 8: 1702485.
[137] Liang X, Garsuch A, Nazar L F. Angewandte Chemie International Edition, 2015, 54(13): 3907.
[138] Tang H, Li W, Pan L, et al. Advanced Functional Materials, 2019, 29(30): 1901907.
[139] Zhou J W, Li R, Fan X X, et al. Energy & Environmental Science, 2014, 7: 2715.
[140] Jiang H Q, Liu X C, Wu Y S, et al. Angewandte Chemie International Edition, 2018, 57: 3916.
[141] Xu J, Zhang W X, Chen Y, et al. Journal of Materials Chemistry A, 2018, 6: 2797.
[142] Zhou J W, Yu X S, Fan X X, et al. Journal of Materials Chemistry A, 2015, 3: 8272.
[143] Zheng J M, Tian J, Wu D X, et al. Nano Letters, 2014, 14: 2345.
[144] Cui Z, Zu C, Zhou W, et al. Advanced Materials, 2016, 28(32): 6926.
[145] Zhou T H, Lv W, Li J, et al. Energy & Environmental Science, 2017, 10: 1694.
[146] Deng D R, Xue F, Jia Y J, et al. ACS Nano, 2017, 11: 6031.
[147] Yuan H, Chen X, Zhou G, et al. ACS Energy Letters, 2017, 2(7): 1711.
[148] Zhong Y R, Yin L C, He P, et al. Journal of the American Chemical Society, 2018, 140: 1455.
[149] Zhang J, Hu H, Li Z, et al. Angewandte Chemie International Edition, 2016, 55(12): 3982.
[150] Zhang J T, Li Z, Chen Y, et al. Angewandte Chemie International Edition, 2018, 57(34): 10944.
[151] Zhang Z, Wu D H, Zhou Z, et al. Science China Materials, 2019, 62: 74.
[152] Peng H J, Huang J Q, Wei F. Advanced Functional Materials, 2014, 24: 2772.
[153] Su D W, Cortie M, Wang G X. Advanced Energy Materials, 2017, 7: 1602014.
[154] Chen R J, Zhao T, Lu J, et al. Nano Letters, 2013, 13, 4642.
[155] Wu F, Ye Y, Chen R J, et al. ACS Nano, 2017, 11: 4694.
[156] Pang Q, Liang X, Kwok C Y, et al. Advanced Energy Materials, 2017, 7(6): 1601630.
[157] Yang W, Yang W, Song A, et al. Nanoscale, 2018, 10: 816.
[158] Chung S H, Manthiram A. Advanced Materials, 2018, 30: 1705951.
[159] Zeng L, Pan F, Yu Y. Nanoscale, 2014, 6: 9579.
[160] Chen Y, Li X, Huang H, et al. Journal of Materials Chemistry A, 2014, 2: 10126.
[161] Liu Y Z, Li G R, Fu J, et al. Angewandte Chemie International Edition, 2017, 56: 6176.

[162] Zhong Y, Xia X H, Deng S J, et al. Advanced Energy Materials, 2018, 8: 1701110.
[163] Zhang Z, Kong L L, Liu S, et al. Advanced Energy Materials, 2017, 7: 1602543.
[164] Chen T, Cheng B R, Zhu G Y, et al. Nano Letters, 2016, 17: 437.
[165] Chen M F, Lu Q, Jiang S X, et al. Chemical Engineering Journal, 2018, 335: 831.
[166] Rehman S, Tang T Y, Ali Z, et al. Small, 2017, 13: 1700087.
[167] He J R, Luo L, Chen Y F, et al. Advanced Materials, 2017, 29: 1702707.
[168] Ji X L, Evers S, Nazar L F. Nature Communications, 2011, 2: 325.
[169] Lee K T, Black R, Nazar L F. Advanced Energy Materials, 2012, 2: 1490.
[170] Li X, Lu Y, Hou Z, et al. ACS Applied Materials & Interfaces, 2016, 8(30): 19550.
[171] Yuan Z, Peng H J, Hou T Z, et al. Nano Letters, 2016, 16(1): 519.
[172] Ma L B, Zhang W J, Wang L, et al. ACS Nano, 2018, 12: 4868.
[173] Chen T, Ma L B, Cheng B R, et al. Nano Energy, 2017, 38: 239.
[174] Pu J, Shen Z H, Zheng J X, et al. Nano Energy, 2017, 37: 7.
[175] You Y, Ye Y W, Wei M L, et al. Chemical Engineering Journal, 2019, 355: 671.
[176] Ye C, Zhang L, Guo C X, et al. Advanced Functional Materials, 2017, 27: 1702524.
[177] Cheng Z B, Xiao Z B, Pan H, et al. Advanced Energy Materials, 2018, 8: 1702337.
[178] Zhong Y, Chao D L, Deng S J, et al. Advanced Functional Materials, 2018, 28: 1706391.
[179] Tang H, Li W, Pan L, et al. Advanced Functional Materials, 2019, 29(30): 1901907.
[180] Peng H J, Zhang G, Chen X, et al. Angewandte Chemie International Edition, 2016, 55(42): 12990.
[181] Gao Z, Schwab Y, Zhang Y Y, et al. Advanced Functional Materials, 2018, 28: 1800563.
[182] Mao Y Y, Li G R, Guo Y, et al. Nature Communications, 2017, 8: 14628.
[183] Wu H, Li Y, Ren J, et al. Nano Energy 2019, 55: 82.
[184] Zhang F, Wang C, Huang G, et al. RSC Advances, 2016, 6: 26264.
[185] Wang Z, Cheng J, Ni W, et al. Journal of Power Sources, 2017, 342: 772.
[186] Eftekhari A, Li L, Yang Y. Journal of Power Sources, 2017, 347: 86.
[187] Wu F, Chen J Z, Li L, et al. The Journal of Physical Chemistry C, 2011, 115: 24411.
[188] Wu F, Chen J Z, Zhao T, et al. ChemSusChem, 2013, 6: 1438.
[189] Wang C, Wan W, Huang Y H. Journal of Physical Chemistry A, 2013, 1: 1716.
[190] Yang Y, Yu G, Cha J J, et al. ACS Nano, 2011, 5: 9187.
[191] Wang H, Yang Y, Cui Y, et al. Nano Letters, 2011, 11: 2644.
[192] Ye J, He F, Nie J, et al. Journal of Materials Chemistry A, 2015, 3(14): 7406.
[193] Zhou W, Xiao X, Cai M, et al. Nano Letters, 2014, 14(9): 5250.
[194] Wu F, Ye Y S, Chen R J, et al. Nano Letters, 2015, 15(11): 7431.
[195] Jia P, Hu T D, He Q B, et al. ACS Applied Materials & Interfaces, 2018, 11: 3087.
[196] Hu G J, Sun Z H, Shi C, et al. Advanced Materials, 2017, 29: 1603835.
[197] Liu D H, Zhang C, Zhou G M, et al. Advanced Science, 2018, 5: 1700270.
[198] Hesham A S, Ganguli B, Chitturi V R, et al. Journal of the American Chemical Society, 2015, 137(36): 11542.
[199] Liang X, Hart C, Pang Q, et al. Nature Communications, 2015, 6: 5682.
[200] Lin H B, Yang L Q, Jiang X, et al. Energy & Environmental Science, 2017, 10: 1476.
[201] Kong L, Chen X, Li B, et al. Advanced Materials, 2018, 30(2): 1705219.
[202] Li L, Chen L, Mukherjee S, et al. Advanced Materials, 2017, 29: 1602734.
[203] Liang J, Yin L C, Tang X N, et al. ACS Applied Materials & Interfaces, 2016, 8(38): 25193.
[204] Chen C Y, Peng H J, Hou T Z, et al. Advanced Materials, 2017, 29: 1606802.

[205] Peng H J, Huang J Q, Liu X Y, et al. Journal of the American Chemical Society, 2017, 139: 8458.

[206] Chen S R, Dai F, Gordin M L, et al. Angewandte Chemie International Edition, 2016, 55: 4231.

[207] Liu J, Yan L, Zhang S, et al. Energy & Environmental Science, 2017, 10: 750.

[208] Wu M, Xiao X, Liu G, et al. Journal of the American Chemical Society, 2013, 135: 12048.

[209] Nakazawa T, Ikoma A, Kido R, et al. Journal of Power Sources, 2016, 307: 746.

[210] Frischmann P D, Hwa Y, Helms B A, et al. Chemistry of Materials, 2016, 28: 7414.

[211] Chen H, Wang C, Dai Y, et al. Nano Energy, 2016, 26: 43.

[212] Zhao M X, Li J M, Du L, et al. Chemistry-A European Journal, 2011, 17: 5171.

03

锂硫电池负极材料

锂硫电池因其能量密度高、价格低廉、环境友好等优势，成为二次电池的研究热点。典型的锂硫电池由硫正极、有机液体电解质和金属锂负极组成。以锂金属为负极的锂硫电池目前仍存在很多不足，如库仑效率低、容量衰减快、安全隐患大等，其中许多问题与金属锂材料有关。开发高稳定负极材料能有效提高锂硫电池的能量密度和循环寿命。本章介绍了锂金属负极的特点，并从界面改性和结构设计两方面探讨了实现高稳定负极的创新思路和技术途径。

3.1 锂金属负极的优势及缺点

3.1.1 锂金属负极的优势

金属锂具有高理论比容量（3860 mAh·g^{-1}）和低电化学电位（–3.04 V $vs.$标准氢电极）的特性，是一种理想的负极材料[1]。将锂离子电池中的石墨负极替换为锂金属负极，电池比能量能提高到 440 Wh·kg^{-1} 以上，而采用锂金属作负极的锂硫电池的理论比能量能达到 2600 Wh·kg^{-1}。随着技术的不断发展和成熟，具有高比能优势的锂电池必将重回人们的视野，获得市场的青睐。

3.1.2 锂金属负极的缺点

锂硫电池目前存在的许多问题与锂金属负极密切相关，归因于以下几个方面[2,3]：①锂金属负极活性高，负极侧存在严重的副反应。由 S$_8$ 还原形成的长链多硫化物中间产物经电解质扩散到负极侧，与金属锂反应形成短链多硫化锂不仅会再次扩散回正极侧，造成"穿梭效应"，导致效率降低；还会覆盖在负极表面，导致活性物质的损失，造成锂负极腐蚀和电解质的严重消耗，降低锂硫电池的循环寿命和库仑效率；②锂负极一侧存在着电流密度不均匀的现象，使得锂金属表面形成锂枝晶。锂枝晶持续生长易穿透隔膜引发内部短路，存在安全隐患；③锂活性物质不断与电解液发生不可逆反应易形成"死锂"，造成活性物质损失和电池容量的下降。

在过去十年中，锂硫电池的研究主要集中在设计正极结构以提高正极导电性并减少多硫化物的溶解，而对负极的化学特性和电化学行为关注较少。由于锂硫电池的大部分研究都是基于低硫载量正极，而锂金属和电解液均使用过量，所以负极的问题极易被忽视。然而，在高硫载量锂硫电池中，严重的锂负极腐蚀和电解质消耗是电池失效的主要原因[4,5]。对实用化锂硫电池的研究表明，锂负极已成为限制锂硫电池实现高比能和长循环性能的关键因素。因此，必须认真考虑锂硫电池中负极的稳定性和安全性。

3.1.2.1　不稳定的固体电解质界面膜

锂金属活性高，易与电解质中的成分发生反应，形成一层覆盖在电极材料表面的钝化层，即"固体电解质界面"（SEI）膜。SEI 膜自 1979 年由 Peled 命名以来，就成为人们关注的焦点。尽管已经提出了一系列的模型来阐述 SEI 膜的形成机制，如"马赛克模型""库仑相互作用模型""损伤/修复行为"等，但 SEI 膜的形成过程和确切成分尚不明确。SEI 膜的组分和性质对电极电化学行为有着重要影响。一方面，理想的 SEI 膜应具有良好的离子导电和电子绝缘的性质，能重新分布锂离子，降低电解质浓度梯度，实现均匀的锂离子沉积[6]。另一方面，SEI 膜能减少锂负极和电解液的直接接触，抑制负极的腐蚀，并延缓枝晶的形成，起到保护负极的作用。

通过对锂负极 SEI 膜的测试分析，研究人员发现电解质的组分对 SEI 膜的性质起决定性作用。目前锂硫电池中最常用的电解液是醚类电解液，如 1.0 mol·L^{-1} 双(三氟甲基磺酸酰)亚胺锂（LiTFSI）溶于 1,3-二氧环戊烷（DOL）/乙二醇二甲醚（DME）（V/V，1∶1）混合溶剂中。醚类电解液与多硫化物相容性好，其中 DOL 溶剂成膜性能佳，可在锂负极表面生成包含低聚物的不溶 SEI 膜。低聚物通过烷氧基锂基团黏附到锂表面，如图 3-1（a）所示，显示出良好的柔韧性[7]。因此，这种 SEI 膜可以在一定程度上适应负极的体积变化并抑制界面副反应的发生。

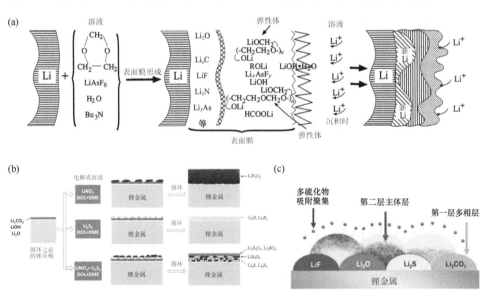

图 3-1　锂硫电池负极表面 SEI 膜的可能生长机制：（a）DOL 在锂金属表面成膜示意图[7]；（b）LiNO₃ 和多硫化物对锂负极表面 SEI 膜成膜的影响[10,11]；（c）基于 XPS 和模拟计算结果的 SEI 膜生长机制示意图[15]

但是由电解液分解产物形成的 SEI 膜成分复杂,在负极表面不能稳定存在。首先,电解质中溶解的多硫化物中间产物活性高。长链多硫化物,尤其是含有六个或六个以上硫原子的多硫化物可以优先与锂金属发生反应,造成活性物质的损失和锂负极的腐蚀,使得 SEI 膜易于破裂失去负极保护的作用[8,9]。其次,负极表面复杂的副反应造成 LiOH 和 Li$_2$S 结晶杂质相的形成,增加了 SEI 膜的结晶度,导致负极/SEI 膜界面处电化学电荷转移难度增加,影响负极的电化学性能。值得注意的是,在某些情况下,如电解液中有硝酸锂(LiNO$_3$)存在时,低浓度的多硫化锂能促进负极表面形成稳定的 SEI 膜,如图 3-1(b)所示[10,11]。然而在实际的锂硫电池中,由于高硫载量正极的使用,电解液中多硫化物浓度较高,难以形成稳定的 SEI 膜。因此,如何在不降低比容量性能的前提下做好对负极的保护,防止 SEI 膜的破裂是锂硫电池实用化的一个巨大挑战。

通过理论模拟的方法可以研究 SEI 膜的演化过程[12]。通过第一性原理计算和分子动力学模拟,研究人员提出 DOL 和 DME 溶剂的分解遵循吸附-分解反应机制,即溶剂分子先吸附在 Li 上,然后再分解[13]。DME 在光滑锂箔上比 DOL 更稳定,但在与锂簇相互作用时仍然分解。因此,不均匀的负极表面增加了锂负极/电解液界面的副反应。Balbuena 课题组[14]进一步研究了富电子环境中电解质组分在负极表面反应的路径和电荷分布。锂盐在电解质体系中非常容易分解并产生过量电子,而在含盐碎片和高锂浓度的环境中,DME 的分解反应具有热力学上的优势。Murugesan 课题组[15]通过原位 X 射线光电子能谱(XPS)测试和化学成像技术结合从头计算分子动力学模拟,提出了锂硫电池体系中锂负极 SEI 膜的生长机理,如图 3-1(c)所示。负极表面 SEI 膜的形成主要包括三个阶段。电解液组分先与金属锂反应形成第一个多相层(如 Li$_2$S、Li$_2$O 和 LiF)。由于第一多相层的存在,氟化物和硫化物阴离子等反应产物无法与锂金属接触,而与相邻电解质组分相互作用并成核,形成第二层结构,其主要包括多硫化物和低聚物反应产物,能吸附多硫化物。因此,多硫化物被吸附和限制在负极表面,并不断积累,造成活性物质损失和电池性能衰减。虽然这些结果并不能完整描述实际锂硫电池中 SEI 膜的动态变化,但有助于理解 SEI 膜的形成机理。

3.1.2.2 负极的失效

锂硫电池中,负极的失效是一个非常值得关注的问题。金属锂活性高,易与电解液组分反应形成不稳定的 SEI 膜,消耗活性物质。且由于锂负极无主体结构的特点,锂沉积/剥离过程中负极体积变化大,加速了 SEI 膜的破碎,使活性锂暴露在电解液中并发生副反应。在持续的膨胀/收缩和副反应后,负极受到严重腐蚀,并最终失效,如图 3-2(a)所示[16]。

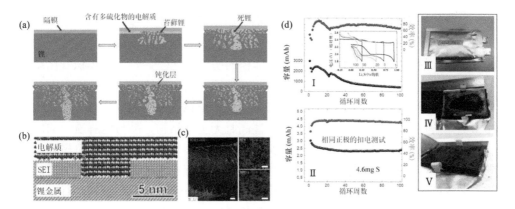

图 3-2　锂硫电池中锂金属负极的腐蚀和结构坍塌：（a）锂负极腐蚀过程示意图[16]；（b）负极表面 SEI 膜被腐蚀的分子动力学模型[16]；（c）锂负极循环 150 周后横截面（左）/表面（右）硫元素和锂元素分布图[19]；（d）3 Ah 锂硫软包电池（左上）和扣式电池（左下）的循环性能，及循环后软包电池膨胀和电极腐蚀的照片[21]

为研究锂负极的失效过程，Barchasz 课题组[17]在实际工作条件下，采用空间分辨 X 射线衍射与吸收层析成像相结合的方法，研究了锂负极在实际锂硫电池中的化学反应和形貌变化。在第一次充电结束时，负极形成了多孔区域和苔藓锂。电解液和多硫化物易于进入高比表面积的多孔区域内部，与新鲜锂活性物质发生反应，形成新的 SEI 膜和死锂。Li 课题组[16]发现，不同于锂枝晶的生长，苔藓状锂优先从锂表面不规则凹坑的底部生长。在循环过程中，苔藓状的锂不断被氧化并最终失去电化学活性。因此，负极表面形成由苔藓状锂、硫和 Li_2S 沉积物、SEI 絮状物和死锂组成的钝化层。该不均匀钝化层不利于电荷传输，且无法抑制负极表面持续的副反应，导致锂负极的失效，如图 3-2（b）所示。

锂硫电池中大量的含硫物质也加速了锂负极的腐蚀[4,18-20]。Manthiram 课题组[19]将锂硫电池运行 150 周后，在锂反应区域观察到大量的硫类物质，如图 3-2（c）所示。硫负载量影响锂负极的腐蚀程度[20]。随着硫负载量和循环次数的增加，负极腐蚀深度逐渐增加，表明多硫化物的穿梭效应导致了负极的腐蚀。当正极硫载量达到一定值后，超过一半的锂金属被迁移的多硫化物腐蚀[4]。值得注意的是，将已失效电池的正极与新鲜的锂负极和电解质重新匹配，新电池仍能稳定循环，因此锂负极的腐蚀和电解质的分解是锂硫电池失效的主要原因之一。类似的失效机理在大型锂硫电池中更为明显[5,21]。软包电池的正极硫载量高，大量多硫化物溶于电解液并穿梭到负极侧，锂负极被严重腐蚀。因此，锂硫软包电池的循环性能远不如扣式电池，如图 3-2（d）所示。

锂负极的腐蚀不但造成锂活性物质的损失，还导致电极和整个电池体积发生较大变化。一方面，负极与电解液间的不可逆副反应产生大量气体导致电池体积膨胀[21]。另一方面，循环过程中，苔藓锂的生长和多硫化物反应产物的沉淀引起锂负极较大的体积膨胀，直接导致电池体积的明显变化[22]。较大的体积变化影响电池内部电接触，并造成安全隐患。因此，需抑制锂负极的腐蚀和体积变化。

综上所述，研究人员已采用多种实验和理论模拟方法对锂电池负极的化学特性和电化学行为进行了研究。锂金属活性高且无主体结构，易与电解质中的成分反应，并在循环过程中发生较大体积变化。这两个固有属性影响了锂负极的实际应用。此外，锂硫电池电解质中可溶性多硫化物的存在导致负极侧硫类物质的增加。高浓度的多硫化物造成严重的副反应，加速了负极的失效。因此，有必要开发稳定的负极结构，以实现高能量密度和长循环寿命的锂硫电池。

3.2 锂金属负极的优化及改性

针对锂金属负极活性高且无主体结构的特点，对负极进行界面修饰和主体结构设计能有效提高锂金属负极的稳定性。界面修饰能提高锂硫电池电解质和锂金属负极之间界面的稳定性，减少界面副反应，有效保护锂金属负极。常用方法包括通过电解质改性原位形成稳定的 SEI 膜或预先在负极表面制造人工 SEI 膜。此外，研究人员还利用各种方法对负极的结构进行改造和设计，调节锂的沉积行为，减缓锂金属负极的失效。

3.2.1 负极-电解质原位界面改性

在电解质中引入特定组分能有效调节电解质/负极界面行为。由功能组分改性的 SEI 膜能阻止锂负极与多硫化物的直接接触，甚至引导锂离子的均匀沉积。研究表明，$LiNO_3$、多硫化物、微量水、甲苯、五硫化二磷（P_2S_5）、二氟草酸硼酸锂（LiODFB）和金属阳离子添加剂都能有效提高负极表面 SEI 膜的稳定性。此外，离子液体（IL）基电解质、"高浓盐"电解质、氟化醚基电解质等新型电解质也能有效改善锂硫电池电极/电解质界面的稳定性。

3.2.1.1 常用添加剂

$LiNO_3$ 是锂硫电池醚基电解液中最常用的添加剂之一。$LiNO_3$ 可以促进锂负极表面形成稳定的钝化膜，抑制溶解的多硫化物与锂负极的反应。当电解质中含有 $LiNO_3$ 时，$LiNO_3$ 被还原成 Li_xNO_y，并将硫化物氧化成 Li_xSO_y 以钝化锂表面，如图 3-3（a）所示[23-25]。通过这种钝化层的保护，锂硫电池的库仑效率和循环稳

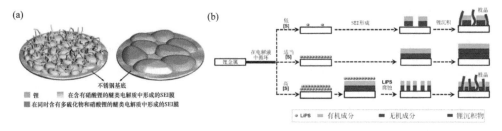

图 3-3 （a）不同电解液中锂负极的形貌示意图[24]；（b）多硫化物添加剂浓度对 SEI 膜形成和锂沉积的影响[10]

定性增加。除常用的 LiTFSI-DOL/DME 电解液外，张强课题组[26]将少量 NO$_3^-$ 离子引入以双氟磺酰亚胺锂（LiFSI）为锂盐的电解质中，改变了双氟磺酰亚胺阴离子（FSI$^-$）的溶剂化结构，促进 FSI$^-$ 的完全分解并在锂金属负极上形成稳定的 SEI 膜。另外，张升水课题组[27]发现 LiNO$_3$ 可以催化多硫化物的转化。在充电过程结束时，NO$_3^-$ 阴离子催化多硫化物转化为硫。且 NO$_3^-$ 阴离子与多硫化物通过"键合"作用强烈结合，减少了多硫化物的扩散[28]。然而，LiNO$_3$ 添加剂对多硫化物穿梭效应和锂枝晶生长的抑制作用是有限的。由于负极表面膜的破裂和再形成，LiNO$_3$ 被不断消耗。此外，当放电电压低于 1.6 V 时，LiNO$_3$ 会在正极上发生不可逆还原反应，对正极的氧化还原可逆性产生不利影响[23]。因此，单独使用 LiNO$_3$ 添加剂不能为锂硫电池中的锂负极提供足够的保护。

值得注意的是，LiNO$_3$ 和多硫化物同时作为电解液添加剂可提高锂负极/电解质界面的稳定性。熊仕昭课题组[11,29]研究了负极表面 SEI 膜的化学成分和剖面结构。当 LiNO$_3$ 和 Li$_2$S$_6$ 作为锂盐时，负极 SEI 膜主要由两个分层组成，顶层由多硫化物的氧化产物组成，而底层由 LiNO$_3$ 和多硫化物的还原产物共同组成，如图 3-1（b）所示[11]。郭晶华和刘高课题组[30]通过 X 射线吸收光谱法进一步明确了 LiNO$_3$ 和多硫化物的协同作用。LiNO$_3$ 将多硫化物氧化为 Li$_2$SO$_3$ 和 Li$_2$SO$_4$，本身还原成 LiNO$_2$。在此过程中，负极表面上存在某些缺陷状态，导致多硫化物插入并反应形成 Li$_2$S。

张强课题组[6,10]研究了多硫化物种类和浓度对锂负极表面成膜的影响。长链多硫化物，特别是 Li$_2$S$_5$，能有效促进负极表面钝化膜的形成[6]。以 Li$_2$S$_5$ 和 LiNO$_3$ 为添加剂，若电解液中多硫化物浓度过低（[S]<0.050 mol·L^{-1}），形成的 SEI 膜致密性不均匀，则不能有效抑制电解液与锂金属之间的副反应；若多硫化物浓度过高（[S]>0.50 mol·L^{-1}），SEI 膜和锂负极则易被过量的多硫化物腐蚀，表现为锂枝晶的快速生长和电池循环性能的严重衰减[10]，如图 3-3（b）所示。使用含有 0.020 mol·L^{-1} Li$_2$S$_5$ 和 5.0wt% LiNO$_3$ 电解液的 Li-Cu 电池表现出最优的电化学性能，循环 233 周后库仑效率保持在 95%。因此，多硫化物的添加量应该被精确控制。

3.2.1.2 新型电解质添加剂

虽然 LiNO$_3$ 和多硫化物添加剂能在锂负极表面形成稳定的钝化膜,然而,添加剂在循环过程中仍会被不断消耗,无法维持电池的长循环寿命。因此,研究新型添加剂对实现高性能锂硫电池具有重要意义。

1)成膜添加剂

与 LiNO$_3$ 作用相似,负极成膜添加剂能促进负极表面形成致密稳定的 SEI 膜。研究人员开发了含硫聚合物作为锂硫电池电解液添加剂促进负极成膜。王东海课题组通过液体硫和聚合物单体的直接共聚制备了硫/三烯丙基胺无规共聚物(PST)和硫-1,3-二异丙基苯无规共聚物(PSD)两种含硫聚合物添加剂[31,32]。PST 和 PSD 可以分解为有机物(有机硫化物/有机多硫化物)和无机物(Li$_2$S/Li$_2$S$_2$),并共沉积在负极表面形成无机/有机杂化 SEI 膜。其中有机成分能提高 SEI 膜的柔韧性和弹性,无机成分能提高 SEI 膜的机械强度,因此该复合 SEI 膜能够适应锂的大体积变化,抑制锂枝晶的生长,减少电解质的分解。当使用硫含量为 90%的 PST(PST-90)作为添加剂时[32],在电流密度为 2 mA·cm^{-2}、容量为 1 mAh·cm^{-2} 的情况下,锂硫电池 400 周循环的平均库仑效率高达 99%。同时,以 PST-90 为添加剂的锂硫电池有较长的循环寿命(1000 周循环)和优良的容量保持能力。

此外,可以利用金属阳离子与多硫化物反应形成金属硫化物来保护金属锂负极。采用硝酸镧[La(NO$_3$)$_3$]作为电解液添加剂能稳定锂电池负极表面[33]。La^{3+}在负极表面还原为金属 La,并优先转化为硫化镧(La$_2$S$_3$),形成由 La$_2$S$_3$、Li$_2$S$_2$、Li$_2$S 和 Li$_x$SO$_y$ 共同组成的钝化膜,阻碍了金属锂与电解液的直接接触,并使锂负极具有相对均匀的溶解/沉积过程。同时,离子导电性良好的 Li$_x$La$_2$S$_3$ 提高了钝化膜的离子电导率。得益于该钝化膜的保护作用,经过前 10 周活化后,含有 2wt%La(NO$_3$)$_3$ 的锂硫电池放电比容量达到 912 mAh·g^{-1},循环 100 周后容量保持率为64.2%。

Manthiram 课题组[34]通过在电解液中添加醋酸铜将 Cu^{2+}引入到锂硫电池中。铜离子改善了锂负极的表面形态和化学性质,形成由 Li$_2$S/Li$_2$S$_2$/CuS/Cu$_2$S 和电解质分解产物共同组成的稳定钝化膜。循环后锂负极的反应锂区的厚度相对恒定,硫分布有限,表明钝化膜有效抑制了界面副反应。飞行时间二次离子质谱和第一性原理计算表明钝化膜中形成了稳定且锂离子电导率高的富硫非晶相,抑制了反应后锂区 SEI 杂质相的长程结晶度和钝化膜的生长,如图 3-4(a)所示[19]。锂离子很可能通过 SEI 膜中的相界被剥离和再沉积,因此 SEI 膜长程结晶度的降低有利于提高电池性能,如图 3-4(b)所示。此外,银和金等金属阳离子与硫的反应性比锂低,也能够通过改变表面能降低杂质相的结晶度,进而改善电池性能,如图 3-4(c)、(d)所示。

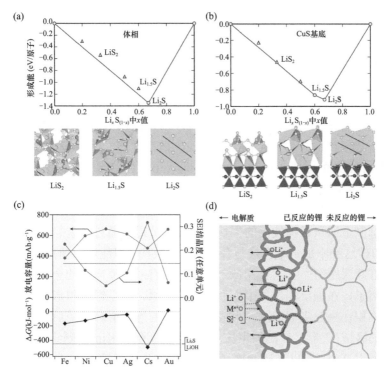

图 3-4 （a、b）Li_xS_{1-x} 本体和负载在 CuS 基底上 Li_xS_{1-x} 的稳定相图。圆形和三角形分别代表稳定相和不稳定相。由 Li（绿色）、S（黄色）和 Cu（蓝色）原子组成的特定结构如图所示。Li_2S 上的红线表示（111）晶面；（c）用各种金属醋酸盐进行电解质改性后，循环 30 周后电池的放电容量与负极 SEI 结晶度之间的关系；（d）金属添加剂改性 SEI 膜后锂离子的剥离和再沉积途径示意图[19]

　　由于多硫化物中间产物易溶于电解液是造成穿梭效应的重要原因，通过电解质改性在正极侧形成稳定 SEI 膜能有效减少多硫化物的溶出。因此研究人员开发出具有双成膜功能的添加剂，同时在正极和负极表面形成稳定的保护膜，以减少多硫化物的穿梭效应对负极的腐蚀。

　　Kim 课题组[35]以 α-丙烯酸（ALA）为电解液添加剂，通过 ALA 的化学和电化学聚合在正极表面形成多硫化物排斥层。由于硫正极上含有多硫化物的电解液相与聚(ALA)层之间存在唐南电位差，原位形成的聚(ALA)层可以有效阻止多硫化物的扩散，提高活性物质的利用率。此外，锂金属负极表面形成稳定的 SEI 膜，有效抑制了电解液组分及溶解的多硫化物和锂金属负极的反应。在这两个保护膜的共同作用下，穿梭效应对锂负极的负面影响显著减弱，提高了锂硫电池的放电容量和循环稳定性。

　　Yushin 课题组[36]研究发现在锂硫电池电解质中引入碘化锂（LiI）添加剂有助

于硫化锂正极和锂负极表面成膜，并提高锂硫电池的容量、倍率性能和循环稳定性。循环后锂负极表面形成含碘 SEI 膜，表现出无锂枝晶和硫化锂沉积的光滑表面，有效抑制了锂金属表面的副反应；此外，还在正极侧形成梳形支化聚醚保护膜。Tuantum 化学计算表明约 3 V 电位下，I·自由基产生并与 DME 反应形成 DME(-H)·自由基。DME(-H)·自由基聚合后在正极表面成膜。该保护膜能减少硫活性材料与电解液的直接接触，抑制可溶性多硫化物的溶解。且 LiI 的加入降低了硫化锂首周反应的过电位，提高了电池的倍率性能。使用含 0.5 mol·L^{-1} LiI 和 5 mol·L^{-1} LiTFSI 的醚类电解液，锂硫电池在 0.2 C 倍率下循环 100 周后显示出 1310 mAh·g^{-1} 的高比容量。

2）均匀锂沉积添加剂

为了抑制金属负极锂枝晶的生长，研究人员提出通过自愈静电屏蔽机制调控锂沉积。通常这类添加剂不直接与金属锂发生反应，但能影响锂离子的沉积行为。张继光和许武课题组[37]提出使用低于锂离子的有效还原电位的金属阳离子，如铯离子和铷离子，在锂沉积过程中它们不会被还原。一旦锂沉积形成突起，金属阳离子优先累积在突起尖端周围，形成带正电荷的静电屏蔽。随后，锂被迫沉积在突起附近的区域，限制了枝晶的生长，如图 3-5（a）所示。Kim 课题组[38]在 DOL/DME 电解质中使用 0.05 mol·L^{-1} 硝酸铯（CsNO$_3$）作为电解液添加剂。Cs$^+$嵌入到多层石墨烯（MLG）片层中，通过静电排斥效应有效地抑制了锂枝晶的生长，并促进了锂离子在石墨烯层中的层间扩散。当硝酸钾作为电解质添加剂时，也观察到类似的效果。钾离子具有更高的标准氧化还原电位但不会被还原，通过静电吸引可以有效抑制锂枝晶的生长[39]。

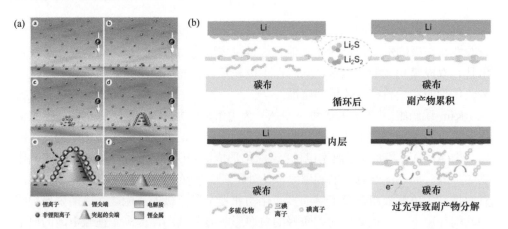

图 3-5 （a）静电屏蔽机制调控锂沉积行为示意图[37]；（b）InI$_3$ 添加剂在过充时分解 Li$_2$S/Li$_2$S$_2$ 副产物示意图[42]

郭玉国课题组[40]使用氯化铝（AlCl$_3$）作为 1.0 mol·L^{-1} LiPF$_6$-EC/EMC/ DEC 电解液的添加剂，通过增强 SEI 膜和带电胶体粒子诱导的协同作用，成功地实现了无枝晶锂的沉积。该添加剂可以与碳酸酯类电解液中的微量 H$_2$O 发生反应，在锂的表面形成一层富含氧化铝（Al$_2$O$_3$）的 SEI 膜，并在电解液中形成铝基带正电的胶粒（PCCPs）。PCCPs 在突出的锂周围形成一个带正电荷的静电屏蔽，诱导随后的 Li 沉积到突出 Li 的邻近区域，使 Li 形态均匀、无枝晶。虽然 AlCl$_3$ 未用于锂硫电池，但用其作为添加剂组装的 Li/Se 和 Li/Li$_4$Ti$_5$O$_{12}$ 电池显示出良好的枝晶抑制能力，并有效改善了电化学性能，证实了静电屏蔽效应能有效提高电池的性能。因此，为开发均匀锂沉积的添加剂提供了新思路。

3）多硫化物行为调控添加剂

通过控制添加剂与可溶性多硫化物反应能减少多硫化物扩散到负极表面，减少负极界面副反应的发生。美国伊利诺伊大学 Gewirth 课题组[41]使用硫醇基电解质添加剂联苯-4,4′-二硫醇（BPD），通过控制多硫化物的行为，提高了锂硫电池的容量。BPD 添加剂通过形成 BPD-短链多硫化物（S$_n^{2-}$，1≤n≤4）复合物改变了多硫化物的反应途径。稳定的配合物延缓了可溶性短链多硫化物如 S^{4-} 和 S^{3-} 的形成，改变了溶解过程的动力学。尽管添加剂不改变锂负极表面上参与反应的金属锂厚度，但添加 BPD 的锂负极的表面更加平整光滑，减少了多硫化物对锂负极的腐蚀，有助于电池的循环性能。

为了减轻副产物积聚对锂负极的不利影响，赵天寿课题组[42]研究了碘化铟（InI$_3$）作为锂硫电池双功能电解质添加剂对锂负极的保护作用。一方面，铟（In）可以优先电沉积在锂负极表面形成 Li-In 合金，生成稳定的 SEI 膜，以防止锂负极与可溶性多硫化物反应生成 Li$_2$S/Li$_2$S$_2$ 副产物。另一方面，通过对电池进行过充至碘化物/三碘化物氧化还原反应的电位窗口，能将沉积在锂负极和隔膜上的副产物转化为可溶性多硫化物，如图 3-5（b）所示。多硫化物可在随后的循环中被重新利用，提高了活性物质利用率，延长了电池的循环寿命。每循环 20 周，对电池进行一次过充（上限电压为 3.4 V），循环 100 周后，放电容量约为 850 mAh·g^{-1}。这种保护锂负极并分解副产物的简单方法为延长锂硫电池的循环寿命开辟了一条新途径。

在各种电解质添加剂中，这些新型添加剂有利于提高锂硫电池的电化学性能。除成膜工艺的负极保护外，新型添加剂的优点有：①在正极表面形成 SEI 膜，阻止多硫化物向电解质扩散；②与多硫化物相互作用，控制多硫化物溶解和扩散；③将副产物（Li$_2$S/Li$_2$S$_2$）转化为化学活性的硫，以恢复电池的容量。这些新型添加剂有效地缓解了多硫化物的穿梭效应，提高了活性硫材料的利用率。因此，新型电解质添加剂的开发有利于高性能锂硫电池的发展。

3.2.1.3 新型电解质

虽然电解液添加剂在一定程度上可以保护金属锂负极，但往往会对电池的电化学性能产生不利影响，限制其在长寿命锂硫电池中的实际应用。因此，研究人员提出各种电解质的优化策略，开发新型电解质以提高锂硫电池的比容量和循环寿命。

首先，可以通过调节盐和溶剂组分的比例来优化电解质。针对锂硫电池，研究人员设计了一类以超高盐浓度为基础的新型电解液[43]。超高的盐浓度和高锂离子迁移数抑制了多硫化物的溶解，促进了均匀的锂沉积。这些优势提高了金属锂负极的稳定性，有效地抑制了锂枝晶的形成和负极的腐蚀[44,45]。其他高浓度电解质也会产生类似的效果。

其次，新型有机溶剂可作为锂硫电池电解液，通过复合碳酸酯类溶剂用于锂硫电池。例如，将四氯化硅（SiCl$_4$）作为添加剂添加到碳酸酯类电解液中可在负极表面形成稳定的 SEI 膜[46]。在 SiCl$_4$ 和碳酸丙烯酯的协同作用下，含硅交联有机低聚物和氯化锂在负极表面形成，使 SEI 膜具有良好的弹性和快速的电荷转移动力学。氟代碳酸乙烯酯通过形成富 LiF 的 SEI 膜稳定锂金属负极[47-49]。LiF 具有良好的锂离子扩散性和电子绝缘性，可以促进锂离子的传输，抑制电解质在负极表面的分解。然而，考虑到多硫化物与碳酸酯类溶剂之间可能会发生不可逆反应，大多采用小硫分子基复合正极以减少多硫化物中间产物的溶解。

氟化醚因具有黏度低、熔点低、氧化电位高和不易燃等优点，在电解质中的应用也受到人们关注。如 1,1,2,2-四氟-3-(1,1,2,2-四氟乙氧基)丙烷、双(2,2,2-三氟乙基)醚、1,1,2,2-四氟乙基-2,2,3,3-四氟丙基醚、1,1,2,2-四氟乙基醚、1,1,2,2-四氟乙基-2,2,2-三氟乙基醚、1,3-(1,1,2,2-四氟乙氧基)丙烷等，作为共溶剂能促进在负极表面上形成富 LiF 层，减少多硫化物穿梭并改善锂硫电池的电化学性能。

除了新型有机溶剂外，离子液体[50]因为可忽略的挥发性、可燃性低、热稳定性好、电化学窗口宽等优点，被用于代替有机溶剂。多硫化物中间产物在离子液体电解质中溶解度低，能提高硫活性材料的利用率。随着研究的深入，研究人员发现离子液体同样可以实现对锂负极的保护。离子液体能在锂负极表面形成致密且光滑的钝化膜[51]。虽然 SEI 膜的形成机制还不完全清楚，但添加剂仍可在离子液体基电解质中起作用。例如，在 LiTFSI-Pyr$_{1,201}$TFSI/TEGDME 电解质中引入 LiODFB 添加剂能有效地促进 SEI 膜的形成，使电池显示出良好的循环稳定性和高库仑效率[52]。通过使用添加 LiNO$_3$ 添加剂的离子液体基电解质，锂硫电池界面电阻降低，完全充电的电池放置两天自放电率近为零[53]。电池所表现出的优异性能可归因于形成了稳定的 SEI 膜，减少了多硫化物的扩散。

最后，研发固体电解质并实现在锂硫电池中的应用可有效提升负极的综合性能，其不仅可以避免有机液体电解质易燃性和易泄漏的缺点，还可以限制多硫化物中间产物的溶解和扩散。此外，高模量固体电解质可有效抑制锂枝晶的生长，提高锂负极的库仑效率和安全性。一些固体电解质，例如固体聚合物电解质（如 PEO-LiTFSI 电解质[54]、PEO-LiFSI 电解质[55]）、无机固体电解质（如 $0.75Li_2S-0.25P_2S_5$ 电解质[56]、$Li_{3.25}Ge_{0.25}P_{0.75}S_4$ 电解质[57]）和复合固体电解质（如 PEO-$Li_7La_3Zr_2O_{12}$ 电解质[58]）已被用于锂硫电池。但是，固体电解质的使用引发了新的界面问题。固体电解质相对较低的离子电导率和电解质与负极之间不良的界面接触使锂离子扩散和传输变得困难。此外固固界面的接触阻抗过大也是一大问题[59]。尽管引入一定量的液体电解质可以增强界面接触，但由于液体电解质的存在，电池依然存在起火爆炸的安全风险。因此，固体电解质在实际锂硫电池中的应用还有很长的路需要探索。

综上所述，通过电解质改性来提高负极的界面稳定性已经得到了广泛的研究。将功能添加剂引入液体电解质中钝化负极表面是一种简单、经济的方法。采用新型溶剂和锂盐，能降低多硫化物的溶解和扩散，从而有效地降低了其对负极的腐蚀。为了消除多硫化物穿梭效应，固体电解质开始被用于锂硫电池。但由于电导率低和电解质与电极间界面接触性差，固体电解质的实际应用还面临着很大的挑战。

3.2.2 人工 SEI 膜

锂负极界面保护的另一种策略是在电池组装前预先在锂负极表面形成稳定的保护层，这种预形成的保护层被称为人工 SEI 膜。早在 2000 年，人工 SEI 膜的设想就已经被提出并应用于锂硫电池的负极保护[60]。2003 年，Park 课题组[61]通过紫外光固化聚合的方法在锂负极表面形成了聚合物层，成功保护了锂硫电池中的金属锂负极。这表明设计人工 SEI 膜的方法是可行有效的。由于保护层是在电池组装前形成的，为控制保护层的成分和反应条件提供了更多的选择。各种无机材料和有机材料被用于形成高质量的人工 SEI 膜。为了避免对锂硫电池的比能量产生不利影响，人工 SEI 膜应足够薄，并具有适当的力学性能。人工 SEI 膜可通过多种方法制备，包括将新鲜的锂暴露于特定的化学物质中，或者通过原子层沉积（ALD）、磁控溅射、旋涂或闪蒸等方法在负极表面上涂覆化学物质。这些先进的薄膜制造技术促进了负极表面人工 SEI 膜的发展。

3.2.2.1 气-固反应生成人工 SEI 膜

气相试剂具有良好的渗透性，因此能在负极表面原位反应形成均匀的钝化层。

一般来说，通过调节气体浓度、反应压力、温度和时间等条件，可以很好地控制人工 SEI 膜的形成。

在室温下通过锂金属和氮气直接反应可在锂金属表面制备 Li_3N 层[62]。Li_3N 层不但可以抑制负极和电解质，尤其是多硫化物之间的副反应，而且具有较高的锂离子电导率，能改善电池的电化学性能。在锂负极上制备 Li_3N 层后，在不含 $LiNO_3$ 的电解液中，锂硫电池循环 500 周后放电容量可达 773 $mAh \cdot g^{-1}$，平均库仑效率为 92.3%。与氮气类似，氟（F_2）气体可以与锂金属发生反应，形成一层 LiF 涂层。鉴于氟气体毒性大，难以直接使用，崔屹课题组[63,64]使用无毒的含氟聚合物 CYTOP 和商业氟利昂 R134a 作为负极处理的前驱体。CYTOP 和氟利昂 R134a 可以在较低温度下生成纯氟气，再与锂金属负极反应形成致密的 LiF 层，如图 3-6（a）所示。LiF 是优异的电子绝缘材料，对于抑制负极表面锂的形核有重要作用，能有效减少锂枝晶的生长[63]。LiF 作为 SEI 膜的主要成分，其化学和电化学稳定性高，机械强度好，可以保护负极不被腐蚀，如图 3-6（b）所示。因此，使用 LiF 涂覆锂负极的 Li/多硫化物电池显示出优异的循环性能，100 周循环后具有高于 1000 $mAh \cdot g^{-1}$ 的比容量[63]。使用 LiF 包覆 3D 层状锂/还原氧化石墨烯（rGO）负极后，锂硫电池表现出良好的容量保持能力，循环 1000 周后放电比容量大于 1000 $mAh \cdot g^{-1}$，且在 2 C 高倍率下放电比容量仍可达到 800 $mAh \cdot g^{-1}$[64]。

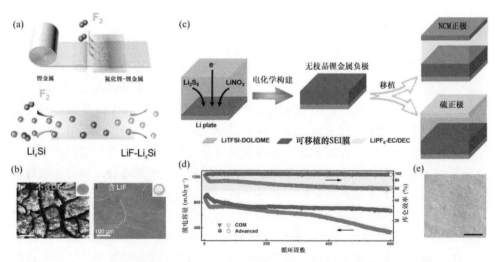

图 3-6　由气固反应和液固反应形成的人工 SEI 膜：（a）F_2 与锂金属或 Li_xSi 反应形成 LiF 层的示意图[63]；（b）在 DEC 溶剂中浸泡 6 h 后，金属锂和含有 LiF 层的锂 SEM 图像，插图为锂负极照片[63]；（c）在金属锂表面通过电化学方法形成人工 SEI 膜的示意图[79]；（d）电化学法预处理的锂金属负极的锂电池循环性能[79]；（e）电化学法预处理的锂金属负极 SEM 图像（尺度为 20 μm）[79]

卢云峰课题组[65]通过将锂箔置于 3-巯基丙基三甲氧基硅烷（MPS）和四乙氧基硅烷（TEOS）的蒸气中，在锂表面制备了复合硅酸盐人工 SEI 膜。锂表面自发生成的 Li_2O 可以与来自 MPS 的巯基（—SH）反应，形成—S—Li 键和 LiOH。在 LiOH 的催化作用下，MPS 和 TEOS 发生水解和缩合反应，在锂表面形成无机-有机复合层。其中，"硬"的无机部分（Li_xSiO_y）能有效抑制锂枝晶的生长，"软"的有机部分（巯基丙基）能提高复合层的柔韧性。因此，对锂电池和可充电锂电池的电化学稳定性得到了提高。Liu 和 Lee 课题组[66]采用电子回旋共振化学气相沉积系统，以硅烷和氧为前驱体制备了无定形二氧化硅（SiO_2）薄膜。在锂化过程中，SiO_2 可以转化为锂离子导体 Li_4SiO_4。由于人工 SEI 膜具有很好的锂离子迁移率和较高的杨氏模量，因此可以减缓枝晶生长，提高界面稳定性。

通过 ALD 技术，可以在负极表面上制造原子精度的保护膜。Noked 课题组[67]采用 ALD 技术在锂金属负极表面制备了厚度为 14 nm 的 Al_2O_3 保护层。通过合金化机制，锂负极表面的 Al_2O_3 可以转变为稳定的离子导电 $Li_xAl_2O_3$ 合金。合金层通过物理隔离和化学吸附减少了锂负极和多硫化物之间的副反应。Elam 课题组[68]以同样的方式在锂金属负极的表面制造了超薄的离子导电硫化铝锂（Li_xAl_yS）涂层。Li_xAl_yS 层的形成采用现有的 ALD 工艺，使用叔丁醇锂和 H_2S 形成 Li_2S，并结合新的 ALD 工艺，使用三(二甲基氨基)铝(III)和 H_2S 形成 Al_2S_3。通过控制 Li_2S 与 Al_2S_3 的比例，可以获得具有任何组成的 Li_xAl_yS。Li_xAl_yS（1∶1）膜在室温下表现出 2.5×10^{-7} $S \cdot cm^{-1}$ 的离子电导率，并可以有效抑制锂枝晶生长。具有 Li_xAl_yS（1∶1）膜的 Li/Cu 电池在 1 $mol \cdot L^{-1}$ $LiPF_6$-EC/EMC 电解质中 170 周循环后表现出稳定的库仑效率，且在 4 $mol \cdot L^{-1}$ LiTFSI-DME 电解质中 700 周循环后仍表现出稳定的库仑效率。总体而言，这些固体电解质基人造 SEI 膜能有效提高锂硫电池的性能。

通常，由气相试剂制备的人工 SEI 膜含有大量的无机物。这些无机物具有较高的锂离子导电性和足够的机械强度，能够抑制锂枝晶的生长。但是，由于在锂电池中，金属锂负极的体积变化大，无机层易碎易裂，为了获得均匀的人工层，需要光滑的负极表面和纯气体。因此，锂金属和气体的来源需要仔细的选择。

3.2.2.2 液-固反应生成人工 SEI 膜

与固气界面反应相比，液固界面反应具有条件简单、容易操作、成膜时间短等优势。例如，锂负极可以通过简单地将锂箔浸入四甲基乙烯中 2 min 进行改性[69]，金属锂表面可自发形成光滑均匀的聚合物层，有效抑制了锂枝晶的形成并提高了锂金属电池的循环寿命。考虑到单一组分的试剂可能在负极表面成膜过厚，常用含一定比例功能添加剂的溶液来制备人工 SEI 膜。

1）溶剂预处理

通过在溶剂中预处理，可以在负极表面制备无机保护层。以碘酸（HIO_3）为例，将锂箔浸入 HIO_3 溶液（含有 220 mg HIO_3 的 50 mL DMSO）中 10 min 可有效形成人工 SEI 膜。HIO_3 不仅能去除锂金属上原有的大部分副产物，如 Li_2CO_3 和 LiOH，还能生成离子导电的 $LiIO_3$ 和 LiI，有效减少锂枝晶的生长，提高电化学性能[70]。温兆银课题组[71]通过 Li 与 P_2S_5 和 S 在 THF 溶液中的反应在锂金属上制备了 Li_3PS_4 基的保护层。无机锂离子导体 Li_3PS_4 能有效稳定锂负极界面，抑制多硫化物的穿梭效应。由于 Li_3PS_4 层的保护，锂硫电池在使用不含 $LiNO_3$ 添加剂的 DOL/DME 电解液中 0.3 C 倍率下循环 200 周后放电容量为 840 mAh·g^{-1}，平均库仑效率为 90.3%。此外，硫载量为 3.8～4.2 mg·cm^{-2} 的锂硫软包电池的放电比容量也达到 803 mAh·g^{-1}，循环 20 周后平均库仑效率为 90%。

向界面中引入聚合物组分能提高人工 SEI 膜的柔性，在一定程度上适应负极体积变化。利用锂金属与聚(3,4-亚乙基二氧噻吩)和聚乙二醇共聚物（PEDOT-co-PEG）溶液反应，可在锂负极表面制备导电共聚物层[72]。温兆银课题组[73]以六甲基二锡[$(CH_3)_3SnSn(CH_3)_3$]作为功能添加剂对锂负极表面进行改性。将锂金属浸入含有 5 mol%萘的 0.1 mol·L^{-1}($CH_3)_3SnSn(CH_3)_3$/无水四氢呋喃（THF）溶液中 3 min 以形成保护膜。该保护膜包含有机组分和无机 Li-Sn 合金，减少了多硫化物和其他电解质组分的腐蚀，使锂硫电池的循环性能得到了很大提高。同理，谢佳课题组[74]通过将锂金属浸入含 0.1 mol·L^{-1} 氯化锡的 THF 溶液中制备了由聚(四亚甲基醚二醇)（PTMEG）和 Li-Sn 合金组成的人工 SEI 膜。一方面，Li/Sn 合金具有优异的锂离子传输性能，使锂均匀沉积；另一方面，由于 PTMEG 的疏水性，负极在潮湿空气暴露后仍保持良好的电化学性能。使用处理后负极的高硫载量的锂硫电池（5 mg·cm^{-2}，3 mAh·cm^{-2}）在 0.5 C 倍率下循环 300 周后比容量为 766.3 mAh·g^{-1}，表现出优异的循环性能。

陆盈盈课题组[75]基于前沿分子轨道理论，设计了精确调控最低未占分子轨道（LUMO）能量的高稳定有机界面膜。该界面膜厚度约 300 nm，由六氟异丙醇和碳酸亚乙酯与锂金属在室温下原位反应形成，通过将强吸电子的三氟甲基基团引入人工 SEI 膜中，提高了 SEI 膜主要成分的 LUMO 能级（–0.14 eV），并将最高占据分子轨道–最低未占分子轨道能隙拓宽至 7.38 eV。若界面膜组分的 LUMO 低于锂金属的电化学电位，电子倾向于转移到界面膜组分的未占据轨道，锂负极在界面处发生还原反应。因此 LUMO 值的提高能有效抑制负极表面还原反应的发生，提高负极的界面稳定性。在高稳定有机界面膜的保护下，Li/Li 对称电池可持续循环 1000 小时（2 mA·cm^{-2}），锂硫电池在 3.345 mA·cm^{-2} 高电流密度下循环 300 周后，放电比容量能达到 620 mAh·g^{-1}，为人工 SEI 膜设计提供了新的思路。

2）电解液预处理

由于有机溶剂 DOL 具有良好的成膜性能,醚基电解质常被用于锂负极的预处理。研究表明,将锂箔浸泡在含有 LiNO$_3$ 的电解质中,可在锂表面形成一层钝化膜作为保护层[29,76]。锂硫电池在不加添加剂的电解液中循环 100 周后,放电比容量保持在 702 mAh·g^{-1},优于直接在电解液中加入 LiNO$_3$ 所得电池的放电性能。詹辉课题组[77]应用苯基取代的冠醚作为电解液添加剂预处理锂金属负极。冠醚与锂离子可形成特殊的配位,因此冠醚具有良好的锂离子渗透性,常用作导电增强剂。将锂金属浸入含有 2wt%苯并-15-冠醚-5（B$_{15}$C$_5$）的电解液中 5 min 后,锂表面形成一种聚合物状的薄膜。该薄膜能使 Li$^+$ 顺利通过而阻止多硫化物离子的进入。与二苯并-18-冠醚-6 和苯并-12-冠醚-4 相比,B$_{15}$C$_5$ 对锂离子有更高的螯合能力和选择性。用 B$_{15}$C$_5$ 预处理锂负极后,锂硫电池循环性能良好,100 周循环后放电比容量约为 900 mAh·g^{-1}。

Archer 课题组[78]通过电化学方法在锂负极表面形成人工 SEI 膜。不同于简单浸泡锂箔,研究人员将锂片和 40 μL 含有 600 ppm 碘化铝（AlI$_3$）添加剂的 1 mol·L^{-1} LiTFSI-DOL/DME 电解液组装成对称电池（Li/电解质/Li）,用 2 mA·cm^{-2} 电流密度将电池充放电至 2%的放电深度,除去锂表面的氧化膜,并形成一层新的聚合物膜。充放电过程中,强路易斯酸 AlI$_3$ 通过攻击 O 原子上的亲核中心引发 DOL 聚合,产生平均分子量为 3380 g·mol^{-1} 的低聚物。同时,I$^-$在锂负极表面形成 LiI 层,而 Al^{3+}形成 Li-Al 合金层。因此,新聚合物层由 LiI、Li-Al 和低聚物组成,有助于稳定锂金属,改善了锂硫电池的循环稳定性。值得注意的是,当用纯 AlI$_3$ 预处理 Li 时,循环性能并没有显著改善,证明了 DOL 基电解质的优势。张强课题组[79]通过将金属锂在 LiTFSI-LiNO$_3$-Li$_2$S$_5$ 三元盐醚基电解液中电化学预处理构建了人工 SEI 膜。对锂电池预循环后,锂表面形成超稳定的 SEI 膜。这种人工 SEI 膜改性的负极不仅改善了锂硫电池的循环性能,还可以在碳酸酯类电解液中匹配 LiNi$_x$Co$_y$Mn$_z$O$_2$（0≤x,y,z<1）正极,如图 3-6（c）、（d）、（e）所示。使用 LiNi$_{0.5}$Co$_{0.2}$Mn$_{0.3}$O$_2$ 正极的锂离子电池容量由 100 mAh·g^{-1} 提高至 150 mAh·g^{-1},增加了 50%,表明使用电沉积 SEI 膜获得了优异的负极/电解液界面稳定性。

总之,液固反应在负极表面形成人工 SEI 膜是一种简单有效的方法。通常,在液体溶液中反应形成的人工 SEI 膜组分复杂,包含各种无机和有机成分。无机物有利于锂离子的传输,抑制枝晶生长,而有机物则有利于适应界面波动。但是,通过液相反应在负极表面形成的 SEI 膜往往不够致密均匀,使锂沉积不均匀,从而导致不良副反应的发生。

3.2.2.3 涂覆法制备人工 SEI 膜

涂覆形成人工 SEI 膜主要是将固体化学物质直接覆盖在锂金属表面以稳定锂负极/电解质界面。如通过高温固化压紧的锂箔和铝箔，可在锂箔表面形成锂铝合金层。具有 Li-Al 合金层的锂负极具有电荷转移电阻低、循环稳定性好和库仑效率高等优势。高学平课题组[80]使用旋涂法在锂金属负极表面制备了 Al_2O_3 保护层。与 ALD 形成的 Al_2O_3 层相似，该方法保持了锂负极表面光滑的形貌，表面裂纹较少，有效抑制了多硫化物与锂负极之间的副反应，使锂负极保持良好的电化学活性。

Cho 和 Archer 课题组[81]在负极侧设计了以锂封端的磺化二氧化钛（LTST）纳米颗粒作为活性材料的离子屏蔽人工 SEI 膜，如图 3-7（a）所示。为了制造 LTST 涂覆的锂负极，预先在固体基底上制备 LTST 膜，再使用辊压机将其转移至锂上。这种功能化金属氧化物纳米粒子具有高电导率，且能通过静电屏蔽效应防止锂离子在负极表面的积聚。因此，LTST 人工 SEI 膜能有效地抑制锂枝晶的生长，使用该 LTST-Li 电极的对称电池具有较高的循环稳定性。此外，在面向正极侧的隔膜表面制备了由聚乙烯亚胺附着的还原氧化石墨烯构成的人工膜，以限制多硫化物的扩散。且由于 rGO 骨架的高电子传导性，捕获的多硫化物能被再利用。结合两种人造膜，锂硫电池循环 500 周后表现出高达 80% 的容量保持率，且在不含 $LiNO_3$ 添加剂的醚基电解质中仍具有大于 90% 的库仑效率。

崔屹课题组[82]在锂负极表面涂覆了一层柔性且互相连接的无定形中空碳纳米球以稳定锂沉积。柔性的保护层可以上下移动提供充足空间容纳锂沉积，如图 3-7（c）所示。且无定形碳层具有约 200 GPa 的高杨氏模量，有效地抑制了锂枝晶的生长。即使在 1 mA·cm^{-2} 的高电流密度下循环 150 周，带有碳纳米球涂层的 Cu 电极的库仑效率能维持在 97.5% 左右。Kim 课题组[38]将多层石墨烯（MLG）作为锂负极的保护层，并结合电解液中 Cs^+ 添加剂提高锂负极的电化学性能。一方面，MLG 层将原位形成的 SEI 膜与金属锂表面分离，防止了金属锂表面电解液的持续分解，且高杨氏模量（0.5 TPa）的 MLG 层能机械抑制锂枝晶的生长。另一方面，电解液中铯离子嵌入 MLG 层，扩大了 MLG 的层间间距，促进锂离子传输，并通过竞争性静电排斥抑制锂枝晶的生长。将该负极匹配硫正极，锂硫电池循环 200 周后的面容量为 4.0 mAh·cm^{-2}，容量保持率为 81.0%。

Choi 课题组[83]采用二维二硫化钼（MoS_2）原子层作为锂金属负极的保护层。MoS_2 沉积到负极表面并锂化，均匀覆盖在负极表面。大量锂原子能插入层状 MoS_2 结构中，防止界面处锂离子的消耗，减少了锂枝晶的成核位点。此外，MoS_2 由 2H 半导体相转变为 1T 金属相，降低界面阻抗并能快速传输锂离子，避免了界面接触不良的问题。使用 MoS_2 保护的锂金属负极，0.5 C 倍率

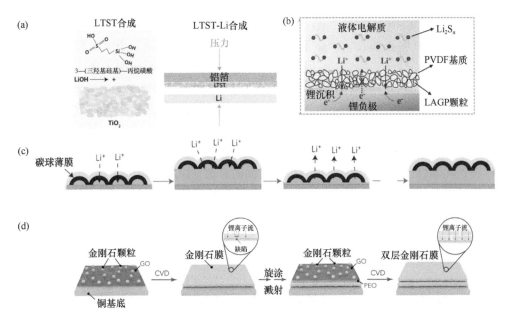

图 3-7 （a）LTST 纳米颗粒合成及人工 SEI 膜制备示意图[81]；（b）LAGP-PVDF 复合人工 SEI 膜示意图[86]；（c）空心碳纳米球薄膜保护锂负极[82]；（d）双层纳米金刚石界面膜的制备与设计原理[87]

下循环 1200 周后比容量约为 940 mAh·g^{-1}，平均每周容量衰减率为 0.013%且库仑效率为 98%。

除了无机层，聚合物也被涂覆在负极表面形成人工 SEI 膜，以适应锂剥离/沉积过程中负极的体积变化。吴乃立课题组[84]制备了一种阳离子选择性 Nafion/聚偏氟乙烯（PVDF）聚合物涂层，用于抑制多硫化物的穿梭和锂枝晶的生长。牛志强课题组[85]进一步设计了含 Nafion 和二氧化钛（TiO$_2$）的人工 SEI 膜。TiO$_2$ 的加入提高了人工 SEI 膜的锂离子导电性和力学性能，从而显著提高了锂硫电池的电化学性能。温兆银课题组[86]在锂金属表面构建了 Li$_{1.5}$Al$_{0.5}$Ge$_{1.5}$(PO$_4$)$_3$(LAGP)/PVDF 复合层，如图 3-7（b）所示。LAGP 粒子具有较高的锂离子导电性，有利于均匀锂沉积。因此，锂负极组装成的锂硫电池在无 LiNO$_3$ 的电解液中具有良好的循环稳定性。0.5 C 倍率下循环 100 周后，放电比容量保持在 832.1 mAh·g^{-1}。

为同时利用无机材料和有机聚合物材料的优势，研究人员设计了复合组分的人工 SEI 膜，通过组分调控和结构设计，提高了锂负极/电解液界面的稳定性。崔屹课题组[87]采用高强度纳米金刚石材料，设计了双层纳米金刚石(DND)-聚合物复合界面膜。纳米金刚石具有模量高、化学稳定和电子绝缘的特点，是锂金属保护的理想材料。以铜为基底，GO 为缓冲层，通过微波等离子体化学气相沉积法将胶状金刚石喷涂在基底上，并重复操作形成双层结构的纳米金刚石膜，其中单层膜的缺陷被另一层膜弥补，显著提高了纳米金刚石界面膜的机械均匀性，如图 3-7（d）所示。DND 能有效抑制锂枝晶的生长，原因如下：①纳米金刚石电化学稳定性强，锂沉积过程中无副反应的发生；②纳米金刚石膜与基底的黏附力弱，其自身电子电导率和锂离子扩散势垒低，能有效均匀锂沉积，使锂沉积在界面膜之下；③该膜具有大于 200 GPa 的超高模量，能有效抑制枝晶生长；④对金属锂的润湿性差，能通过表面张力抑制枝晶的穿透；⑤DND 膜中孔尺寸约为 1 nm，低于锂枝晶生长的临界尺寸，进一步降低了枝晶穿透界面层的可能性。在 DND 表面涂覆聚合物层，形成 DND-聚合物膜，进一步提高了界面层的灵活性。得益于该界面层的保护作用，锂硫电池在 1.25 mA·cm^{-2} 电流密度下能循环 400 周以上，平均库仑效率高于 99%。

相对于和锂金属反应，涂覆方式形成的人工 SEI 膜的成分、形貌和结构更可控。在锂硫电池中，为了提高界面的稳定性，人们开发了各种不同的涂层，如合金层、碳层、无机锂超离子导体层和聚合物层等。然而，在某些情况下，物理涂覆可能会影响锂离子的传输。负极表面的人工 SEI 膜不仅能够使锂离子均匀沉积，还要具有一定的刚性和柔性。由于无机和有机材料的协同作用，复合层比单组分层更有优势。为了获得高性能的锂硫电池，人工 SEI 膜应能在富含多硫化物的电解质中保持稳定，且厚度可控。

3.2.3 锂金属负极结构设计

不同于精心设计的硫正极，锂硫电池中的锂负极通常只是平面锂箔。一方面，平面结构对锂沉积行为有显著的影响。锂箔的非均匀表面为锂的初始成核提供了沉积位点，易形成小的锂沉积突起。这些突起成为电荷中心，进而形成更大的电场，加速锂离子继续沉积在突起上。因此，锂箔负极上锂枝晶的生长难以控制。另一方面，由于锂箔负极具有无主体性质，其相对体积变化无限大。电极/电解质界面的剧烈波动会暴露出新鲜的锂，加剧了锂负极的腐蚀。由此可见，对锂负极的结构改造和主体设计具有重要的意义。在此基础上，研究人员设计了合理的结构，特别是三维结构以容纳锂沉积。

3.2.3.1 锂金属粉末负极

锂金属粉末是一种有效的预锂化材料，可以匹配不含锂的电极材料，为锂离子电池系统提供锂源。由于表面积高，锂金属粉末作为负极能有效降低电流密度，抑制锂枝晶的生长。已有研究证明，锂粉作为负极材料可以有效提高锂离子电池的电化学性能[88-91]。研究者通过已进行的实验预测，粉末尺寸越小，对锂枝晶抑制作用越好，电池的循环寿命越长[89]。

锂粉具有很高的活性，因此研究人员开发出各种人造 SEI 膜以提高其作为负极的使用安全性。在锂粉表面包覆一层薄膜，降低了锂粉的活性，但仍允许锂粉以受控的方式在电池系统中反应。值得注意的是，一些包覆层在循环过程中有助于形成稳定均匀的电极/电解液界面，减少电解质的消耗和负极的体积变化[90]。Yoon 课题组[92]通过行星研磨技术制备了聚吡咯（PPy）包覆的锂粉，并将其用作锂硫电池的负极材料。负极由锂粉压实在不锈钢网集流体上制备而成。以 PPy 材料为保护层，多硫化物与锂粉之间的反应受到抑制，提高了锂硫电池的电化学性能。

FMC 公司在锂金属粉末外包覆 Li_2CO_3 层，开发出一种稳定的锂金属粉末（SLMP）。该 SLMP 由约 97% 的金属锂和 3% 的 Li_2CO_3 组成，其直径范围约为 5~50 μm[93,94]。Li_2CO_3 保护层厚度几百纳米，均匀涂覆在锂粉表面，阻止了副反应的发生。因此，SLMP 在干燥空气和 NMP 溶剂中均具有良好的稳定性。田艳红课题组[95]制备了一种 SLMP 负极用于锂硫电池，该负极含有 70 wt%SLMP 和 20wt% 硬碳（HC）。具有高比表面积的 SLMP 负极可以降低电流密度，促进离子的快速转移，并抑制锂枝晶的生长。采用 SLMP 负极的锂硫电池初始放电容量高达 1300 mAh·g^{-1}，具有良好的倍率性能。虽然锂粉为 Li 沉积提供了较高的表面积，但重复剥离/电镀后，锂粉的球形结构不能很好地保持。

3.2.3.2 富锂合金负极

理论上许多金属可与锂反应形成合金，如 Si、Sn、Sb、Mg、Al、Ge、Pb、Zn、Bi 等。关于合金材料的研究起步较早，但目前只有少数合金被用于锂电池。通常，锂合金依据化学计量比合成，其中锂以锂离子的形式存在。一些含锂合金也可以作为锂沉积的主体框架，多余的锂以锂金属的形式存在。

锂硼合金（Li-B）是一种两相材料，其中游离金属锂填充在锂硼化合物的纤维网络骨架中。由于具有独特的骨架结构和良好的导电性，Li-B 合金可以作为锂硫电池的负极材料。杨军课题组[96]通过富锂多相合金 $Li_{2.6}BMg_{0.05}$ 验证了 Li-B 合金负极对锂硫电池的积极作用。原始 $Li_{2.6}BMg_{0.05}$ 由菱形 Li_5B_4、立方锂和微量 Li_3Mg_7 组成。即使游离的锂溶解，固溶体 Li_3Mg_7 合金和多孔 Li_5B_4 骨架仍然存在。多孔骨架表面积的增加会降低有效电流密度，抑制锂枝晶的形成。计算得到的多相合金中游离锂的容量可以达到 1181.6 mAh·g^{-1}。然而，进一步的电化学反应可能引起合金相中 Li 的析出而导致结构的坍塌。$Li_{2.6}BMg_{0.05}$ 负极的另一个优点是循环期间在电极/电解质界面上利于形成稳定且导电良好的 SEI 膜。因此，合金负极基电池具有更低的极化和更长的循环寿命。王安邦和王维坤课题组[97]使用分子式为 $Li_7B_6\cdot15Li$ 的 Li-B 合金作为锂硫电池的负极，其中含有 47wt% 的游离金属锂。该小组[98]还研究了 B 含量对 Li-B 合金负极的影响。当 B 含量低至 20wt% 时，锂沉积和剥离过程中 Li-B 合金不能保持原有的纤维网状结构，表现出较差的电化学性能。张强课题组[99]进一步研究了 Li-B 合金的三维纳米结构，如图 3-8（a）所示。三维纳米结构提供了较大的比表面积，降低了电流密度，从而抑制了枝晶的生长。结合 B 在形成稳定 SEI 膜的积极作用，具有 Li-B 合金负极的锂硫电池库仑效率高，可实现 2000 周循环。

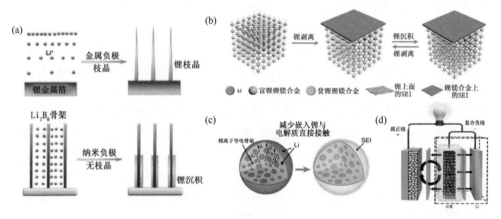

图 3-8 （a）Li 沉积在金属板和纤维状 Li_7B_6 骨架的示意图[99]；（b）锂镁合金负极在循环过程中的变化示意图[100]；（c）Li_xSi-Li_2O 型锂离子导电骨架示意图[101]；（d）混合负极结构设计示意图[102]

高学平课题组[100]使用含过量锂的锂镁（Li-Mg）合金作为锂硫电池负极。Li-Mg 合金具有较高的锂离子扩散系数，通过电化学方式脱锂后能形成多孔的骨架结构。不同于 Li-B 合金只脱出游离金属锂，Li-Mg 合金在锂剥离过程中发生了微米级结构重构，形成了贫锂的 Li-Mg 合金，如图 3-8（b）所示。高离子和电子导电的贫锂 Li-Mg 合金作为锂沉积骨架不仅能提供空间容纳锂沉积，还能降低局部电流密度，抑制锂枝晶的形成。同时 Li-Mg 合金表面形成含镁钝化层，能有效抑制含硫物质与负极的副反应，提高锂硫电池的活性物质利用率。

崔屹课题组[101]采用一种简易的化学合成法将纳米级锂金属嵌入导电固体基质中制备出三维稳定的传导锂离子的纳米复合电极（LCNE），如图 3-8（c）所示。该三维结构提高了锂离子的传导性，同时又有效地保护嵌在基质中的锂金属不直接与电解质接触，减少副反应的发生。此外，电极在锂剥离/沉积期间可以保持原有的结构，具有优异的结构稳定性。使用 LCNE 的锂硫电池在 0.2 C 下比容量为 1050 mAh·g^{-1}，即使在 2 C 的高电流密度下，比容量也能达到 600 mAh·g^{-1} 以上，在容量保持率和倍率上具有很大优势。

总之，不同于传统锂离子电池中的合金负极，富锂合金中含有过量的化学计量活性锂。通过形成锂合金，可以在一定程度上降低金属锂的反应活性，减少锂负极与电解液之间的副反应。在锂硫电池的循环过程中，合金负极的框架结构仍能保持稳定。合金骨架提供高比表面积和自由空间以容纳锂沉积，有效抑制锂负极的枝晶生长，延缓负极结构的坍塌。需要注意的是，过度脱锂可能会导致负极结构的损坏。因此，采用富锂合金负极的锂硫电池的工作参数应谨慎选择。

3.2.3.3 混合负极结构

刘俊课题组[102]使用电交联的石墨和金属锂设计了一种混合负极，以抑制锂表面上不良副反应的发生。这种混合负极中，在石墨层和锂箔之间放置一层隔膜，一旦浸入电解液，锂离子会立即插入石墨中，使石墨保持锂化状态，形成交联的复合网络结构，如图 3-8（d）所示，这与预锂化石墨负极有很大的不同。石墨层可以起到保护层的作用，减小多硫化物和金属锂之间的直接接触。锂离子从石墨中脱去时，锂离子将自动由锂金属"补充"，以消除电位差。得益于相连的锂化石墨和锂金属的协同效应，锂硫电池在 1737 mA·g^{-1} 的高电流密度下循环 400 周后，仅有 11% 的容量衰减，库仑效率大于 99%。

3.2.3.4 新型负极主体设计

为了解决锂金属负极的锂沉积不可控和副反应问题，研究者构建出一些稳定的骨架结构用于锂沉积。适用于锂金属电池的骨架结构应具有以下特性：①骨架可以提供足够的空间，以适应沉积/剥离过程中锂的体积变化；②骨架应具有高比表面积以降低有效电流密度，抑制枝晶的成核和生长；③在循环过程中易于形成和维持稳定的 SEI 膜。为了满足这些条件，研究人员设计各种导电或具有极性官能团的非导电骨架以调节锂的沉积。

碳材料具有电导率高、电化学稳定、机械性能好、质轻和成本低等优势，适宜用于锂负极骨架设计。不同形貌的碳基材料都被用于负载金属锂，如碳纤维[103-105]、碳纳米片[106]、石墨碳泡沫[107,108]、层状石墨烯[109,110]、碳毡[111]、交联通道型生物质碳[112]等。Kim 课题组[103]采用静电纺丝制备了具有不同表面孔结构及官能团的多孔碳纳米纤维（PCNF），用以负载金属锂，如图 3-9（a）所示。与普通碳纤维相比，在碳纤维表面制备开放的孔结构可增加锂沉积位点，

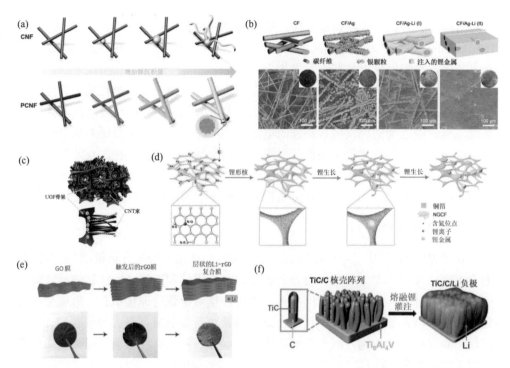

图 3-9 （a）以不同 CNT 为基底的锂沉积行为[103]；（b）CF、CF/Ag 骨架和含有熔融 Li 的 CF/Ag 负极示意图和 SEM 图像，插图是相应的照片[104]；（c）CNT-UGF 三维互联网络结构示意图[107]；（d）锂金属沉积在 NGCF 骨架内示意图[108]；（e）GO 膜（左）、触发后的 rGO 膜（中）、层状 Li-rGO 复合膜（右）及对应照片[109]；（f）TiC/C/Li 负极示意图[113]

使锂从孔内开始沉积，实现较好的循环稳定性。同时表面含氧官能团能降低锂的形核势垒，促进锂离子均匀沉积，改性后的 PCNFs 负载锂有良好的电化学性能。张强课题组[104]通过在碳纤维表面电镀银颗粒，制备了一种珊瑚状银包覆的碳纤维复合锂负极（CF/Ag-Li），由于银具有亲锂性，熔融锂可注入 CF/Ag 的骨架中，如图 3-9（b）所示，有效提高了活性锂的含量，避免了电沉积锂过程中副反应的发生。该复合负极具有优异的结构稳定性，可与 LiFePO$_4$ 和硫正极成功匹配。采用 CF/Ag-Li 负极的锂硫电池，在 0.5 C 下经过 400 周循环后，容量保持率为 64.3%，长循环性能良好。该课题组还与黄佳琦课题组[105]合作在碳纤维表面辊压一层超薄金属锂，利用锂自发嵌入石墨的反应制备了亲锂 LiC$_6$ 涂层，引导锂离子均匀沉积。制备所得的 LiC$_6$ 包覆的碳纤维-锂复合负极（Li/CF）能适应锂沉积引起的体积变化，并抑制锂枝晶的形成。使用 Li/CF 负极的锂硫软包电池在 0.1 C 倍率下放电比容量可达到 3.25 mAh·cm^{-2}，循环 100 周后容量保持率为 98%。这种锂碳复合负极可在室温下进行，制备方法简单，利于大规模制备生产。

吴丁财课题[106]以碳纳米片为主体，制备了超分层的钴嵌入氮掺杂多孔碳纳米片（Co/N-PCNSs），用以负载锂硫电池中的硫和锂。钴和氮元素提供了丰富的锂成核位点，高度亲锂的氮杂原子可以促进锂的均匀沉积。结合 Co/N-PCNSs 的高比表面积和高孔隙率，金属锂可以在不形成枝晶的情况下沉积在层状多孔网络中，提高了负极的电化学性能，延长了负极的循环寿命。Co/N-PCNSs 也可以作为硫正极的有效载体。采用 Li@Co/N-PCNSs 负极和 S@Co/N-PCNSs 正极的锂硫电池，在 0.2 C 倍率下循环 60 周后，电池的容量保持率达到 68%，表明精心设计的骨架结构可以提高锂硫电池的性能。

三维自支撑碳泡沫具有多孔、比表面积高、质轻等特点，也是骨架结构设计的研究热点。季恒星课题组[107]设计了一种由数百微米长的碳纳米管束和超薄石墨泡沫（CNT-UGF）组成的三维集流体，其中碳纳米管通过碳碳键连接到超薄石墨泡沫上，如图 3-9（c）所示，用以储存硫正极和锂负极的活性材料。CNT-UGF 具有 252 $m^2 \cdot g^{-1}$ 的高比表面积和 2.4 nm 的孔径。当锂金属沉积时，CNT-UGF 纳米结构可以容纳高达 36 wt% 的锂，理论容量为 1390 $mAh \cdot g^{-1}$。由于采用独特的三维骨架结构，Li/CNT-UGF 负极过电位低，循环 800 h 无短路现象。该材料负载硫或锂后，不需要添加任何黏结剂和导电剂可直接作为锂硫电池电极，并表现出优异的电化学性能。把 S/CNT-UGF 和 Li/CNT-UGF 分别作为正极和负极组装成全电池，电池可在 12 C 的倍率下表现出 860 $mAh \cdot g^{-1}$ 的高倍率比容量。郭玉国课题组[108]设计了一种三维超轻原位氮掺杂石墨碳泡沫集流体（NGCF），从成核阶段抑制锂枝晶的生长。含氮官能团均匀分布在 NGCF 中，引导锂成核并调控锂核均匀生长，如图 3-9（d）所示。结合三维骨架多孔和比表面积高的优势，复合 NGCF-Li 负极表现出高比容量（10 $mAh \cdot cm^{-2}$，3140 $mAh \cdot g^{-1}$，MASS$_{NGCF}$/MASS $_{(NGCF+Li)}$ =20%）和稳定的长循环性能（对称锂电池，2 $mA \cdot cm^{-2}$ 电流密度下稳定循环 1200 h）。使用该复合负极的锂硫电池放电比容量为 1128 $mAh \cdot g^{-1}$，表明 NGCF-Li 负极能匹配硫正极。

石墨烯独特的层状结构也可用作锂沉积骨架设计。崔屹课题组[109]将熔融锂注入还原氧化石墨烯膜中，设计了分层的还原氧化石墨烯复合锂电极（Li-rGO）。GO 膜部分接触熔融锂时，通过火花反应形成层状纳米结构，制备出多孔且稳定的 Li-rGO 骨架。由于 rGO 的亲锂特性和纳米间隙产生的毛细作用力，熔融锂迅速且均匀地吸附在膜中，如图 3-9（e）所示。具有分层结构的 rGO 表现出较小的体积变化和良好的界面稳定性。采用 Li-rGO 负极的锂硫电池具有优异的循环性能，库仑效率高，倍率性能好。罗加严课题组[110]通过将金属锂集成到 rGO 片上设计了柔性负极。Li 金属分布在还原氧化石墨烯薄片之间，rGO 起导电路径的作用，保持了电子传导的连续性，同时延缓了锂金属弯曲时裂纹的形成。此外，简单、高比表面积且导电的 rGO 骨架使有效电流密度分布更为均匀,有助于防止在弯曲状态下或电池使用过程中枝晶的生长。将该负极与硫正极匹配组装成完整的锂硫电池,在 $0.1\ A\cdot g^{-1}$ 的低电流密度下,rGO/Li 薄膜电极和纯锂金属电极的初始容量相当。但是随着电流密度的增加,rGO/Li 负极电池显示出更高的容量和更低的电压滞后。

夏新辉、涂江平和张强合作提出了采用自支撑碳化钛(TiC)/碳核/壳纳米线阵列作为骨架以吸收熔融锂,如图 3-9(f)所示[113]。三维亲锂性 TiC/C 骨架不仅提供了大量锂成核位点,还降低了局部电流密度,使锂均匀沉积。TiC/C/Li 负极具有较强的机械性能和有限的体积变化,同时结构稳定性和循环稳定性良好。使用 TiC/C/Li 负极的锂硫电池在 0.5 C 下循环 200 周后,放电容量高达 890 $mAh\cdot g^{-1}$,约为初始放电容量的 86%。

除了碳基材料外,金属材料也是负载金属锂的理想材料。具有大比表面积的三维金属骨架可有效降低局部电流密度,抑制锂枝晶的生长并减少充放电过程中负极的体积变化。例如,采用三维分层多孔镍光子晶体(NPC)存储金属锂[114]。在 Li 剥离/沉积过程中,NPC 基体大的孔隙和表面积可以减缓负极体积变化,抑制枝晶的形成。但对于大多数三维金属集流体,锂沉积时存在较大的成核过电位,可通过表面改性来改善其亲锂性。李宝华课题组[115]通过引入超细氮化钛(TiN)纳米颗粒到碳纳米纤维(CNF)骨架上合成了一种三维集流体材料,可同时作为锂金属负极的集流体和主体材料。理论计算表明,锂离子倾向于以低扩散能垒优先吸附到 TiN 壳层上面,形成可控的锂金属成核位点,实现无枝晶的锂金属沉积。同时通过动力学分析发现 TiN 含有赝电容行为,这促进了超快的锂离子存储和电荷转移过程,尤其是在高倍率锂金属沉积/剥离条件下。采用 CNF-TiN 基锂金属负极的电池的电化学性能得到了显著改善,可以在 $3\ mA\cdot cm^{-2}$ 电流密度下稳定循环 200 周,并保持优异的电化学性能。方晓亮和郑南峰课题组[116]通过简单的浸涂工艺将氮掺杂多孔碳纳米片(NPCN)包覆在商业泡沫铜/镍上,制备出具有亲锂性的 Cu@NPCN 和 Ni@NPCN 三维多孔集流体,引导锂均匀沉积。通过部分蚀刻金属泡沫,集流体的质量可以与商业化的金属锂箔相当。基于 Li/Cu@NPCN 负极的高硫载量锂硫电池具有极高的面容量(9.84 $mAh\cdot cm^{-2}$)和 Li 利用率(82%)。杨全红和吕伟课题组合作[117]将 g-C_3N_4 包覆在泡沫镍表面,利用石墨化碳氮化物(g-C_3N_4)的环形微电场作用提高了三维集流体的亲锂性。理论计算表明,相比于纯镍骨架,g-C_3N_4 三嗪环处形成的环形微电场与锂离子有更强的结合能,能显著降低锂的成核过电位,利于锂均匀地成核。基于独特的微电场诱导成核作用,g-C_3N_4@Ni 电极在 0.5 $mA\cdot cm^{-2}$ 电流密度下循环 300 周后仍可保持 98% 的库仑效率。对称电池在面容量为 1.0 $mAh\cdot cm^{-2}$、面电流密度为 1 $mA\cdot cm^{-2}$ 条件下可以稳定循环

900 h。基于 g-C_3N_4@Ni 泡沫的锂负极,在锂离子电池和锂硫电池中均表现出优异的循环稳定性。

总之,为了制备稳定的骨架,人们开发了各种材料,如碳材料、金属材料、非导电材料等。这些精心设计的骨架可以有效容纳锂沉积,减小体积变化。为使锂均匀沉积在骨架内,通常通过官能团修饰提高三维骨架的亲锂性。然而,三维骨架的多孔结构和大的比表面积有可能导致副反应的加剧。虽然这些骨架已成功用于半电池,但关于三维骨架在全电池中应用的可行性和实用性研究仍然需要得到更多关注。

3.3 非锂金属负极

由于锂金属作为负极具有较高的反应活性和明显的体积变化,一些研究人员尝试用非锂金属负极替代金属锂。非锂金属负极已广泛用于锂离子电池中[118]。在这些负极中,锂以离子的形式存在,减少了电解质和负极之间副反应的发生[119]。此外,非锂金属材料可以充当储存锂离子的主体,负极体积膨胀相对有限。因此电池仅需要锂离子在电极之间来回穿梭而无须形成锂金属,提高了安全性。早在2007 年,何向明课题组已经开发出使用石墨作为负极的锂离子-硫电池[120]。2010 年,崔屹课题组[121]通过用硅负极取代锂负极进一步证明了这一概念的可行性。约同一时间,Scrosati 课题组[122]设计了一种基于锡负极的锂离子-硫电池。到目前为止,各种负极材料已被用于锂硫电池,如嵌入型材料(石墨、硬碳等),合金型材料(Si、Sn、Ge 等)和转化型材料(M_aX_b,M 为金属,X 为 O、S、F 等)。

3.3.1 碳基负极

在非金属锂负极材料中,碳基材料特别是石墨在锂离子电池中已被广泛使用。碳基材料导电性良好,具有较负的氧化还原电位,成本低,来源广泛,且在锂化过程中体积变化有限(石墨约为 10%),因此可以缓解负极体积明显膨胀的问题。然而,碳基负极材料在醚类电解质中(例如,最常用于锂硫电池的 1 mol·L^{-1} LiTFSI-DOL/DME 电解液)比容量较低[123]。

通过优化电解液组分可以提高锂硫电池中石墨电极的性能。Scrosati 和 Hassoun 课题组[124]利用含有 $LiNO_3$ 和 Li_2S_8 添加剂的醚类电解液成功开发出了使用石墨负极的锂离子-硫电池。通过 $LiNO_3$ 和 Li_2S_8 添加剂在负极表面形成稳定的 SEI 膜,该电池平均电压约 2 V,放电比容量约 500 mAh·g^{-1}(基于硫正极的质量)。师春生课题组[125]以石墨作为负极,匹配 Li_2S 复合材料正极和含 $LiNO_3$ 添加剂的 DOL/DME 电解质，组装成石墨 Li$_2$S 全电池。虽然电池循环 100 多周后仍然有明显的容量衰减，但由电解质添加剂形成的 SEI 膜可以防止溶剂的共嵌入。

为了改善电解液和石墨负极间的界面稳定性，研究者开发了各种电解质体系。Xiao 课题组[126]设计了一种高浓盐的 5 mol·L^{-1} LiTFSI/DOL 电解液用于预锂化石墨/硫电池。在不加任何电解液添加剂的情况下，全电池的可逆容量为 980 mAh·g^{-1}，100 周循环后容量保持率为 81.3%，效率在 97%以上，表明 SEI 膜能持续保护石墨的层状结构。Watanabe 课题组[123]设计了采用溶剂化离子液体电解质的石墨/硫化锂全电池。溶剂化离子液体具有高锂离子迁移数，与石墨电极兼容性好，且多硫化物的溶解度低，有助于减少穿梭效应。因此，使用[Li(G4)] [TFSA]/HFE 电解质的全电池在 1/12 C 时的初始放电容量为 628 mAh·g^{-1}，20 周循环后的保持容量为 463 mAh·g^{-1}，库仑效率为 97%。由于离子液体具有较高的黏度和低离子电导率，Wang 课题组[127]采用 1.0 mol·L^{-1} LiTFSI-DOL/BTFE（1∶1，V/V）的氟化醚电解液匹配预锂化石墨/硫电池。氟化醚电解质不仅在石墨表面形成稳定的 SEI 膜，还抑制了多硫化物的穿梭。因此，预锂化石墨/硫电池在 C/10 下循环 450 周后表现出约 1000 mAh·g^{-1} 的高比容量和大于 65%的容量保持率。石墨负极匹配碳酸酯类电解质在锂硫电池中也有应用。为了避免碳酸酯类电解质与多硫化物之间发生不可逆反应，张永光课题组[128]制备了一种硫/聚丙烯腈/二氧化硅复合材料作为正极，并在制备石墨负极的过程中，将 SLMP 作为锂源加入浆料中。电解液注入电池后，SLMP 对石墨进行了锂化处理。100 周循环后，全电池放电容量可保持在 810 mAh·g^{-1}。

在石墨负极表面制备人工的 SEI 膜也有助于减轻多硫化物的穿梭效应。刘俊课题组[129]利用 ALD 技术在石墨负极上制备了 2 nm 厚的 Al$_2$O$_3$ 层。与使用纯石墨负极的电池相比，Al$_2$O$_3$ 石墨负极表面的电解质分解和多硫化物还原受到抑制。循环 100 周后，使用 Al$_2$O$_3$-石墨负极的锂离子-硫电池放电容量为 550 mAh·g^{-1}，高于空白电池的 440 mAh·g^{-1}。

此外，Kaskel 课题组[130]开发了基于醚类电解质以硬碳为负极的锂硫电池。该电池的放电比容量为 334 mAh·g^{-1}（充放电区间为 1.0～2.6 V，电流密度为 0.42 mA·cm^{-2}，14 μL 电解液）。锂过量 10%的全电池可以循环 550 周以上。该课题组还进一步引入 Li$_2$S$_6$ 作为电解液添加剂，发现多硫化物添加剂的应用会使电池性能进一步提高。

3.3.2 硅基负极

硅是地球上储量第二丰富的元素（约占地壳总质量的 26.4 wt%），且对环境无害。其理论比容量为 3579 mAh·g^{-1}，体积比容量达 8322 mAh·cm^{-3}，与电解液的反应活性低（不与电解液发生溶剂共嵌入反应），因此被认为是具有前景的下一代锂离子电池负极材料之一。一旦硅负极的研究取得实质性进展，不仅可以极大地降低电池的成本，还可以提高电池的能量密度。目前，Si 的体积膨胀仍然是限制其大规模应用的因素之一，但与金属锂相比，Si 的体积变化相对有限。已有研究发现，使用纳米颗粒有助于缓解由于体积变化引起的机械应变[118,131]。

3.3.2.1 硅纳米颗粒

各种纳米硅材料已经被用于锂离子硅硫全电池。纳米材料能通过降低某一维度的尺寸，减轻硅的绝对体积变化；还能够增强电极/电解液/集流体之间的界面接触，缩短锂离子的传输路径。硅碳复合材料是使用最广泛的材料，碳基材料的引入不仅可以提高整个复合材料的电子电导率，还可以适应充放电过程中硅颗粒的体积变化[132-134]。

Scrosati 和 Sun 课题组[135]合成了硅/碳纳米复合材料作为锂化硅硫电池的负极活性材料。硅基负极在四乙二醇二甲醚电解液中工作良好，全电池平均电压约为 2 V，循环 100 周后比容量为 300 mAh·g^{-1}（基于硫的质量）。研究人员以经预锂化的 Si/C 纳米多孔微球为负极材料，S/C 复合材料为正极材料，*N*-甲基-*N*-烯丙基吡咯烷双(三氟甲基磺酰酰)亚胺（P1A3TFSI）离子液体为电解质，构建了锂离子-硫电池[136]。全电池在 0.1 C 倍率下，表现出 1457 mAh·g^{-1} 的初始放电比容量，循环 50 周后可逆比容量稳定在 670 mAh·g^{-1}。Yu 课题组[137]采用镁热法合成了碳包覆的介孔硅，并将其用于锂硫电池。该电池在一些常见的故障，如内部短路和外部短路情况下，仍能安全运行，不会形成严重的锂枝晶（内部短路），也能避免对集流体造成腐蚀形成粉末状 Al（外部短路）。锂离子-硫电池的容量衰减与多硫化物的穿梭效应也密切相关。加入双功能碳纳米管夹层后，在 3 C 倍率下，电池仍显示出优异的电化学性能。周崇武课题组[138]使用全氟磺酸包覆的多孔硅/碳复合材料也得到了同样的结论。硅表面的全氟磺酸涂层可以有效防止多硫化物阴离子与活性物质的接触，保持负极表面平整光滑。全电池在优化硫硅质量比后，可以实现 330 mAh·g^{-1} 的比容量和 590 Wh·kg^{-1} 的能量密度（基于 100 周循环后硫和硅的总质量），是商用锂离子电池的 2 倍以上。

BTR 新能源材料公司开发出基于 SiO 的复合负极材料，有效缓解硅负极体积膨胀。Sun 和 Kim 课题组[139]利用溶胶-凝胶法合成了用于锂硫电池的 Si/SiO$_x$ 纳米球负极材料。纳米尺度的 Si（约 5 nm）和非晶态 SiO$_x$（约 200 nm）作为基体，有效缓解了硅体积变化引起的机械应变。此外，锂活性物质在锂化 Si/SiO$_x$

材料中的化学活性降低，有利于负极表面形成高度稳定的 SEI 膜，减少活性硫和锂的损失。全锂离子-硫电池中使用锂化的 Si/SiO$_x$ 负极和两相硫正极，在 1 C（1675 mA·g^{-1}）倍率下比容量约为 750 mAh·g^{-1}，平均工作电压约为 1.8 V，200 周循环后容量保持率超过 85%。

3.3.2.2　硅纳米线/微米线

硅纳米线能够适应体积变化并增强负极的锂离子的传输性能。使用导电层包覆的纳米线，在一维电子通道内可以实现有效电荷转移，即锂离子传输可以在非常短的距离内完成[140,141]。因此，硅纳米线具有较高的比容量，优异的倍率性能和长循环寿命。崔屹课题组[121,142]成功制备了硅纳米线负极，并与 Li$_2$S 基正极或硫正极匹配。实验采用气-液-固法将硅纳米线直接生长在不锈钢基底上。另一种利用金前驱体在碳网集流体上制备的硅纳米线负极也被用于锂硫电池，具有轻质集流体的负极降低了电池中非活性物质的质量。结合 S/C 正极，锂硫全电池在循环 150 周后具有 2.3 mAh·cm^{-2} 的面容量和 80% 的容量保持率。除此之外，自支撑式硅微米线阵列负极以其高的面积容量、长的循环寿命和良好的机械稳定性而备受关注。可以通过蚀刻和金属沉积等方法制备硅微米线阵列负极用于锂硫电池中[143]。预锂化 Si/S 全电池在 200 周循环后可以维持 800 mAh·g^{-1} 的稳定容量。

3.3.2.3　硅基薄膜

二维结构硅薄膜可以缩短锂离子的扩散路径，允许离子快速通过，同时缓解体积膨胀导致的电极材料剥落。另外，硅薄膜一般通过直接沉积在平坦的衬底上制成，不必加入导电剂和黏结剂就可以作为独立的负极，减少了非活性材料对负极性能的影响，因此是薄膜电池和柔性电池负极的首选。

Aurbach 课题组[144]利用直流磁控溅射技术制备了硅薄膜电极。采用醚基电解质的锂化硅-硫电池的恒流充放电特性与锂硫半电池类似，表明硅薄膜负极能应用于锂离子-硫电池。Kaskel 等[145,146]制备了分级柱状硅薄膜，其具有高达 7.5 mAh·cm^{-2} 的面容量，且有良好的容量保持能力。为了适应硅的体积膨胀，使用脉冲激光将电极上一部分硅刻蚀掉，使柱状区域之间产生了自由空间。在锂化过程中，柱状硅膨胀，填充在电极内部可用空间中，而不与旁边的柱状硅合并。此外，柱状结构硅负极表面的 SEI 膜对全电池的能量密度也有显著影响。在电解液中引入长链多硫化物溶解度低的氟化醚溶剂，锂化硅-硫电池的电化学性能可以得到显著提高[146]。Hassoun 课题组[147]通过电沉积法成功构建了硅-氧-碳薄膜。该薄膜的厚度在 500～650 nm 之间，非晶硅的含量约为 60%。Si/Li$_2$S 电池的工作电压约为 1.4 V，具有 280 mAh·g^{-1} 的稳定容量，理论能量密度达到 400 Wh·kg^{-1}（基于 Li$_2$S 的质量）。

3.3.2.4 具有 3D 结构的硅负极

为了减少脱嵌锂导致的体积变化，研究人员设计了具有高电导率的三维硅纳米结构。杨树斌课题组[148]使用商业海绵为模板，氧化石墨烯为材料，利用镁热还原法构建了三维石墨烯-硅网络。具有超薄纳米壁的三维石墨烯-硅网络结构不仅减小了负极的体积变化，还保持了整个电极的高电导率。结合 3D 聚合物硫正极，全电池基于正负极总质量表现出 620 mAh·g^{-1} 的高可逆容量及良好的倍率性能，且500 周循环后容量保持率为 86%[149]。

3.3.2.5 Li-Si 合金

Li-Si 合金是用于锂硫电池负极的常用合金材料。为了降低锂合金的高反应性和体积变化，崔屹课题组[150]设计了一种独特的合金/石墨烯片结构，将 Li$_x$M 纳米颗粒封装在石墨烯片中（M 是指 Si、Sn、Al 和其他可与 Li 形成合金的材料）。Li$_x$Si/石墨烯负极在半电池中的比容量约为 1600 mAh·g^{-1}（基于 Li$_x$Si 的质量），并能成功与 LiFePO$_4$ 和 V$_2$O$_5$ 正极匹配。含有 Li$_x$Si/石墨烯负极的锂硫全电池比容量为 1086 mAh·g^{-1}（基于硫的质量），110 周循环后容量保持在858 mAh·g^{-1}，库仑效率高达 99.5%。优异的循环性能可归因于石墨烯片的保护作用。石墨烯片抑制了 Li$_x$Si 纳米颗粒与电解质之间的直接接触，因此减少了多硫化物的穿梭效应。更重要的是，Li$_x$Si 合金已经处于完全膨胀状态，所以脱锂过程中 Li$_x$Si/石墨烯片中产生空隙，能容纳随后锂化过程的体积膨胀。因此，负极的体积变化和枝晶生长受到限制。这项工作为锂合金负极的设计提供了新思路。

3.3.3 锡基负极

与硅类似，锡可以通过合金化过程与锂反应形成锡锂合金。该反应具有可逆性，表明 Sn 具备可逆储存锂离子的能力。目前，Sn 作为负极材料的主要存在形式有：锡单质、锡氧化物、锡合金、锡基复合物。Sn 充分锂化时，一个锡原子可以与 4.4 个锂离子结合形成合金，理论比容量为 994 mAh·g^{-1}（产物为 Li$_{22}$Sn$_5$时），其电极电位远高于金属锂的析出电位，能够避免充放电过程中金属锂的析出。此外，Sn 的电导率高于 Si，而脆性低于 Si，因此锡基材料作为锂硫电池负极材料具有很好的应用前景[151]。然而，在锂化/脱锂过程中，纯 Sn 体积会发生约 260%的变化，导致严重的容量衰减和有限的循环寿命。体积膨胀可以通过减小材料的尺寸将其纳米化来缓解。纳米结构具有巨大的比表面积，能够暴露更多的活性位点，便于电解液的浸润。接触面积的增加也极大地加速了电极/电解液处的离子和电子的交换。但是当锡材料的颗粒尺寸小于 100 nm 时，循环充放电过程中会发生团聚现象，破坏纳米结构。为了避免这种情况出现，可以在将锡纳米化时，引入缓冲基体（如碳材料、铜基体、锑等），使锡均匀地分散在缓冲基体中，制备成纳米复合材料，提高材料的电化学性能[152]。

许多纳米结构的锡-碳复合材料已经应用于锂离子-硫电池。Hassoun 课题组[122,153,154]通过将 Sn 纳米粒子嵌入碳骨架中合成了 Sn/C 材料，用于聚合物锂离子-硫电池。新型聚合物电池的比容量为 600 mAh·g^{-1}，平均电压为 2 V。该课题组还进一步引入了多硫化物 Li_2S_8 作为聚合物基电解质膜的添加剂[153]。多硫化物添加剂的存在阻止了 Li_2S_x 的溶解，降低了穿梭效应并改善了循环性能。

Rao 课题组[155]在碳纸基体上开发了一种不含黏合剂的三维多孔锡/石墨烯/还原氧化石墨烯（Sn/G/rGO）复合材料，并将其用作负极。首先利用电沉积法合成锡/石墨烯（Sn/G）复合材料，再在复合材料表面涂覆氧化石墨烯层，保护电极表面不与电解液直接接触。Sn/G 复合材料的三维多孔网络可以更好地适应充放电过程中的体积变化，而石墨烯增强了复合材料的电子传导性能。以 S/C 为正极，负载超薄锂箔的 Sn/G/rGO 复合材料为负极，组装成全电池，该全电池在 40 周循环后比容量为 413 mAh·g^{-1}。

3.3.4 锗基负极

锗（Ge）于 1886 年被发现，原子量为 72.6，密度约为 5.5 g·cm^{-3}。在标准状态下，Ge 呈现出灰白色，有光泽，具有与 Si、Sn 相似的化学性质。Ge 的锂离子扩散速率优于 Si，约比相同环境温度下 Si 的锂离子扩散系数高出两个数量级[156]，但 Ge 成本较高。在锂化过程中，Ge 可以与 Li 反应形成 Li-Ge 合金，其理论比容量为 1384 mAh·g^{-1}（$Li_{15}Ge_4$），体积比容量与 Si 相似。在锂化/脱锂过程中，锗基材料也会经历严重的体积膨胀和收缩，导致电极材料的失效。因此，研究人员采用多种方法提高 Ge 基材料的电化学性能，如将 Ge 基材料纳米化、包覆或掺杂以及设计多孔负极材料等。

钱逸泰和朱永春课题组[157]以二硼酸三聚氰胺作为前驱体，合成了氮掺杂石墨烯负载硫复合材料，将其作为正极，与锂化的 Ge 负极组装成锂硫全电池。在 0.2 C 电流密度下，经过 25 周和 500 周循环后分别表现出 873 mAh·g^{-1} 和 530 mAh·g^{-1} 的高可逆比容量。循环 100 周后，全电池的能量密度仍可达到 350 Wh·kg^{-1}（基于正极和负极总质量）。

3.3.5 铝基负极

锂铝（Li-Al）合金负极具有理论比容量大（Li_9Al_4: 2980 mAh·g^{-1}）、体积变化小（96%）、电位适中（0.2～0.3 V vs. Li/Li$^+$）、成本低等优点，可作为锂硫电池的负极材料。锂铝合金能降低界面副反应，抑制枝晶的生长。

锂硫电池中，锂铝合金负极已成功用于匹配水热碳@碳布正极和多硫化物正极[158]。在不添加 $LiNO_3$ 添加剂的情况下，锂离子多硫化物全电池在 0.2 C 倍率下的放电比容量为 1050 mAh·g^{-1}，100 周循环后比容量仍有 500 mAh·g^{-1}。Li-Al 合金负极也可以在碳酸酯类电解质中与硫化聚丙烯腈正极匹配[159]。循环 200 周后，锂硫电池在 200 mA·g^{-1} 电流密度下放电比容量为 550 mAh·g^{-1}。锂铝合金负极具有优异的电化学性能，主要与以下因素有关：①合金表面形成稳定的 SEI 膜，抑制了多硫化物和电解质的分解；②Li 原子与 Al 原子的强键作用降低了 Li 的活性；③Al 箔中 Li 原子向内扩散的动力阻碍了 Li 枝晶的生长。

3.3.6 金属氧化物负极

基于转化反应机制实现储锂功能的负极材料（如金属氧化物）也受到了研究人员的关注。一部分转化型材料，如 Fe_2O_3、Co_3O_4、FeS_2 等仅通过转化反应与锂离子发生反应。还有一部分材料除与锂离子发生转化反应外，还同时发生合金化反应，如 SnO_2、SnS_2、Sn_2S_5[160]。然而，具体的转化反应机理还未研究清楚，且只有少部分的负极材料被用于锂硫电池。

SnO_2 作为一种具有发展前景的负极材料，因其独特的多重锂化机制而备受关注。钱逸泰课题组[161]以稳定的 SnO_2 为负极，使用双功能凝胶聚合物电解质构建锂离子硫聚合物电池。石墨烯和羧甲基纤维素用于形成牢固的负极结构，使之在醚基电解质中保持稳定的 SEI 膜。同时聚合物电解质有利于降低多硫化物的溶解，减少负极表面副反应的发生。该全电池在 5 C 的高倍率下，容量能达到 608.2 mAh·g^{-1}，且在较宽电流密度范围内都具有优异的容量保持率。该课题组[162]还设计了一种含有 InI_3 添加剂的醚基电解质，并将其用于 SnO_2/Li_2S 全电池。InI_3 不仅降低了 Li_2S 正极的活化电位，且在负极表面形成了有效的钝化层，保护负极免受多硫化物和电解质组分的持续腐蚀。全电池在 0.2 C、0.4 C、0.8 C 和 1.5 C 倍率下比容量分别为 983 mAh·g^{-1}、878 mAh·g^{-1}、746 mAh·g^{-1} 和 675 mAh·g^{-1}。0.5 C 倍率下，200 周充放电循环后电池的容量保持在 647 mAh·g^{-1}。

综上所述，无锂金属负极可分为嵌入型、合金型和转化型三种类型。与锂金属负极类似，非锂金属负极也存在界面和结构问题。

插层型负极如石墨、硬碳等，在循环过程中体积变化相对较小，但比容量较低。在碳酸酯类电解质中，石墨负极表面可以形成稳定的 SEI 膜，减少副反应的发生。相比而言，醚类电解质形成的 SEI 膜稳定性较差。通过引入 $LiNO_3$、多硫化物添加剂和氟化醚类溶剂，可以在石墨表面形成性能优良的 SEI 膜，有效提高负极与电解液间的界面稳定性。合金型负极，如硅基、锡基、锗基和铝基负极等，通常具有较高的理论比容量，但在充放电过程中会经历较大体积变化。因此，锂硫电池使用合金型负极时，通过界面工程和结构设计来减小其体积变化具有重要意义。合金型负极在醚类电解质中的表面化学研究还不够深入。但是毫无疑问，多硫化物较高的反应活性会引起复杂的化学和电化学反应。$LiNO_3$ 添加剂由于其良好的成膜能力，也有利于合金负极的稳定。使用聚合物电解质代替液体电解质可以降低多硫化物的溶解，有效提高负极的稳定性。目前，对转化型负极（如金属氧化物）的研究较少，在将其应用到锂硫电池之前，应进一步了解其转化反应机理。为了获得更高性能的锂硫电池，采用无锂金属负极的锂硫电池必须经过精心的设计。

3.4 总结与展望

对锂硫电池负极的改性研究已成为锂硫电池的主要研究方向之一，见图 3-10，开发高稳定性负极有利于推动高性能锂硫电池的研究进程。

锂硫电池中，在负极表面形成稳定的 SEI 膜有助于实现负极的高库仑效率和长循环寿命。电解液直接影响 SEI 膜的组成和结构，所以改性电解液是形成稳定 SEI 膜的有效方法。通过开发新型电解液体系，使负极与电解液发生反应，能在负极表面形成稳定的 SEI 膜。此外，在负极表面构建人工 SEI 膜也可以提高电解质/负极界面的稳定性。通过各种无机和有机材料制备出高质量人工 SEI 膜，能够显著抑制负极与电解质之间的副反应以及枝晶的形成。为了制备高稳定的 SEI 膜，需要不断加深对负极和电解质界面行为的理解。先进的原位测试、薄膜制备技术和模拟计算方法也为推进界面设计提供了新的认识。

合理的负极结构设计可以为锂离子的沉积提供稳定的载体，缓解锂金属负极体积变化大的问题[163]。新型骨架不仅要有足够空间容纳金属锂，还要有较高的比表面积降低局部电流密度。值得注意的是，可通过表面修饰的方式改善骨架材料的亲锂性，均匀锂沉积，抑制锂枝晶的形成。新型复合锂金属负极的电化学性能需与硫基正极匹配，在全电池中进行验证。无锂金属负极也可以作为存储锂活性物质的载体，在正极或负极预锂化后，应用于锂硫电池。

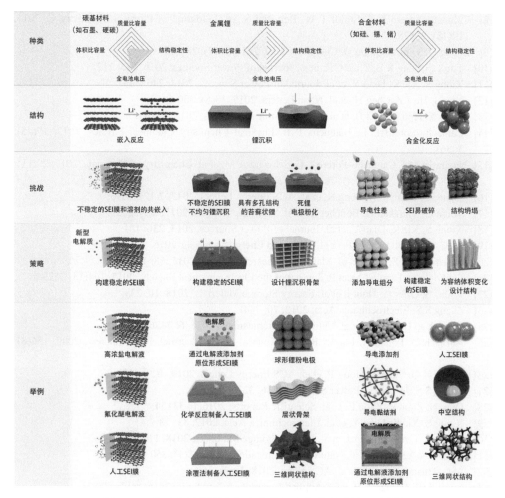

图 3-10　锂硫电池不同负极存在的问题和基本改性思路[164]

　　总之，要实现高能量密度、长循环寿命的锂硫电池，必须结合界面稳定工程和结构优化，精心设计高稳定负极。

参 考 文 献

[1]　Xu W, Wang J, Ding F, et al. Energy & Environmental Science, 2014, 7(2): 513.
[2]　Lin D, Liu Y, Cui Y. Nature Nanotechnology, 2017, 12(3): 194.
[3]　Cheng X B, Zhang R, Zhao C Z, et al. Chemical Reviews, 2017, 117(15): 10403.
[4]　Qie L, Zu C, Manthiram A. Advanced Energy Materials, 2016, 6(7): 1502459.
[5]　Cheng X B, Yan C, Huang J Q, et al. Energy Storage Materials, 2017, 6: 18.
[6]　Zhao C Z, Cheng X B, Zhang R, et al. Energy Storage Materials, 2016, 3: 77.
[7]　Aurbach D. Journal of Power Sources, 2000, 89(2): 206.

[8]   Camacho-Forero L E, Smith T W, Bertolini S, et al. Journal of Physical Chemistry C, 2015, 119(48): 26828.
[9]   Zheng D, Yang X Q, Qu D. ChemSusChem, 2016, 9(17): 2348.
[10] Yan C, Cheng X B, Zhao C Z, et al. Journal of Power Sources, 2016, 327: 212.
[11] Xiong S, Xie K, Diao Y, et al. Journal of Power Sources, 2014, 246: 840.
[12] Xiao J, Hu J Z, Chen H, et al. Nano Letters, 2015, 15(5): 3309.
[13] Chen X, Hou T Z, Li B, et al. Energy Storage Materials, 2017, 8: 194.
[14] Camacho-Forero L E, Balbuena P B. Physical Chemistry Chemical Physics, 2017, 19(45): 30861.
[15] Nandasiri M I, Camacho-Forero L E, Schwarz A M, et al. Chemistry of Materials, 2017, 29(11): 4728.
[16] Zhang Y, Heim F M, Song N, et al. ACS Energy Letters, 2017, 2(12): 2696.
[17] Tonin G, Vaughan G, Bouchet R, et al. Scientific Reports, 2017, 7(1): 2755.
[18] Xiong S, Xie K, Diao Y, et al. Journal of Power Sources, 2013, 236: 181.
[19] Zu C, Dolocan A, Xiao P, et al. Advanced Energy Materials, 2016, 6(5): 1501933.
[20] Han Y, Duan X, Li Y, et al. Materials Research Bulletin, 2015, 68: 160.
[21] Salihoglu O, Demir-Cakan R. Journal of the Electrochemical Society, 2017, 164(13): A2948.
[22] Waluś S, Offer G, Hunt I, et al. Energy Storage Materials, 2018, 10: 233.
[23] Zhang S S. Electrochimica Acta, 2012, 70: 344.
[24] Li W, Yao H, Yan K, et al. Nature Communications, 2015, 6: 7436.
[25] Aurbach D, Pollak E, Elazari R, et al. Journal of the Electrochemical Society, 2009, 156(8): A694.
[26] Zhang X Q, Chen X, Hou L P, et al. ACS Energy Letters, 2019, 4(2): 411.
[27] Zhang S S. Journal of Power Sources, 2016, 322: 99.
[28] Ding N, Zhou L, Zhou C, et al. Scientific Reports, 2016, 6: 33154.
[29] Xiong S, Xie K, Diao Y, et al. Electrochimica Acta, 2012, 83: 78.
[30] Zhang L, Ling M, Feng J, et al. Energy Storage Materials, 2018, 11: 24.
[31] Li G, Gao Y, He X, et al. Nature Communications, 2017, 8(1): 850.
[32] Li G, Huang Q, He X, et al. ACS Nano, 2018, 12(2): 1500.
[33] Liu S, Li G R, Gao X P. ACS Applied Materials & Interfaces, 2016, 8(12): 7783.
[34] Zu C, Manthiram A. The Journal of Physical Chemistry Letters, 2014, 5(15): 2522.
[35] Song J, Noh H, Lee H, et al. Journal of Materials Chemistry A, 2015, 3(1): 323.
[36] Wu F, Lee J T, Nitta N, et al. Advanced Materials, 2015, 27(1): 101.
[37] Ding F, Xu W, Graff G L, et al. Journal of the American Chemical Society, 2013, 135(11): 4450.
[38] Kim J S, Kim D W, Jung H T, et al. Chemistry of Materials, 2015, 27(8): 2780.
[39] Jia W, Fan C, Wang L, et al. ACS Applied Materials & Interfaces, 2016, 8(24): 15399.
[40] Ye H, Yin Y X, Zhang S F, et al. Nano Energy, 2017, 36: 411.
[41] Wu H L, Shin M, Liu Y M, et al. Nano Energy, 2017, 32: 50.
[42] Ren Y X, Zhao T S, Liu M, et al. Journal of Power Sources, 2017, 361: 203.
[43] Suo L, Hu Y S, Li H, et al. Nature Communications, 2013, 4: 1481.
[44] Qian J, Henderson W A, Xu W, et al. Nature Communications, 2015, 6: 6362.
[45] Cao R, Chen J, Han K S, et al. Advanced Functional Materials, 2016, 26(18): 3059.
[46] Zhao Q, Tu Z, Wei S, et al. Angewandte Chemie-International Edition, 2018, 57(4): 992.
[47] Xu Z, Wang J, Yang J, et al. Angewandte Chemie-International Edition, 2016, 55(35): 10372.

[48] Chen Z, Zhou J, Guo Y, et al. Electrochimica Acta, 2018, 282: 555.

[49] Yang H, Naveed A, Li Q, et al. Energy Storage Materials, 2018, 15: 299.

[50] Yang Q, Zhang Z, Sun X G, et al. Chemical Society Reviews, 2018, 47(6): 2020.

[51] Zheng J, Gu M, Chen H, et al. Journal of Materials Chemistry A, 2013, 1(29): 8464.

[52] Wu F, Zhu Q, Chen R, et al. Journal of Power Sources, 2015, 296: 10.

[53] Wang L, Liu J, Yuan S, et al. Energy & Environmental Science, 2016, 9(1): 224.

[54] Zhang C, Lin Y, Liu J. Journal of Materials Chemistry A, 2015, 3(20): 10760.

[55] Judez X, Zhang H, Li C, et al. Journal of Physical Chemistry Letters, 2017, 8(9): 1956.

[56] Yamada T, Ito S, Omoda R, et al. Journal of the Electrochemical Society, 2015, 162(4): A646.

[57] Suzuki K, Tateishi M, Nagao M, et al. Journal of the Electrochemical Society, 2017, 164(1): A6178.

[58] Tao X, Liu Y, Liu W, et al. Nano Letters, 2017, 17(5): 2967.

[59] Chen R, Qu W, Guo X, et al. Materials Horizons, 2016, 3(6): 487.

[60] Nimon Y S, Chu M Y, Visco S J. United States, US6537701B1, Mar. 25, 2003.

[61] Lee Y M, Choi N S, Park J H, et al. Journal of Power Sources, 2003, 119-121: 964.

[62] Ma G, Wen Z, Wu M, et al. Chemical Communications, 2014, 50(91): 14209.

[63] Zhao J, Liao L, Shi F, et al. Journal of the American Chemical Society, 2017, 139(33): 11550.

[64] Lin D, Liu Y, Chen W, et al. Nano Letters, 2017, 17(6): 3731.

[65] Liu F, Xiao Q, Wu H B, et al. Advanced Energy Materials, 2018, 8(6): 1701744.

[66] Kim J Y, Kim A Y, Liu G, et al. ACS Applied Material Interfaces, 2018, 10(10): 8692.

[67] Kozen A C, Lin C F, Pearse A J, et al. ACS Nano, 2015, 9(6): 5884.

[68] Cao Y, Meng X, Elam J W. ChemElectroChem, 2016, 3(6): 858.

[69] An Y, Zhang Z, Fei H, et al. Journal of Power Sources, 2017, 363: 193.

[70] Jia W, Wang Q, Yang J, et al. ACS Applied Materials & Interfaces, 2017, 9(8): 7068.

[71] Lu Y, Gu S, Hong X, et al. Energy Storage Materials, 2018, 11: 16.

[72] Ma G, Wen Z, Wang Q, et al. Journal of Materials Chemistry A, 2014, 2(45): 19355.

[73] Wu M, Jin J, Wen Z. RSC Advances, 2016, 6(46): 40270.

[74] Jiang Z, Jin L, Han Z, et al. Angewandte Chemie International Edition, 2019, 58(33): 11374.

[75] Zhang W, Zhang S, Fan L, et al. ACS Energy Letters, 2019, 4(3): 644.

[76] Han Y, Duan X, Li Y, et al. Ionics, 2016, 22(2): 151.

[77] Yang Y B, Liu Y X, Song Z, et al. ACS Applied Materials & Interfaces, 2017, 9(44): 38950.

[78] Ma L, Kim M S, Archer L A. Chemistry of Materials, 2017, 29(10): 4181.

[79] Cheng X B, Yan C, Chen X, et al. Chem, 2017, 2(2): 258.

[80] Jing H K, Kong L L, Liu S, et al. Journal of Materials Chemistry A, 2015, 3(23): 12213.

[81] Kim M S, Kim M S, Do V, et al. Nano Energy, 2017, 41: 573.

[82] Zheng G, Lee S W, Liang Z, et al. Nature Nanotechnology, 2014, 9(8): 618.

[83] Cha E, Patel M D, Park J, et al. Nature Nanotechnology, 2018, 13(4): 337.

[84] Luo J, Lee R C, Jin J T, et al. Chemical Communication, 2017, 53(5): 963.

[85] Jiang S, Lu Y, Lu Y, et al. Chemistry: An Asian Journal, 2018, 13(10): 1379.

[86] Sun C, Huang X, Jin J, et al. Journal of Power Sources, 2018, 377: 36.

[87] Liu Y, Tzeng Y, Lin D, et al. Joule, 2018, 2(8): 1595.

[88] Kim J S, Yoon W Y. Electrochimica Acta, 2004, 50(2-3): 531.

[89] Kim W S, Yoon W Y. Electrochimica Acta, 2004, 50(2-3): 541.

[90] Chung J H, Kim W S, Yoon W Y, et al. Journal of Power Sources, 2006, 163(1): 191.

[91] Heine J, Krueger S, Hartnig C, et al. Advanced Energy Materials, 2014, 4(5): 1300815.

[92] Oh S J, Yoon W Y. International Journal of Precision Engineering and Manufacturing, 2014, 15(7): 1453.
[93] Xiang B, Wang L, Liu G, et al. Journal of the Electrochemical Society, 2013, 3(160): A415.
[94] Li Y, Fitch B. Electrochemistry Communications, 2011, 13(7): 664.
[95] Fan K, Tian Y, Zhang X, et al. Journal of Electroanalytical Chemistry, 2016, 760: 80.
[96] Liu S, Yang J, Yin L, et al. Electrochimica Acta, 2011, 56(24): 8900.
[97] Duan B, Wang W, Zhao H, et al. ECS Electrochemistry Letters, 2013, 2(6): A47.
[98] Zhang X, Wang W, Wang A, et al. Journal of Materials Chemistry A, 2014, 2(30): 11660.
[99] Cheng X B, Peng H J, Huang J Q, et al. Small, 2014, 10(21): 4257.
[100] Kong L L, Wang L, Ni Z C, et al. Advanced Functional Materials, 2019, 29(13): 1808756.
[101] Lin D, Zhao J, Sun J, et al. Proceedings of the National Academy of Sciences of the United States of America, 2017, 114(18): 4613.
[102] Huang C, Xiao J, Shao Y, et al. Nature Communications, 2014, 5: 3015.
[103] Cui J, Yao S, Ihsan-Ul-Haq M, et al. Advanced Energy Materials, 2019, 9(1): 1802777.
[104] Zhang R, Chen X, Shen X, et al. Joule, 2018, 2(4): 764.
[105] Shi P, Li T, Zhang R, et al. Advanced Materials, 2019, 31(8): 1807131.
[106] Liu S, Li J, Yan X, et al. Advanced Materials, 2018, 30(12): 1706895.
[107] Jin S, Xin S, Wang L, et al. Advanced Materials, 2016, 28(41): 9094.
[108] Liu L, Yin Y X, Li J Y, et al. Advanced Materials, 201, 30(10): 1706216.
[109] Lin D, Liu Y, Liang Z, et al. Nature Nanotechnology, 2016, 11(7): 626.
[110] Wang A, Tang S, Kong D, et al. Advanced Materials, 2018, 30(1): 1703891.
[111] Yue X Y, Li X L, Wang W W, et al. Nano Energy, 2019, 60: 257.
[112] Wang H, Lin D, Xie J, et al. Advanced Energy Materials, 2019, 9(7): 1802720.
[113] Liu S, Xia X, Zhong Y, et al. Advanced Energy Materials, 2018, 8(8): 1702322.
[114] Lin S, Yan Y, Cai Z, et al. Small, 2018, 14(21): 1800616.
[115] Lin K, Qin X, Liu M, et al. Advanced Functional Materials, 2019, 29(46): 1903229.
[116] Pei F, Fu A, Ye W, et al. ACS Nano, 2019, 13(7): 8337.
[117] Lu Z, Liang Q, Wang B, et al. Advanced Energy Materials, 2019, 9(7): 1803186.
[118] Etacheri V, Marom R, Elazari R, et al. Energy & Environmental Science, 2011, 4(9): 3243.
[119] Xu K. Chemical Reviews, 2004, 104(10): 4303.
[120] He X, Ren J, Wang L, et al. ECS Transactions, 2007, 2(8): 47.
[121] Yang Y, McDowell M T, Jackson A, et al. Nano Letters, 2010, 10(4): 1486.
[122] Hassoun J, Scrosati B A. Angewandte Chemie International Edition, 2010, 49(13): 2371.
[123] Li Z, Zhang S, Terada S, et al. ACS Applied Materials & Interfaces, 2016, 8(25): 16053.
[124] Agostini M, Scrosati B, Hassoun J. Advanced Energy Materials, 2015, 5(16): 1500481.
[125] Wang N, Zhao N, Shi C, et al. Electrochimica Acta, 2017, 256: 348.
[126] Lv D, Yan P, Shao Y, et al. Chemical Communication, 2015, 51(70): 13454.
[127] Chen S, Yu Z, Gordin M L, et al. ACS Applied Materials & Interfaces, 2017, 9(8): 6959.
[128] He Y, Shan Z, Tan T, et al. Polymers, 2018, 10(8): 930.
[129] Liu J, Lu D, Zheng J, et al. ACS Applied Materials & Interfaces, 2018, 10(26): 21965.
[130] Brückner J, Thieme S, Böttger-Hiller F, et al. Advanced Functional Materials, 2014, 24(9): 1284.
[131] Liu N, Wu H, McDowell M T, et al. Nano Letters, 2012, 12(6): 3315.
[132] Lee K T, Cho J. Nano Today, 2011, 6(1): 28.
[133] Holzapfel M, Buqa H, Scheifele W, et al. Chemical Communications, 2005, 12: 1566.

[134] Yi R, Dai F, Gordin M L, et al. Advanced Energy Materials, 2013, 3(3): 295.

[135] Hassoun J, Kim J, Lee D J, et al. Journal of Power Sources, 2012, 202: 308.

[136] Yan Y, Yin Y X, Xin S, et al. Electrochimica Acta, 2013, 91: 58.

[137] Pu X, Yang G, Yu C. Nano Energy, 2014, 9: 318.

[138] Shen C, Ge M, Zhang A, et al. Nano Energy, 2016, 19: 68.

[139] Lee S K, Oh S M, Park E, et al. Nano Letters, 2015, 15(5): 2863.

[140] Shen T, Yao Z, Xia X, et al. Advanced Engineering Materials, 2018, 20(1): 1700591.

[141] Ashuri M, He Q, Shaw L L. Nanoscale, 2016, 8(1): 74.

[142] Liu N, Hu L, McDowell M T, et al. ACS Nano, 2011, 5(8): 6487.

[143] Hagen M, Quiroga-González E, Dörfler S, et al. Journal of Power Sources, 2014, 248: 1058.

[144] Elazari R, Salitra G, Gershinsky G, et al. Electrochemistry Communications, 2012, 14(1): 21.

[145] Piwko M, Kuntze T, Winkler S, et al. Journal of Power Sources, 2017, 351: 183.

[146] Piwko M, Thieme S, Weller C, et al. Journal of Power Sources, 2017, 362: 349.

[147] Agostini M, Hassoun J, Liu J, et al. ACS Applied Materials & Interfaces, 2014, 6(14): 10924.

[148] Li B, Yang S, Li S, et al. Advanced Energy Materials, 2015, 5(15): 1500289.

[149] Li B, Li S, Xu J, et al. Energy & Environmental Science, 2016, 9(6): 2025.

[150] Zhao J, Zhou G, Yan K, et al. Nature Nanotechnology, 2017, 12(10): 993.

[151] Ying H, Han W Q. Advanced Science, 2017, 4(11): 1700298.

[152] Liu D, Liu Z J, Li X, et al. Small, 2017, 13(45): 1702000.

[153] Agostini M, Hassoun J. Scientific Reports, 2015, 5: 7591.

[154] Hassoun J, Sun Y K, Scrosati B. Journal of Power Sources, 2011, 196(1): 343.

[155] Hari Mohan E, Sarada B V, Venkata Ram Naidu R, et al. Electrochimica Acta, 2016, 219: 701.

[156] Graetz J, Ahn C C, Yazami R, et al. Journal of the Electrochemical Society, 2004, 151(5): A698.

[157] Cai W, Zhou J, Li G, et al. ACS Applied Materials & Interfaces, 2016, 8(41): 27679.

[158] Sun J, Liang J, Liu J, et al. Energy & Environmental Science, 2018, 11(9): 2509.

[159] Sun J, Zeng Q, Lv R, et al. Energy Storage Materials, 2018, 15: 209.

[160] Cheng D L, Yang L C, Zhu M. Rare Metals, 2018, 37(3): 167.

[161] Liu M, Zhou D, Jiang H R, et al. Nano Energy, 2016, 28: 97.

[162] Liu M, Ren Y X, Jiang H R, et al. Nano Energy, 2017, 40: 240.

[163] Xiang J, Yang L, Yuan L, et al. Joule, 2019, 3(10): 2334.

[164] Zhao Y, Ye Y, Wu F, et al. Advanced Materials, 2019, 31(12): 1806532.

04

锂硫电池电解质材料

正负极之间的电解质是电池的一个关键组分，影响着循环过程中锂离子的传输，在一定程度上决定了电池的性能。所以，通过高通量的实验进行电解质的开发虽然是耗时的，但又是必不可少的。如何对电解质进行改性，在保持其离子导电率的同时又抑制穿梭效应是锂硫电池研究的关键问题之一。除了锂离子电池电解质的评价指标，如离子电导率、离子迁移数和电化学窗口等外，还需要对锂硫电池电解质对单质硫、多硫化物以及最终产物硫化锂的溶解特性进行评价。从锂硫电池的工作机理来看，电解质应当对单质硫和多硫化物具有一定的溶解度以提高正极活性材料的利用率。但是单质硫和多硫化物溶解度过高则会导致活性材料在电解质中扩散，甚至与金属锂电极发生反应而消耗，导致极化电流增大，而且反应的最终产物硫化锂难溶于电解质中，以固态钝化膜的形式附着在电极表面导致正极容量迅速衰减。

本章关注锂硫电池电解质系统的最新发展，包括液体电解质、固体电解质和复合电解质，如图 4-1 所示[1]。液体电解质具有高的多硫化物溶解度和流动性，可加快锂硫电池的氧化还原反应动力学。通过开发改性的液体电解质，可提高电池的电化学性能，但是在长循环中还是不能完全抑制多硫化物的穿梭效应。而向锂硫电池中引入无溶剂的固体电解质（聚合物和无机固体电解质）有希望解决这个问题。固体聚合物电解质具有良好的机械柔韧性和低的电极界面电阻，但是在室温下离子电导率较低。而无机固体电解质在室温下虽具有高的离子电导率，但其与电极的界面阻抗较大。这些不足限制了固体电解质在锂硫电池中的发展。复合电解质（凝胶聚合物电解质和无机有机复合电解质）包含不同组成，有望能够利用各种电解质的优点以提高锂硫电池的电化学性能。

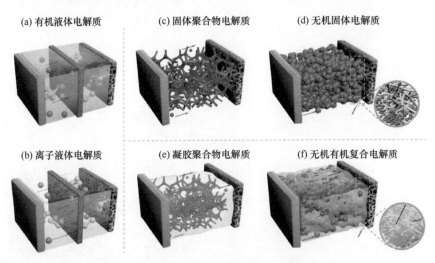

(a) 有机液体电解质   (c) 固体聚合物电解质   (d) 无机固体电解质

(b) 离子液体电解质   (e) 凝胶聚合物电解质   (f) 无机有机复合电解质

图 4-1　基于不同电解质的锂硫电池示意图[1]

4.1 液体电解质

　　液体电解质易于制备、离子电导率高，是锂硫电池最常用的一类电解质。但是锂硫电池商业化应用发展受到以下几个问题的制约，如图 4-2 所示[1]：①多硫化物在电解质中的过度溶解。生成的长链多硫化锂中间体易溶解于常用的醚类电解质中，连续的溶解不仅会增加电解质的黏度，还会破坏正极的结构和形貌；同时，绝缘硫化锂在正极表面沉积会损失硫活性物质，并堵塞电子和离子输运。②穿梭效应。正极侧溶解的长链多硫化锂的多硫化物可以扩散到锂负极侧，并在负极表面被还原成短链多硫化锂，随后迁移回正极，再被氧化成长链多硫化锂中间体；此种多硫化锂在正负极之间往复的运动和穿梭被称为"穿梭效应"；在循环过程中，穿梭效应会导致电池库仑效率降低和锂负极的腐蚀。③安全问题。电解质溶剂与高活性金属锂的反应会产生气体，使得电池发生膨胀；易燃有机溶剂在高温条件下使用会增加安全隐患；锂枝晶的生长可能会穿透隔膜，引起电池内部短路，导致严重安全问题。

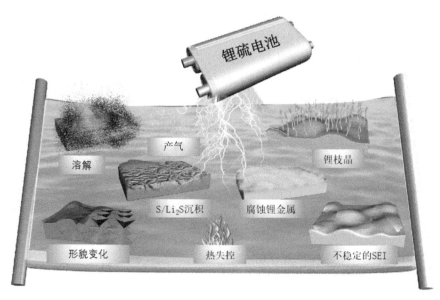

图 4-2　基于有机液体电解质的锂硫电池存在的问题[1]

　　一般认为，溶剂的给体数（DN）和受体数（AN）是衡量离子溶剂化的重要指标，提高 DN 值可以增加放电终产物硫化锂的溶解度。但随着 DN 值的增加，溶剂对锂金属负极的腐蚀也加大，负极 SEI 膜的稳定性也被破坏，导致负极发生一系列副反应，降低电池的容量和循环效率。因此，选择一种合适的溶剂体系来更好地匹配正负极和抑制多种不利因素的影响是电解质材料的研究重点。目前的趋势是使用多元组分的电解质以及电解质固态化来满足高性能锂硫电池的要求。本节系统介绍了锂硫电池常用的有机溶剂、锂盐、添加剂和一些新型电解质以及它们在高性能锂硫电池应用中的发展和挑战。

4.1.1 溶剂

4.1.1.1 醚类溶剂

早在 1983 年，Yamin 等[2]报道了以体积比 1：2 的四氢呋喃（THF）/甲苯（TOL）为溶剂和高氯酸锂（LiClO₄）为锂盐的电解质，由于溶剂对多硫化物有一定的溶解度，组装的锂硫电池在室温下硫的利用率可达到 90%以上，但该电解质的导电率很低因而放电电流密度小于 10 μA·cm⁻²。现阶段已经开发出了许多醚类溶剂，如 1,3-二氧环戊烷（DOL）、乙二醇二甲醚（DME）、三(乙二醇)二甲醚（三甘醇二甲醚，G3）、四(乙二醇)二甲醚（四甘醇二甲醚，G4）和四氢呋喃等，被广泛用于锂硫电池的研究中[3]。相对溶剂化能力定义为溶剂与参比溶剂（DOL）之间的配位比的比率，用于探测电解质溶剂与锂硫电池中多硫化物溶解的定量结构-活性关系[4]。溶剂的相对溶剂化能力越高，多硫化物溶解越严重，锂硫电池的库仑效率越低。因此，溶剂的相对溶剂化能力与多硫化物溶解度之间存在线性关系，相对溶剂化能力是选择锂硫电池的电解质溶剂的重要参数。DME 是一种链状醚类非极性溶剂，具有较高的多硫化物溶解度，但其与锂金属会发生副反应腐蚀负极，降低活性物质的利用率并增加界面阻抗。DOL 是一种环状醚类溶剂，虽然多硫化物的溶解度不高，但其在负极表面发生还原反应有助于形成致密稳定的 SEI 膜，从而改善界面条件提高电池充放电性能。Peled 等[5]以 DOL/THF/TOL 为混合溶剂和 LiClO₄ 为锂盐制备一系列以 DOL 为主体溶剂的电解质，充放电测试后发现含有高组分 DOL 的电解液的电导率高于含有高组分 TOL 的电解液。但是过多的DOL 会影响正极的电化学反应过程使得最终放电产物为 Li₂S₂，降低正极活性物质利用率。Barchasz 等[6]研究了锂硫电池中所使用的各种醚类溶剂的结构与电池首周放电容量之间的关系，结果发现醚基溶剂中氧原子数量的增加可以提高溶剂化能力，如图 4-3（a）所示。研究人员对电解质体系中的 ¹⁹F、¹H 和 ⁷Li 在不同溶剂中的自扩散活化能进行了研究，如图 4-3（b）所示，并分析了多硫化物在醚类电解质中的扩散难易程度[7]，发现多硫化物在长链醚类电解质中的扩散速率很小，而在短链醚类电解质中扩散很快。

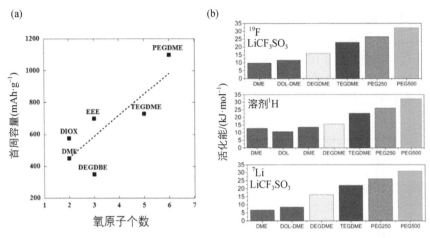

图 4-3 （a）首周放电容量与不同电解质溶剂的氧原子数量之间的关系[6]；（b）¹⁹F、¹H 和 ⁷Li 在不同电解质溶剂中的自扩散活化能[7]

在长时间的探索中发现单一组分的溶剂难以满足锂硫电池的要求，因此研究人员开发二元溶剂体系以改善电解质的单一性质，例如 DOL/DME 混合溶剂电解质，由于链状和环状醚类溶剂的协同效应，使用该二元电解质的电池比容量和循环稳定性与使用单一溶剂的电池相比得到明显提高[8]。将四(乙二醇)二甲醚（TEGDME）和 DOL 混合作为溶剂，研究发现两者的比例会影响电解质的导电率和黏度，以及不同比例活性物质在 2.1 V 低电压平台时的利用率。TEGDME 能够解离锂盐并降低电解质的黏度，当 TEGDME 与 DOL 的体积比为 3：7 时，电解质的电导率最大。科研工作者进一步研究了三元乃至四元醚类溶剂在锂硫电池中的作用[9]，发现溶剂的种类和混合的比例对锂硫电池的性能都有一定的影响。目前常用的电解质是由等体积比的 DOL/DME 组成，研究发现这种电解质对各类硫电极的匹配度都很好。

与现有的醚类溶剂相比，氟化醚类溶剂具有低黏度、热稳定性好和低多硫化物溶解度的优势，另外氟化链段能够在负极发生分解沉积加固 SEI 膜。由于这些优点，氟化醚被用作锂硫电池液体电解质的溶剂组分或添加剂。Azimi 等[10]将混合的 1,1,2,2-四氟乙基-2,2,3,3-四氟丙醚（TTE）和 DOL 作为锂硫电池的电解质，对匹配两种电解质的电池在 0.1 C 倍率下进行充放电测试。与 DOL/DME 混合电解质相比，低极性的 TTE 减弱了多硫化物溶解性，且以 DOL/TTE 为电解质的电池没有出现过充的现象，如图 4-4（a）所示。在添加了 LiNO₃ 之后，匹配 DOL/TTE 电解质的锂硫电池的自放电现象得到抑制[11,12]，但 LiNO₃ 与 TTE 的内在作用机理还不是很清楚，需要进一步的研究。此外，多硫化物在 1,3-(1,1,2,2-四氟乙氧基)丙烷（FDE）中的溶解度很低，将不同比例的 FDE 添加到 DOL/DME 溶剂中可以降低多硫化物的溶解度。双(2,2,2-三氟乙基)醚（BTFE）与 DOL 混合的电解质降低了不同硫含量的正极的自放电，如

图 4-4（b）所示[13]。含有 BTFE 的电解质对高载量的硫正极具有良好的润湿性，可降低界面阻抗和提高离子传导率，采用预锂化的石墨负极匹配面积容量为 3 mAh·cm^{-2} 的硫正极，该电池在 0.1C 倍率下，比容量达到 1000 mAh·g^{-1}，且经过 450 周循环，容量保持率＞65%。但需要注意的是，氟化醚的沸点较低，当电池工作温度超过临界温度后氟化醚会挥发，引起电池内压增大甚至引发安全问题。

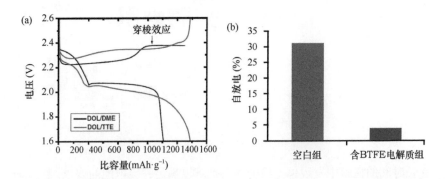

图 4-4　（a）匹配含有 0.2 mol·L^{-1} LiNO$_3$ 的 DOL/DME 和 DOL/TTE 电解质的锂硫电池的充放电曲线[10]；（b）使用空白和含有 BTFE 电解质的电池自放电[13]

　　二甲基二硫醚可作为溶剂的组成部分，与常规电解质相比，加入了二甲基二硫醚的电池显示出更高的容量和更长的循环寿命[14]。组装原理电池以表征二甲基二硫醚对多硫化物的溶解性能，含有二甲基二硫醚的电解质在循环过程中没有出现明显的颜色变化，证实了该电解质能够有效地抑制多硫化物的溶解。通过改变硫含量、负载率和电解质/硫的比例等条件研究硫正极上可能的电化学还原途径[15]，发现正极上没有出现钝化膜，高硫载量的正极匹配含有二甲基二硫醚的电解质表现出良好的循环稳定性，在较低液硫比的条件下，硫载量为 4 mg·cm^{-2} 的正极也显示出高达 1000 mAh·g^{-1} 的比容量。

　　醚类是锂硫电池中开发最早也是最成熟的电解质溶剂，相比于其他类型的电解质，醚类电解质的离子电导率、多硫化物的溶解度、迁移能力和在负极表面生成 SEI 膜的能力都较为适中。但它自身也存在很多问题，一般醚类的闪点较低，高温条件下会引发电池的安全问题。近年来，科研人员已经开发出了许多阻燃性质的添加剂（如六氟环三磷腈）[16]，匹配新型安全电解质有望开发出新一代高安全高性能锂硫电池。

4.1.1.2　碳酸酯类溶剂

　　虽然碳酸酯类电解质被广泛用于锂离子电池中，但是碳酸酯类溶剂与部分锂硫电池体系不相容[17,18]。碳酸酯会和多硫化物发生反应，在前几周循环过程中碳酸酯发生分解使得电池无法正常工作，因此碳酸酯类溶剂无法与传统的硫正极匹配。经过电解质材料和电极材料的不断发展和探究，研究人员发现碳酸酯电解质可以和硫化热解聚丙烯腈（S@pPAN）和短链硫（$S_{2~4}$）正极匹配[19,20]。

S@pPAN 作为锂硫电池的正极具有良好的电化学可逆性，用多种碳酸酯类电解质匹配 S@pPAN，发现其在由碳酸二乙酯（DEC）和碳酸亚乙酯（EC）组成的二元电解质中匹配效果最好[21]。以 S@pPAN 为正极、预锂化的 SiO_x/C 为负极和 DEC/EC 电解质组成的锂离子-硫电池在 100 mA·g^{-1} 条件下循环 100 周后的可逆容量为 616 mAh·g^{-1}[22]。为了提高碳酸酯类电解质的锂硫电池循环性能，将氟代碳酸乙烯酯（FEC）匹配 S@pPAN 和硫/活性炭正极[23]，发现匹配 FEC 电解质的电池比匹配带有 EC 电解质电池的循环性能更好[24]。FEC 基电解质中锂离子的较低去溶剂化能量促使脱溶剂锂离子与碳基质中的硫之间反应[23]，避免多硫化物从正极溶解。虽然 S@pPAN 正极可以匹配 DEC/EC 电解质，但锂硫电池依然存在着循环寿命短、容量衰减快等问题。Wang 等将不易燃溶剂磷酸三乙酯（TEP）与 FEC（7:3，$V:V$）混合，以提高锂硫电池的安全性和电化学性能，如图 4-5（a）所示[25]。使用 TEP/FEC 电解质的电池展示了良好的循环稳定性，在 1 C 倍率下稳定循环 500 周。该课题组进一步混合了 TEP 与高闪点溶剂 1,2,2-四氟乙基-2,2,3,3-四氟丙基（1:3，$V:V$）制备阻燃电解质（IFR），用于高安全锂硫电池的研究[26]。在 60 ℃下，该电解质通过微米级和致密堆积的锂沉积降低了锂和电解质的消耗提高了锂负极的使用安全性并增加了锂的体积容量，如图 4-5（b）所示，与 S/PAN 正极匹配的锂硫电池具有较高的比容量（840.1 mAh·g^{-1}）和利用率（95.6%）。

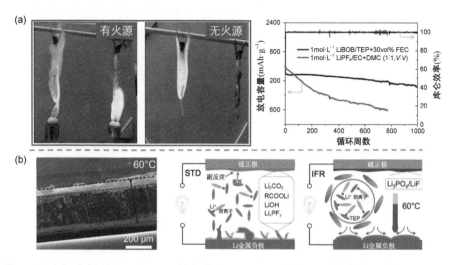

图 4-5 （a）电解质 EC + DMC（左）与 TEP + FEC（右）的燃烧行为和放电容量[25]；（b）使用常规电解质和阻燃电解质的锂硫电池在 60℃循环 50 周后锂金属负极界面示意图[26]

为了提高电池的循环稳定性，在碳酸酯类溶剂体系中常引入功能添加剂。将二氟草酸硼酸锂（LiODFB）作为添加剂加入 EC/DMC/ FEC 电解质中，组装成锂|锂对电池后研究发现，LiODFB 和 FEC 的分解产物可以共同保护锂负极避免枝晶的产生，观察到循环数周后锂负极表面仍保持较为平滑的状态[27]。S@pPAN 正极匹配该电解质，在 1C 条件下循环 1100 周，可逆容量为 1400 mAh•g^{-1}，容量保持率为89%。将三(三甲基甲硅烷基)硼酸盐加入 EC/DMC 电解质中，可在 S@pPAN 正极表面上形成具有低阻抗的 SEI 膜，加速锂离子扩散或电化学反应，改善锂硫电池的倍率性能，在 10C 条件下电池可逆容量达到 1423 mAh•g^{-1}[28]。

除 S@pPAN 外，研究人员使用 S$_{2-4}$ 正极材料来匹配碳酸酯类电解质[29]。在充放电曲线中，S$_{2-4}$ 正极只有一个长的电压平台，对应 S$_{2-4}$ 转变为 Li$_2$S$_2$ 或 Li$_2$S 的反应，没有可溶性长链多硫化物中间体的产生[30]。Lee 等[31]报道了在 0.1 V（$vs.$ Li/Li$^+$）的条件下，FEC 首周分解并在正极表面原位形成保护性的 SEI 膜。正极表面上的SEI 膜具有稳定的机械性能，可以缓解循环期间正极的体积膨胀和阻止多硫化物的迁移，保证正极结构的稳定性。在 0.2 C 倍率下，匹配该类 FEC 电解质的电池的循环稳定性得到提高，极化现象也得到了抑制。此外，用多孔碳包裹硫单质可以提高正极的导电率和电解质的浸润性，而且微孔碳的孔结构对包裹硫分子的分布具有关键影响[32]。使用超微孔碳和短链硫作为正极和二元溶剂体系 LiPF$_6$-EC/DEC 作为电解质的锂硫电池在 1 C 倍率下实现了 1000 周的长循环性能[33]。

使用碳酸酯的锂硫电池循环稳定性相比于使用醚基电解质的电池有所提高，因为碳酸酯溶剂在锂负极上的还原产物有助于在电极表面形成稳定的 SEI 膜，抑制副反应的发生和避免电解质的进一步消耗。使用醚类电解质的锂硫电池在充放电过程中需要过量电解质溶解多硫化物中间体和补充与锂负极的副反应消耗的电解质。与之相比，使用碳酸酯类电解质的 S@pPAN 和短链硫正极不需要过量的电解质溶解多硫化物，可减少电解质的使用量，从而提高电池的比能量。但是该类电解质具有高度易燃性而且可匹配的正极材料种类有限，因此开发更多稳定且不易燃的碳酸酯体系用于锂硫电池中还需进一步的探索。

4.1.1.3 砜类溶剂

某些砜类溶剂如乙基甲基砜（EMS），其单独与硫正极匹配后显示出良好的循环性能。溶剂的介电常数与锂离子的解离能力相关[34]，砜类溶剂具有高介电常数，对多硫化物的溶解度很高。Strubel 等[35]报道电解质中多硫化物的溶解度过高可能会导致硫化锂在正极表面沉淀，界面阻抗增加，从而影响锂硫电池的倍率性能。此外以砜类物质作溶剂的电解质匹配锂硫电池[36,37]，在放电电压平台上会显示出明显的极化现象。与醚类电解质相比，砜类电解质的黏度较大，离子在电解质中迁移的能力变弱。为了解决这个问题，有科研人员提出了将低黏度的醚类溶剂与高浓度的砜类溶剂混合制备二元溶剂的方法，Yoon 等[38]研究了多种比例的四亚甲基砜（TMS）和 DME 组成的混合溶剂电解质对锂硫电池的电化学行为的影响。随着 DME 含量的增加、TMS/DME 混合溶剂的黏度降低，锂硫电池的倍率性能得到了明显的改善，如图 4-6（a）所示。因此，砜与醚混合电解质能够同时满足多硫化物溶解度和黏度的要求，从而改善电池的电化学性能。

由于晶体硫化锂不溶于常用电解质，因此提高其溶解度可改善电化学反应可逆性。Pan 等在二甲基亚砜溶剂中加入铵盐（NH_4NO_3），N—H 基团的强氢键可以通过 NH_4^+ 和 S^{2-}（N—H$\cdots S^{2-}$）之间的相互作用以及溶剂的溶剂化来提高硫化锂的溶解度，如图 4-6（b）所示[39]，由于硫化锂氧化动力学的改进，匹配二甲基亚砜基电解质的电池在 0.5 C 倍率下显示出 730 mAh·g^{-1} 的初始放电容量。

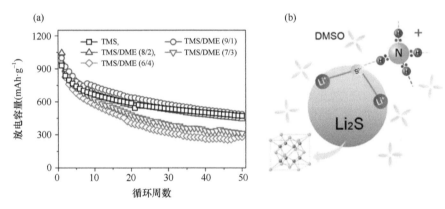

图 4-6　（a）使用 TMS/DME 不同比例电解质的锂硫电池循环性能[38]；（b）有机溶剂中铵离子的 N—H 基团与硫化锂（Li_2S）的相互作用[39]

4.1.1.4　离子液体类溶剂

离子液体，即室温下的熔融盐，其具有独特的特性，例如非易燃性、低的蒸气压和高稳定性，被认为是安全的电解质溶剂之一[40]，它们较弱的路易斯酸度/碱度，也就是离子液体中阳离子和阴离子的弱溶剂化性质，可以降低多硫化物在电解质中的溶解度，因此离子液体也被用于锂硫电池。Yuan 等[41]将 N-甲基-N-丁基-哌啶双(三氟甲基磺酸酰)亚胺（$PP_{14}TFSI$）离子液体用于锂硫电池中，研究表明电池的容量和可逆性均得到改善，这是因为离子液体抑制了多硫化物的过度溶解。多硫化物在离子液体中的溶解度对锂硫电池的循环性能有很大的影响，Watanabe 等[42]研究了 Li_2S_m 在一系列不同离子液体中的溶解度。研究发现 Li_2S_m 的溶解度主要受到离子液体中阴离子的影响，其和多硫化物均可与锂离子发生相互作用，两者之间存在竞争并会影响多硫化物在电解质中的溶解度。例如锂离子与三氟甲基磺酸根（[OTf]⁻）阴离子的相互作用强于与多硫化物阴离子的相互作用，因此多硫化物在该类离子液体中的溶解度相对增加。在这一系列不同阴阳离子的液体电解质中，基于 Li_2S_m（$m = 8$ 和 4）阴离子的给电子能力，它们的溶解度大小顺序如下：[OTf] >[TFSI] >双(五氟乙烷磺酰基)胺（[BETA]⁻）> [FSI]⁻，如图 4-7（a）所示。虽然锂离子与离子液体中的阴离子的作用可提高多硫化物的溶解度，但是 Marzieh Barghamadi 等[43]报道了锂离子与 1-丁基-1-甲基吡咯烷三氟甲基磺酸盐（C₄mpyrOTf）基电解质中[OTf]⁻阴离子之间的强相互作用导致电池的循环性能变差。相反，匹配 C₄mpyrTFSI 基电解质的电池表现出稳定的循环性能，100 周循环后电池库仑效率为 99%。这说明使用离子液体电解质的锂硫电池的电化学性能除了受到多硫化物溶解度的影响，还有其他的影响因素。

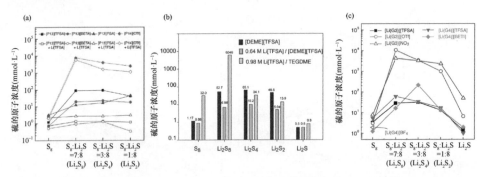

图 4-7　（a）在含有或不含有 0.5 mol·L⁻¹ Li [TFSA]的具有不同阴离子的吡咯烷类离子液体中[42]；（b）在含有或不含有 0.64 mol·L⁻¹ Li [TFSA]和 0.98 mol·L⁻¹ Li [TFSA]/TEGDME 的[DEME][TFSA]中[46]；（c）在不同的溶剂化物离子液体[Li(甘醇二甲醚)]ₓ 中[54]的 S_8、Li_2S_8、Li_2S_4 和 Li_2S_2 的饱和浓度(硫原子浓度)

　　匹配离子液体电解质的锂硫电池在大多数情况下表现出较差的倍率性能和较低的平均放电电压，因为离子液体具有较大的黏度会减缓离子迁移和增大界面阻抗。研究人员将离子液体与低黏度有机溶剂混合以平衡黏度和多硫化物溶解度[42,44,45]，随着有机溶剂含量的增加，混合电解质的黏度降低，锂离子的传输得到提高。反之如图 4-7（b）所示，多硫化物溶解度随着离子液体含量的增加而降低[46]。此外，在二元离子液体电解质中添加具有比 LiTFSI 更小分子尺寸的 LiFSI，锂硫电池的容量性能也会得到改善[47]。研究显示含 N-甲基-N-丙基哌啶双(三氟甲基磺酸酰)亚胺（PP₁₃TFSI）的 DOL/DME 基电解质有利于抑制多硫化物的穿梭，当加入 LiNO₃ 添加剂时，该电解质显示出优异的锂金属保护效果[48]。此外，提高混合电解质中离子液体含量能够增强锂负极上 SEI 膜的性能，防止锂金属负极与可溶性多硫化物发生副反应。在 N-甲基-N-甲氧乙基吡咯双(三氟甲基磺酸酰)亚胺离子液体存在的条件下，锂枝晶的生长和腐蚀得到有效抑制[49]。陈人杰课题组[50]研究了含 N-甲基-N-甲氧基乙基吡咯双(三氟甲基磺酸酰)亚胺（Pyr$_{1,201}$TFSI）和 TEGDME 不同比例的电解质用于锂硫电池的电化学性能。研究发现 Pyr$_{1,201}$TFSI 和 TEGDME 的质量比为 70 : 30 时，该类电解质具有良好的离子电导率（4.303×10^{-3} S·cm^{-1}）和热稳定性，自熄时间为 4.8 s·g^{-1}。

Watanabe 等[51-53]报道了含有乙二醇二甲醚和锂盐的等摩尔配合物的溶剂化离子液体，其具有高的离子电导率（室温下 10^{-3} S·cm^{-1}）、高的热稳定性、高的氧化稳定性和低的 Li$_2$S$_x$ 溶解度，匹配这些溶剂化离子液体电解质的锂硫电池的循环性能和库仑效率得到显著提高。通过研究 S$_8$ 和 S$_8$ 与 Li$_2$S 的混合物在不同溶剂化离子液体电解质中的溶解度，如图 4-7（c）所示[54]，发现多硫化物中间体的溶解度不仅取决于溶剂化离子液体电解质中的阴离子，还受醚链长度的影响[55,56]。[Li(THF)$_4$][TFSI]和[Li(G1)$_2$][TFSI]等短链结构电解质显示出高离子电导率、低黏度和高多硫化物溶解度，反之，诸如[Li(G2)$_{4/3}$][TFSI]和[Li(G3)$_1$][TFSI]等长链结构电解质具有相反的性质。相比于纯离子液体电解质，溶剂化离子液体的黏度较低，但是使用溶剂化离子液体电解质的锂硫电池的容量性能和倍率性能还难以达到最优。通过添加低黏度的有机溶剂可以降低溶剂化离子液体电解质的黏度，且在一定程度上提高了电池的容量性能[57, 58]。

与醚类溶剂相比，离子液体中多硫化物的溶解度较低，但是高黏度的离子液体对电极和隔膜的浸润性差，导致锂硫电池的阻抗增大，倍率性能变差。尽管添加有机溶剂是降低多元复合电解质黏度的一种必要方法，但也会出现其他负面影响，如安全问题、硫化物溶解度变大等。这个矛盾能否解决是离子液体电解质能否有效应用于锂硫电池的关键问题。

4.1.2 电解质锂盐

电解质组分中除了溶剂外，还需要锂盐传导锂离子，锂盐的种类会影响电解质的离子传导率[59]。广泛应用于锂硫电池的锂盐有双（三氟甲基磺酸酰）亚胺锂（LiTFSI）、六氟磷酸锂（LiPF$_6$）、三氟甲基磺酸锂（LiCF$_3$SO$_3$）和高氯酸锂（LiClO$_4$）。其中，LiPF$_6$ 在高温的条件下会发生分解反应；LiClO$_4$ 导电率适中，但在醚类溶剂中易发生分解反应[60,61]；LiTFSI 基电解质的电化学稳定性好、离子电导率高、与多硫化物相容性好，因而被广泛地研究。但 LiTFSI 容易腐蚀铝集流体，长时间循环后电池的稳定性降低。除了 LiTFSI 外，LiCF$_3$SO$_3$ 也是被广泛关注的锂盐，其虽然在稳定性和多硫化物兼容性等方面不如 LiTFSI，但它可以缓解铝集流体被腐蚀。另外

LiCF₃SO₃的离子缔合强度大，能够有效提高电化学反应中间产物的溶解度。

在基于 LiTFSI 的电解质中加入双氟磺酰亚胺锂（LiFSI）可以进一步提高离子导电率，降低电解质的黏度。这种二元锂盐电解质可以与负极反应形成 SEI 膜，防止锂金属和可溶性的多硫化物发生副反应[62]。使用原位原子力显微镜研究在 60 ℃下基于 LiFSI 的电解质与负极之间的界面行为，发现在该温度下 LiFSI 会发生分解，在界面处形成的 SEI 膜主要成分是 LiF[63]，如图 4-8（a）所示，可以捕获可溶性多硫化物中间体并进一步限制多硫化物向电解质中扩散。与 LiTFSI 类似，LiFSI 同样对铝集流体有腐蚀作用，为了解决这一问题，研究人员尝试加入添加剂以提高铝的耐腐蚀性[64]。二氟草酸硼酸锂（LiODFB）作为锂盐添加剂在集流体表面被氧化形成一层致密的钝化膜，从而防止铝集流体的腐蚀，同时 LiODFB 也可以在负极界面上分解形成 SEI 膜，有效抑制了锂枝晶的生长[65]。LiNO₃具有与 LiODFB 类似的效果，使用 LiNO₃作为 LiTFSI 基电解质的辅助盐同样改善了锂硫电池的可逆性和循环寿命。

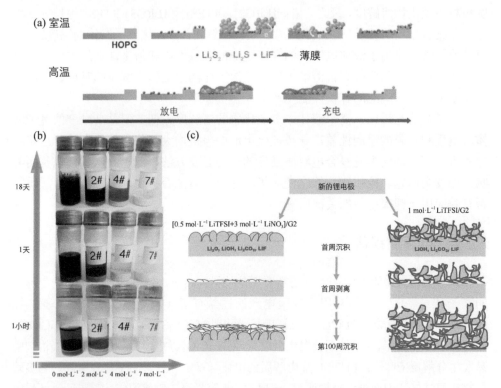

图 4-8 （a）室温和 60 ℃下界面过程变化的示意图[63]；（b）含有相同量 Li₂S₈ 的四种样品的颜色变化的照片 1#：0 mol/溶剂；2#：2 mol/溶剂；4#：4 mol/溶剂；7#：7 mol/溶剂[68]；（c）循环后的含 LiNO₃ 和不含 LiNO₃ 的电解质中锂金属表面 SEI 膜组成和形态示意图[69]

电解质的电导率和黏度都与锂盐的浓度有关，常见的锂盐浓度为 1mol·L^{-1}。对于锂硫电池，锂盐在溶剂中的浓度会影响多硫化物在电解质中的溶解度[66,67]，根据溶解平衡原理，锂盐浓度的增加会降低多硫化物的溶解度和电解质中的扩散速率，此外电解质黏度的增加也有助于抑制多硫化物在电极之间的穿梭。Suo 等[68]报道了一类新型的"高浓盐"电解质，即由 DOL/DME 二元溶剂和浓度高达 7 mol·L^{-1} 的 LiTFSI 组成。如图 4-8（b）所示，研究人员对多硫化物在高浓度锂盐电解质中溶解度进行测试时发现 7# 的颜色几乎未改变，表明使用高浓盐可以抑制多硫化物在电解质中的溶解。而且匹配高浓盐电解质的锂硫电池在 100 周循环后锂负极依然保持平滑的表面，通过增大电解质中锂盐的浓度可以在负极表面形成稳定的钝化膜来提高循环稳定性。Adams 等[69]制备了溶解有 3 mol·L^{-1} 的 LiNO$_3$ 的二乙二醇二甲醚（G2）电解质并进行锂金属沉积测试，结果表明，经过 200 周循环后电池的库仑效率大于 99%。将 0.5 mol·L^{-1} LiTFSI 和 3 mol·L^{-1} 的硝酸锂组成的混合锂盐溶解在 G2 溶剂中制备电解质，如图 4-8（c）所示，与传统锂硫电池电解质相比，含高浓度 LiNO$_3$ 添加剂所形成的 SEI 膜中含有 Li$_2$O 成分并且厚度也减小，不仅抑制了电解质共盐、LiTFSI 和溶剂的还原，还显著抑制了锂金属负极对可溶性多硫化物的还原，但是长时间循环时负极的稳定性变差。虽然使用高浓度锂盐电解质的锂硫电池循环性能得到提升，但是价格高昂的锂盐会增加电池的成本。Nazar 等设计的四(六氟异丙氧基)铝酸锂是一种低离子配对的锂盐[70]，与疏水的磺胺溶剂组成的电解质可以抑制多硫化物的穿梭效应。此外，这种锂盐的价格低于常用的 LiTFSI 锂盐，可用于大规模的工业生产。

研究人员通过引入新型锂盐来改善锂硫电池的循环稳定性。Kim 等使用高 DN 值的阴离子锂盐（溴化锂或三氟甲基磺酸锂）诱导 3D 颗粒状硫化锂的生长，可以有效地缓解电极钝化，如图 4-9（a）所示，同时也提高了活性物质硫的利用率[71]，与具有高 DN 溶剂的电解质相比，具有高 DN 盐阴离子的电解质与 Li 金属电极有更好的相容性，使得锂硫电池有更优的循环稳定性。但是，还需要进一步优化来提高 Li 金属的稳定性以延长电池的循环寿命。电解质中过高的硫化物溶解度引起的迁移会减短电池寿命，并且过量电解质会降低电池的能量密度。

在锂硫电池中使用难溶剂化电解质有利于更好地对反应机理进行研究。基于具有两倍于锂盐数量的官能团的极性分子的难溶剂化电解质（ACN$_2$TFSI/TTE）可以从根本上改变锂硫反应路径，从而抑制多硫化物的溶解度[72]，与标准的正极和电解质中硫的电化学反应相反，在放电过程前三分之一期间，微量溶剂化电解质阶段促进了中链和短链多硫化物形成，然后歧化作用会导致结晶化的硫化锂和一部分受限的可溶性多硫化物，在剩余过程中进一步发生还原，如图 4-9（b）所示。原位 XRD 测试证明，虽然硫化锂在放电过程中仍然形成并被消耗，但是多硫化物在 ACN₂TFSI/TTE 电解质中的溶解度非常低，证实从根本上改变了形成硫化锂的途径。

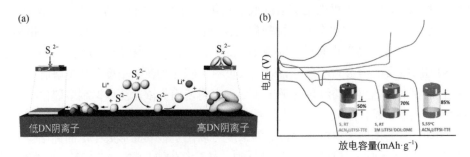

图 4-9　（a）硫化锂在不同 DN 值的阴离子中的生长行为[71]；（b）空白和 ACN₂TFSI/TTE 电解质在不同温度下的充放电曲线[72]

4.1.3　功能添加剂

在醚类电解质中引入少量添加剂以提高锂硫电池的性能是目前锂硫电池改性的一个重要方向。如何挑选合适的添加剂来稳定负极/电解质和正极/电解质的界面[73-75]，抑制穿梭效应从而提高电池库仑效率、倍率性能和循环寿命是关键科学问题。理想的负极与电解质的界面膜即 SEI 膜应当致密且均匀，防止锂金属与电解质中溶解的多硫化物发生反应，同时抑制锂枝晶的形成和生长。

LiNO₃ 是锂硫电池常用添加剂之一，它能参与界面反应在负极表面形成稳定的 SEI 膜来保护锂金属。Aurbach 等研究了在电解质中添加 LiNO₃ 后负极与电解质的界面反应过程[76]，如图 4-10 所示，LiNO₃ 可以转化为不溶性的 Li_xNO_y，多硫化物经过反应转变生成 Li_xSO_y，这两种产物都可以构成钝化膜保护锂金属防止副反应的发生[77]。除了 LiNO₃，研究者还研究了多种 RNO₃ 类盐（R =铯，镧，钾）添加剂在醚类电解质中的作用，发现添加 RNO₃ 类盐使得界面处存在一定数量的 N—O 键，增强了负极表面 SEI 膜的性能[78-80]。但是在循环过程中 LiNO₃ 在参与界面反应时会被消耗，降低其在电解质中的浓度，导致锂硫电池的库仑效率下降。随着 LiNO₃ 的不断消耗分解，SEI 膜在循环过程中不断地变薄乃至出现缝隙和断裂，裸露的新鲜锂金属又会与电解质接触发生副反应[69,81]。因此，目前添加剂的研究热点在于寻找循环过程中无损耗或低损耗的新型添加剂来延长锂硫电池的循环寿命。

在锂硫电池体系中，负极在充放电过程中要经历锂的反复剥离和沉积，导致负极的体积发生变化，长时间循环后甚至出现锂粉化和"死锂"现象。传统 SEI 膜主要由有机成分组成，机械强度低，无法适应负极的体积变化。另外在锂金属的某些位点上会出现晶体的择优生长，以致出现锂枝晶引发电池的短路。根据 SEI

膜的反应机理和成分，在电解质中添加一些多硫化物可以促进在负极上形成稳定均匀的 SEI 膜，例如电解质中 Li_2S_8 和 $LiNO_3$ 之间存在协同效应可以有效抑制锂枝晶的生长。Li 等[82]报道了通过电化学分解含硫聚合物（PSD）在锂负极上形成无机/有机复合 SEI 膜，SEI 膜的有机组分充当"增塑剂"成分，使 SEI 膜在循环过程中变得柔韧耐用，有效地包裹锂负极且在体积变化剧烈时也不会发生破裂，如图 4-11 所示。经测试基于混合 SEI 膜的锂硫电池循环超过 1000 周。

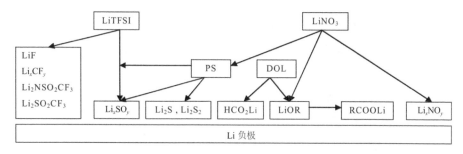

图 4-10　电解质中各组分对锂负极表面电化学性质的贡献[76]

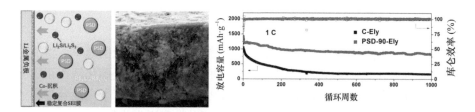

图 4-11　以 PSD 为电解质添加剂，在锂负极形成稳定的 SEI 膜示意图
以及锂沉积截面和循环性能[82]

电解质添加剂也会对正极侧产生一定的影响。Yang 等[83]将吡咯类物质添加到电解质中，通过聚合反应在正极上形成的聚吡咯可以作为吸收媒介或阻挡层阻止多硫化物从硫正极向外扩散，匹配含 5wt%吡咯电解质的电池在 1 C 倍率条件下经过 300 周循环后的放电容量为 607.3 mAh·g⁻¹。如图 4-12 所示，DOL/DME 基电解质中的三苯基膦先与硫中间体在正极表面上反应获得紧凑且紧密的硫化三苯基膦（TPS），只允许锂离子进入包裹的 C/S 复合正极，可以阻止多硫化物从正极溶出。将其与多种正极匹配并在密封的原理电池中循环，在 0.1 C 倍率下循环 20 周后观察到含 TPS 层的电解质显示为无色，表明多硫化物中间体被该 TPS 层有效地限制在正极中。在 0.1 C 倍率下，使用三苯基膦添加剂的锂硫电池具有高库仑效率和良好的循环性能，1000 周循环中每周循环容量衰减率仅为 0.03%[84]。以 NH₄TFSI 为添加剂可以改善在贫液（降低电解液的量）条件下锂硫电池的钝化问题。NH₄TFSI

添加剂增强了硫化锂的解离，减少了硫正极中不溶性和绝缘性硫化锂大颗粒的富集，促进了硫的可逆和可持续的氧化还原反应。此外，NH₄TFSI 添加剂可使硫正极和锂负极表面均匀，延长循环寿命。

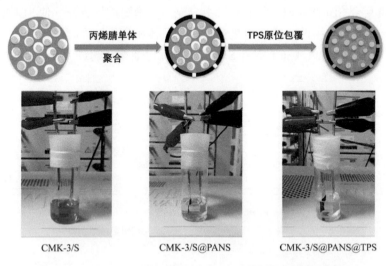

CMK-3/S　　　　　CMK-3/S@PANS　　　　CMK-3/S@PANS@TPS

图 4-12　正极原位包覆示意图及原理电池模拟抑制穿梭效应[84]

　　氧化还原介体可以降低反应时各个步骤的能垒，增加反应的速率。将氧化还原介体加入基于 DOL/DME 的电解质中用于锂硫电池可以促进硫化锂在正极上的氧化，降低电池阻抗，提高正极活性材料的利用率，从而改善了电池容量和倍率性能。碘化锂（LiI）添加剂可以与正极发生反应并在表面生成致密光滑的保护层，将循环中产生的多硫化物限制在正极一侧，防止其向电解质中扩散。在 0.2 C 倍率的条件下，使用 LiI 添加剂的锂硫电池首周放电比容量为 1400 mAh·g⁻¹，并展示出优异的循环稳定性。有研究表明 I⁻ 被氧化后与 DME 反应，产物会在负极表面原位聚合，形成一层聚醚保护层，基于此，三碘化铟（InI₃）作为添加剂可以分解副产物并有效保护锂金属免受腐蚀[85]。将电池过充电至 3.4 V 之后，三碘化物（I₃⁻）/碘化物（I⁻）氧化还原介体可以将 Li₂S/Li₂S₂ 化学转化为可溶性多硫化物，电池展示出良好的电化学性能。InI₃ 用于锂离子-硫电池被认为是双功能电解质添加剂，不仅可以作为正极的氧化还原介体，降低了硫化锂正极的活化电位，还能够在锂负极表面形成钝化层，防止穿梭效应导致的负极腐蚀。

　　通过加入添加剂与多硫化物相互作用，可以限制溶剂的多硫化物在电解质中的扩散[86]。二硫化碳添加剂可以与多硫化物发生反应[87]，阻止多硫化物扩散到负极一侧腐蚀锂金属。与使用不含添加剂电解质的电池相比，循环 50 周后可以观察到添加二硫化碳的电解质的电池负极表面更加致密。通过 XPS 能谱推断，不溶的硫代硫酸盐可通过与可溶性多硫化物的反应来帮助稳定锂负极。Goodenough 课题组[88]采用碳酸双(4-硝基苯基)酯作为电解质添加剂，该电解质添加剂能够和溶解性的多硫化物反应形成不溶性多硫化物和锂副产物，有效抑制了多硫化物的穿梭效应。通过原位 XPS 刻蚀表征发现，锂副产物和锂金属之间形成了负极钝化层，促进锂离子传导，并降低了锂金属沉积/剥离的阻抗。氨基封端苯胺三聚体（ACAT）与多硫化物（LiPS）有强的相互作用，这有利于形成更大的 ACAT-LiPS 络合物[89]。得到的 3D 交联和体积较大的 ACAT-LiPS 配合物通过聚合物隔膜进行尺寸选择性筛分。因此，尽管使用了高载量的纯硫正极，但将 ACAT 引入电解质中显著降低了 LiPS 的扩散，从而提高了锂硫电池的电化学性能。需要注意的是，添加剂的量并不是越多越好，在一定的范围内，添加剂可以参与负极 SEI 膜的形成或抑制多硫化物从正极侧的溶出，但这都会消耗活性材料，而且添加量超出范围时锂硫电池的性能可能会大幅下降。此外，添加剂复合物与多硫化物中间体的反应机理还有待进一步研究。

基于以上讨论，电解质添加剂可以在一定程度上改善锂硫电池的电化学性能，其作用概括如下：①在正极表面上形成 SEI 膜以阻止多硫化物从正极扩散到电解质中；②通过在负极表面上形成 SEI 膜来阻止高活性金属锂的副反应；③促进硫化锂的氧化以提高活性材料的利用率；④与多硫化物相互作用以改善锂硫电池的性能。添加剂的使用还应考虑以下四个因素：正极和负极表面的化学性质、锂金属和多硫化物中间体的化学稳定性、电极上 SEI 膜的机械性能以及成本因素。

4.2 固体电解质

使用液体电解质的锂硫电池会出现由多硫化物穿梭引起的容量衰减、自放电和库仑效率低等现象。与其相比，使用固体电解质的锂硫电池避免了多硫化物的溶解，且没有易燃、易挥发的溶剂，减少了漏液、爆炸等安全性问题。对于锂硫电池来说，固体电解质能够充当正负极之间的屏障，物理阻隔多硫化物在正负极之间的来回迁移。此外，固体电解质具有良好的力学性能，能够抑制锂枝晶生长，提高电池的安全性。固体电解质主要包括聚合物电解质和无机固体电解质两种：前者具有良好的柔韧性和机械稳定性，且电极之间的界面阻抗较低；较之前者，后者在室温下的电导率较高。但是，目前固体电解质在锂硫电池中的应用依然受到低离子电导率和高界面阻抗的制约。半固态电解质不仅可以缓解液体电解液中的穿梭效应、阻止多硫化物的扩散，还可以弥补固体电解质室温电导率不足的缺点。

由于高性能全/半固态锂硫电池的容量、循环性能、安全性能、使用寿命及工作温度会受到电解质离子电导率、界面接触和化学稳定性等性质的影响，因此，开发具有较高的离子电导率、高热稳定性和化学稳定性及宽电化学窗口的全/半固态电解质，对锂硫电池的发展起着重要的作用。

4.2.1 聚合物电解质

由锂盐溶解到高分子量的聚合物基体中得到的聚合物电解质具有良好的化学和电化学稳定性，可以进一步提高电池的安全性，因此受到了广泛关注。锂硫电池的聚合物电解质可以充当物理屏障，阻碍多硫化物的扩散，从而抑制穿梭效应和电池的自放电，达到改善电池循环性能的效果。

聚合物电解质的研究起源于 1973 年，Fenton 等[90]发现聚醚碱金属聚合物有着高的离子导电性。1979 年，Armand 报道了 PEO 的碱金属络合盐体系具有良好的成膜性能，离子电导率可达 0.01 mS·cm^{-1}。1997 年，Chu[91]首次将 PEO-LiClO$_4$ 聚合物应用于锂硫电池，但是该电池只能在 90℃以上才可表现出较好的电化学性能。2000 年以来，Cairns 研究小组分别对使用聚合物电解质 PEO[92]和 PEGDME[93]的锂硫电池性能进行了系统研究。此后，聚合物电解质以其良好的安全性、成膜性，以及与电极间良好的界面接触和相容性引起了科学家的广泛关注，并取得了一系列的突破性进展。通常，按照是否含有增塑剂对聚合物电解质进行分类，可分为不含任何增塑剂的全固态聚合物电解质和添加了增塑剂的凝胶聚合物电解质。

4.2.1.1 全固态聚合物电解质

全固态聚合物电解质由聚合物基质和锂盐组成，是一种无溶剂聚合物电解质体系，也可以看作是把锂盐溶解在起支撑骨架作用的聚合物基质中的电解质。相比于液体电解质，全固态聚合物电解质的优势包括：化学和电化学稳定性好；不易挥发，可改善电池内部的安全性问题，降低电池漏液的风险；易发生形变，可改善电解质/电极界面稳定性，降低界面阻抗等。

目前认可度比较高的全固态聚合物电解质中锂离子的传输机理是蠕动传输理论，即有着较强柔韧性的聚合物链段，通过链段的蠕动，使聚合物上的极性基团与锂离子不断发生"络合-解离-再络合"的过程，从而实现锂离子在聚合物内无定形区的传输过程。配位过程受到聚合物链段上给电子极性基团，如醚、酯、硅基团的影响，这些基团有较强的配位能力，使聚合物基体与锂离子络合成络合物，从而实现锂离子的传输。其传输过程如图 4-13 所示[94]。

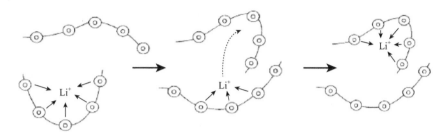

图 4-13　聚合物电解质的锂离子传输机理[94]

随着温度的不同，聚合物的形态会在玻璃态、高弹态和黏流态之间相互转化，从而影响全固态聚合物电解质的性能。玻璃化转变温度（T_g）指聚合物由玻璃态向高弹态发生转变的临界温度，温度低于 T_g 时，聚合物处于玻璃态，链段运动能力弱，从而减弱锂离子的传输能力；而温度高于 T_g 时，聚合物处于高弹态，链段运动能力被激发，可以有效地传递锂离子。因此，可以根据聚合物电解质的玻璃化转变温度的高低判断体系离子电导率的大小。

全固态聚合物电解质由聚合物基体和锂盐组成，基体本身的结晶度较高，所以较低的离子电导率成为限制其在电池中应用的一个因素。例如，对于 PEO 基电解质，若体系仅由 PEO 基体和锂盐组成，则该全固态电解质体系在室温下的电导率就会很低，无法满足电解质正常使用的要求[95]。所以，必须对全固态聚合物电解质进行适当的改性来提高室温电导率。全固态聚合物电解质的改性主要通过抑制聚合物的结晶和增加有效载流子的浓度来完成。前者引入介电常数较大的物质来抑制离子对的形成，提高聚合物链段的蠕动性，方法主要包括：共混、共聚、掺杂各类填料等。后者使用大阴离子锂盐，保证其具有较低的解离能。上述方法都是通过降低 T_g 来提高电解质的电导率。例如，共混通过引入玻璃化转变温度较低的填料，使聚合物的 T_g 介于两种组分之间，可提高整个电解质体系的离子电导率。共聚通过发生反应来改变聚合物的链段结构和取代基团的空间位置，使链段的蠕动能力增强，进而提高体系的导电能力。

在全固态聚合物电解质中，常用的聚合物基质包括：聚甲基丙烯酸酯（PMMA）、聚偏氟乙烯（PVDF）和聚氧化乙烯（PEO）等。PMMA 基聚合物具有透明性好、离子电导率和吸液率比较高、界面阻抗较小、结构稳定等优势，但是也存在一些缺点，如力学性能差，不易于成膜，也不易于对锂枝晶产生抑制作用。PVDF 基聚合物是被研究最多的聚合物基体之一，因为其具有如下特点：受温度变化的影响较小，有良好的热稳定性；分子中含有的—C—F_2 基团具有强吸电子性，具有较高的抗电化学氧化能力和电化学稳定性[96]；成膜性能良好，有利于制备电解质薄膜；有较高的介电常数，促进锂盐在溶剂中解离成锂离子和阴离子，从而提高电解质的电导率。但是，由于 PVDF 高分子材料是均聚物，分子内的结晶度较高，造成无定形区域较小。而且氟化的聚合物电解质与金属锂的界面稳定性依然存在问题，所以 PVDF 的性能还有待进一步提高[97]。

PEO 是目前锂硫电池中研究较多的一种聚合物电解质基体材料，具有价格低廉、溶剂化能力强、介电常数高和能形成自支撑膜的特点。PEO 聚合物链中存在连续的氧乙烯基和极性基团，可以有效分解锂盐，并能与多种锂盐形成络合物[98]，适合大面积涂覆工艺。对于 PEO 基固体聚合物电解质复合锂盐的研究，Zhang 等采用 LiFSI 和 PEO 基的固体聚合物电解质作为锂硫电池的电解质材料，相比于 LiTFSI 锂盐，其具有更好的负极/电解质间的稳定性能[99]。该课题组还在 LiFSI/PEO 固体聚合物电解质中加入锂离子玻璃陶瓷（LICGC）和无机 Al$_2$O$_3$ 填料，制备双层电解质，如图 4-14 (a) 所示[100]。Al$_2$O$_3$ 基电解质在锂负极侧，可改善 Li/电解质界面的稳定性，如图 4-14 (b) 所示，LICGC 在正极侧，可提高活性物质硫的利用率。(氟磺酰)(三氟甲基磺酰)亚胺锂[(LiNSO$_2$F)(SO$_2$CF$_3$)，LiFTFSI]，具有—SO$_2$CF$_3$ 和—SO$_2$F 官能团，被认为是结合 TFSI 和 FSI 锂盐在聚合物固体电解质中互补优势的阴离子盐，如图 4-14 (c) 所示[101]。相比于含有 LiFSI 或物理混合 LiFSI 和 LiTFSI 的电解质，基于 LiFTFSI 电解质的优异性能与其分子结构产生的许多协同效应相关。使用 LiFTFSI/PEO 电解质的锂硫电池对锂金属有优异的界面稳定性和较低的阻抗，高的放电比容量1394mAh·g$_{sulfur}^{-1}$ （83.2%理论容量），高的面积比容量 1.2 mAh·cm^{-2}，以及良好的库仑效率和优异的倍率性能，如图 4-14 (d) 所示。

但是，PEO 基聚合物存在结晶度较高，室温离子电导率较低（10^{-5}～10^{-3} mS·cm^{-1}）和电化学稳定窗口较窄（4.7 V）等缺点[102]。在实际应用中，为了提高 PEO 基聚合物电解质在室温下的离子电导率，科研工作者采用多种方法对 PEO 进行改性，以增加 PEO 基体中的非晶区含量。Devaraj 等[103]通过紫外光引发将聚乙二醇双丙烯酸酯和二乙烯苯嵌入到 PEO 基体中，成功构建出半贯穿网状的聚合物电解质。获得的 PEO 基体电解质的结晶度从34%降低到23%，同时电解质膜的熔融温度（T_m）从 50 ℃降低到了 34 ℃。

除了对聚合物链进行修饰之外，向聚合物电解质基体中引进各种填料也是提高其性能的有效方法之一。现阶段的填料主要分为两种，一类是以过渡金属离子为代表的新型填料，其可以与无机链通过不饱和配位点自行组装成金属有机骨架（MOF）[104]，这种新型填料不仅可以提高 PEO 的电导率还可以增加它的机械强度。另一类是以纳米二氧化硅（SiO$_2$）、二氧化钛（TiO$_2$）和二氧化锆（ZrO$_2$）等为代表的无机填料。添加无机填料的作用，可以用路易斯酸碱理论来解释。填料分子表面的路易斯酸性位点与聚合物链段上的氧化性基团（路易斯碱）产生作用，降低了体系的结晶度，

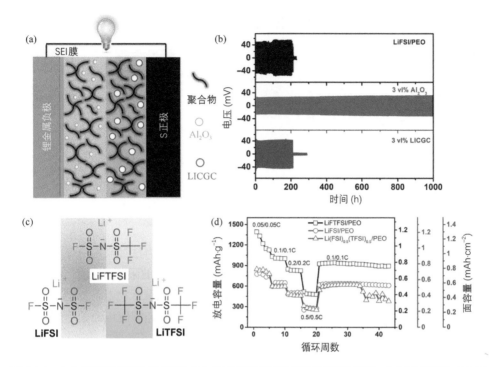

图 4-14 （a）双层电解质示意图和（b）在 70℃下的锂沉积/剥离测试[100]；（c）LiFTFSI、LiFSI
和 LiTFSI 盐的化学结构比较和（d）使用不同锂盐聚合物电解质的锂硫电池倍率性能[101]

进而增加了电解质中的非晶区比例，使得电导率得到提高。密度泛函理论（DFT）计
算和拉曼测试表明，TiO_2 纳米粒子和多硫化物中间体之间的相互作用可以缓解多
硫化物穿梭，从而提高锂硫电池的性能[105]。浙江工业大学陶新永课题组为了改性
PEO 基全固态聚合物电解质，设计了一种与复合离子液体的氧化物纳米粒子
（IL@NPs）相结合的 PEO 基电解质[106]。IL 中的阴离子可以降低 PEO 与锂离子的
配位能力，促进更多锂离子的迁移。此外，PEO 基聚合物电解质中的 IL@NPs 可
以拓宽离子传输通道以促进锂离子的迁移，如图 4-15（a）所示，使其在低温下具
有较高的离子导电性。基于 ZrO_2 的 IL@NPs 电解质匹配 N 掺杂碳纳米管硫正极，
在 50 ℃和 37 ℃下的比容量分别为 986 mAh·g⁻¹、600 mAh·g⁻¹。类似地，在 PEO
基电解质中加入 1,4-苯二甲酸铝[MIL-53(Al)]，其路易斯酸基团会与 TFSI⁻阴离子
相互作用从而增加离子电导率。匹配这种电解质的全固态锂硫电池在 80 ℃和 2 C
倍率下显示出 1520 mAh·g⁻¹ 的首周放电比容量，即使在 4 C 的倍率下，1000 周循
环后的放电比容量也可达到 325 mAh·g⁻¹。该课题组还将三维结构天然埃洛石纳米
管（HNT）加入 PEO 基固体电解质中，有序的 3D 结构可以进行锂离子的自由传
输[107]。如图 4-15（b）所示，锂离子固定在 3D 通道结构 HNT 的外管壁（负极）

上，而 TFSI⁻阴离子吸附在内管壁上（正极）。

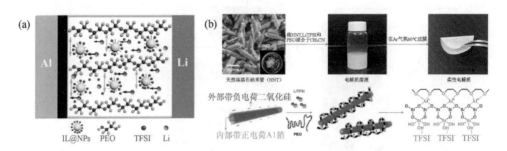

图 4-15 （a）IL@NPs-PEO 电解质促进锂离子运输的示意图[106]；
（b）HNT 改性柔性电解质的制备及其离子电导率提高的机理[107]

虽然这些 PEO 基固体聚合物电解质可通过上述改性方法提高离子电导率，但其在电池中的应用仍受到电极和电解质之间的高界面阻抗的限制。通过增加球磨时间，全固态聚合物电解质的结构和形貌得到改善，球磨的聚合物电解质可以降低电解质与锂负极之间的界面阻抗[108,109]。叠氮化锂作为全固态锂硫电池的电解质添加剂，可以在锂负极上形成均匀的、无枝晶且富含氮化锂的 SEI 膜[110]。优异的 SEI 膜可提高 Li/电解质的界面稳定性，从而提高锂硫电池的循环能力、库仑效率和放电容量。在正极方面，浙江工业大学陶新永课题组[111]采用一步溶胶凝胶法制备了 Al^{3+}/Nb^{5+}共掺杂的 Li$_7$La$_3$Zr$_2$O$_{12}$ 纳米粒子和 LLZO 修饰的多孔碳泡沫（LLZO@C）结构。复合正极和固体电解质具有良好的电化学性能，优化后，15wt% LLZO 的 PEO-LiClO$_4$ 聚合物电解质在 20 ℃和 40 ℃时电导率分别为 9.5×10^{-3} mS·cm^{-1} 和 0.11 mS·cm^{-1}。其中 LLZO 纳米颗粒作为填料在提高离子电导率的同时，还能作为界面稳定剂降低界面阻抗。为了确保在界面处具有高的离子电导率和电子电导率，Zhu 等[112]设计了一种适用于全固态锂硫电池的双功能离子电子导电层。该层由电子导体和插入正极与电解质之间的全固态聚合物电解质组成。通过形成电子和锂离子梯度，电池的电化学性能和界面相容性得到了明显的改善。在 0.5 C 和 80 ℃条件下，具有该导电层的全固态锂硫电池的首周放电容量为 1457 mAh·g^{-1}，循环 50 周后的放电容量为 792.8 mAh·g^{-1}。

除常用的聚合物基质外，由天然食品级淀粉制造的全固态聚合物电解质显示出特殊的锂负极/电解质界面结构，金属锂和电解质之间接触松散，在长时间剥离/沉积后电势出现略微增大[113]。4-氨基苯基磺酰基(三氟甲基磺酰)亚胺锂通过环状亚胺与聚乙烯马来酸酐共聚物接枝，形成的单一离子导电聚合物电解质具有高的锂离子迁移数（t_+≈1），在大电流条件下能有效地抑制锂枝晶的形成，提高锂负极的稳定性[114]。

如上所述，通过采用新的锂盐和无机填料，匹配固体聚合物电解质的电池的离子电导率和电解质与电极间的界面接触情况均得到改善。然而，室温下匹配固体聚合物电解质的电池的离子电导率仍然不能满足实际应用需求，需要开发具有高电导率和高相容性的新型电解质基体以改善全固态锂硫电池的电化学性能。

4.2.1.2 凝胶聚合物电解质

凝胶聚合物电解质（GPE）由聚合物基质、增塑剂和锂盐组成，体系的结构可以认为是由锂盐和增塑剂形成的电解质均匀地分布在聚合物主体的网络中。增塑剂的作用是为了降低聚合物的结晶性，同时增加其链段的活动能力，使更多的锂盐能够解离，参与离子输运。聚合物基质对整个电解质膜起支撑作用。凝胶聚合物电解质主要分为物理交联型和化学交联型两种。物理交联型，一般是线型聚合物分子与锂盐、溶剂通过聚合物物理交联作用形成的凝胶聚合物电解质；化学交联型，是先在有机液体中添加聚合物单体和引发剂，然后通过加热或光辐射引发单体聚合，从而形成一种以化学键相互作用的凝胶聚合物电解质。

在锂硫电池中使用凝胶聚合物电解质，一方面是为了缓解液体电解液中的穿梭效应，阻止多硫化物的扩散并抑制锂枝晶的生长。韩国庆尚大学 Hyo-Jun Ahn 课题组[115]采用 PVDF-TEGDME 聚合物电解质组装了锂硫电池，由于 PVDF 基凝胶聚合物电解质对多硫化物向负极的扩散具有阻隔作用，并可减少活性物质的损失，因此多硫化物在锂负极和 PVDF 基凝胶聚合物电解质之间的界面处的浓度较低[116]。另一方面，凝胶聚合物电解质改善了全固态聚合物电解质室温电导率较低的缺点，在凝胶聚合物内部，Li^+不仅可以通过蠕动传输，还可以在凝胶相之间快速地发生传递，额外的传输途径使锂离子的电导率得到了明显的提高[117]。

对凝胶聚合物电解质进行优化改性可以获得更好的电池性能。Kim 等[118]对比了搅拌法、球磨法和球磨后加入 10%（质量分数）Al_2O_3 三种制备方法对凝胶聚合物电解质的影响。放电曲线显示使用球磨法制备的凝胶聚合物电解质有 4 个放电平台，这说明该制备方法会影响电池的放电过程，球磨凝胶聚合物电解质会改变微观结构和离子间的相互作用，提高离子电导率。球磨制备的凝胶聚合物电解质加入10%（质量分数）Al_2O_3 后，采用物理交联的方法破坏了聚合物分子链排列的规整性，抑制了结晶的形成，从而提高了聚合物电解质的离子电导率。晏成林课题组[119]通过将聚乙烯亚胺和 PEGDME 聚合制备了一种超高离子电导率的凝胶聚合物电解质（60℃时离子电导率为 2.2×10^{-3} S·cm^{-1}，30℃时为 0.75×10^{-3} S·cm^{-1}）。通过 DFT 计算、分子动力学(MD)模拟和原位紫外的实验研究证实了电解质中的极性官能团能够对多硫化物起到很好的吸附作用。该准固态电池在 0.2C 倍率下容量达到 950 mAh·g^{-1}，并且在 1.5C 倍率下能够稳定循环 400 周。

利用凝胶聚合物电解质中官能团与多硫化物的相互作用可抑制穿梭效应[120]。清华大学贺艳兵课题组[121]报道了一种原位制备聚季戊四醇四丙烯酸酯（PPETEA）的工艺，该 PPETEA 具有多孔结构，可作为复合液体电解质的骨架，如图 4-16（a）所示。由于氧供体原子和硫化锂之间的强相互作用，具有酯基官能团（—COOR）的 PPETEA 基凝胶聚合物电解质可以固定溶解的多硫化物。与液体电解质相比，匹配 PPETEA 基 GPE 的锂硫电池的电化学性能得到改善。此外，使用丙烯酸酯基凝胶聚合物电解质的锂离子硫聚合物电池和锂/多硫化物电池，均表现出优异的循环稳定性[122-124]。将 PPETEA 基凝胶聚合物电解质与 PMMA 基静电纺丝纤维原位复合，获得如图 4-16（b）所示的分层电解质[125]，含有丰富酯基的 PPETEA 和 PMMA 均可固定多硫化物以抑制多硫化物的穿梭。

在高分子材料中加入无机填料不仅能增强材料的力学性能，还能提高聚合物电解质的离子电导率和改善电极/电解质界面间的稳定性[126]。通过溶液浇铸法制备具有致密形态的 PVDF 基凝胶聚合物电解质，并在其中掺入聚(环氧乙烷)和纳米二氧化锆以提高电解质的吸收和 Li$^+$ 的迁移率[127]。在 PVDF-HFP 和 f-PMMA 中加入介孔二氧化硅制备凝胶聚合物电解质，以该电解质组装的锂硫电池，循环 100 周后，放电容量为 1143 mAh·g^{-1}[128]。美国陆军研究实验室的张升水课题组在 50PEO-50SiO$_2$ 复合膜中，加入 0.5 mol·kg^{-1} 的 TEGDME 液体电解质制备凝胶聚合物电解质[129]。该凝胶聚合物电解质中的 SiO$_2$ 可以促进 Li$_2$S$_8$ 的扩散，提高活性物质的利用率。在聚(碳酸丙烯酯)基复合凝胶聚合物电解质（G-PPC-CPE）中嵌入纳米 SiO$_2$ 可以提高界面稳定性、离子电导率和锂离子迁移数[130]。匹配 S/PAN 正极材料，该电池的硫利用率接近 100%，500 周循环后容量保持率为 85%。

凝胶聚合物电解质用于锂硫电池可以物理阻断多硫化物的穿梭，但是液体电解质的存在仍然会使其面临多硫化物溶解的问题。在锂硫电池中凝胶聚合物电解质最常用的增塑剂是醚类溶剂，而在之前的章节我们了解到醚类溶剂容易引起多硫化物的溶解和穿梭。研究表明，离子液体和凝胶聚合物电解质的结合可以有效控制多硫化物的扩散，保护锂金属不与溶解的多硫化物和电解质发生副反应[131,132]。这种复合电解质还可以降低聚合物的结晶度，提高与电极之间的热/化学稳定性。韩国清州大学 Kim 课题组在凝胶聚合物电解质中使用了一种 1-丙基-3-甲基咪唑双(三氟甲基磺酸酰)亚胺（PMImTFSI）的离子液体，发现匹配 PMImTFSI 基凝胶聚合物电解质的锂硫电池在 0.1 C 倍率条件下初始放电比容量达到了 1029 mAh·g^{-1}，且在 30 周循环后容量保持在 885 mAh·g^{-1}。但由于锂负极和离子液体基电解质之间内阻较大，组装的电池容量衰减迅速，且循环过程中极化增大[133]。中国科学院上海硅酸盐研究所温兆银课题组[132]将离子液体 P$_{14}$TFSI 加入到具有微孔和相互交联骨架的 PVDF-HFP 聚合物电解质膜中，制备凝胶聚合物电解质。该凝胶聚合物电解质呈现出良好特性，包括热稳定性高、电化学窗口宽（>5.0 V），与锂负极之间良好的界面稳定性。在 50 mA·g⁻¹ 电流密度下，使用该凝胶聚合物电解质的锂硫电池首周容量为 1217.7 mAh·g⁻¹，循环 20 周后，容量为 818 mAh·g⁻¹。

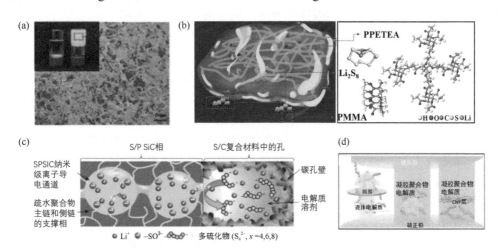

图 4-16　（a）PETEA 基 GPE 的 FESEM 图像（插图为 PETEA 基 GPE 及其前驱体溶液的光学图像）[121]；（b）丙烯酸酯基分层电解质的示意图和原子构型[125]；（c）在 SPSIC 和硫碳复合物之间的界面处锂离子传输和抑制多硫化物溶解示意图[135]；（d）液体电解质、GPE 和 GPE/CNF 层抑制多硫化物穿梭的示意图[138]

通过设计具有离子选择性的聚合物电解质可阻止多硫化物的传输，同时不影响锂离子的传输[134]。溶剂溶胀的聚合物单离子导体可以允许锂离子的传导，并且根据 Donnan 膜理论抑制多硫化物的扩散，如图 4-16（c）所示[135]，填充在复合正极孔隙中的溶剂可以增强与聚合物单离子导体相的离子接触，加快锂离子的氧化还原动力学。研究人员设计了一种 sp³ 硼基单离子聚合物，发现其在室温下的离子电导率可达 1.59 mS·cm⁻¹，并可以阻止多硫化物的穿梭[136]。使用酸化碳纳米管纸（ACNTP）诱导醚基 DOL/DME 液体的原位聚合，形成离子选择性的固体屏障可将溶解的多硫化物限制在正极侧[137]。ACNTP 膜促进形成特定的、具有机械柔性、自密封和自愈合的固体电解质外层。在 1675 mA·g⁻¹ 高电流密度下，组装的锂硫电池初始比容量为 683 mAh·g⁻¹，并且循环 400 周后放电比容量保持在 454 mAh·g⁻¹，每周循环的容量衰减率为 0.1%，实现了 99% 的高库仑效率。理论模型也证明原位聚合固体屏障阻止了硫的输运，同时仍然允许双向 Li⁺ 传递，减轻了穿梭效应并提高了循环稳定性能。

通过在聚合物电解质层上涂覆碳材料物理阻挡多硫化物的扩散，从而提高锂硫电池的性能。碳纳米纤维（CNF）层可以吸附溶解的多硫化物，虽然含有 CNF

的凝胶聚合物电解质在室温下的离子电导率很低，但它能够有效地抑制多硫化物的穿梭，如图 4-16（d）所示[138]。在由轻度交联的 PMMA 制成的无孔支撑层上涂覆乙炔黑层制备得到复合准固态/凝胶聚合物电解质[139]。无孔聚合物膜有效抑制锂枝晶的生长，促进稳定的固体电解质界面膜的形成，而面向硫正极的乙炔黑层可阻碍多硫化物扩散并促进电子快速传递。用该电解质所制备的锂硫电池在 1 C 倍率下初始比容量为 994.5 mAh·g^{-1}，且表现出良好的循环稳定性。结合 PEO 和 LiTFSI，开发一种在导电碳上形成柔软的 PEO$_{10}$LiTFSI 聚合物的可溶胀凝胶状纳米涂层膜。与刚性高表面积碳相比，这种预先形成的 PEO-LiTFSI 凝胶起到锂离子传导和电解质浸润的软介质作用，并且可充当储存器，用于保留在导电碳表面附近电解质和多硫化物，从而延长贫电解质状态下锂硫电池的循环寿命。

目前，虽然已经采用许多种方法来提高凝胶聚合物电解质的离子电导率并改善与电极之间的界面接触，但是对于锂硫电池来说，设计的凝胶聚合物电解质还需要达到控制多硫化物穿梭和抑制锂枝晶生长的双重目的。通过在 PVDF 凝胶聚合物电解质表面上自聚合聚多巴胺制备凝胶聚合物电解质[140]，由于路易斯酸-碱相互作用，具有吡咯氮的聚多巴胺为亲锂性，其在调节锂负极的成核和剥离/沉积过程中起到关键作用，使得在长期循环期间锂负极表面具有稳定的 SEI 层。此外，聚多巴胺有利于通过强相互作用限制多硫化物的扩散，从而减少多硫化物与锂负极的副反应。未来将凝胶聚合物电解质应用于锂硫电池时还需要考虑其机械强度、与电极的界面相容性以及化学稳定性等问题。

4.2.2 无机物基电解质

对于大部分固体材料（如大部分离子晶体材料）来说，只有在液态（溶液或高温熔融）时才具有较高的离子电导率，在固体状态下几乎完全不能传导离子。而固体电解质是指在固体状态时就具有比较高的离子电导率（与熔融盐或液体电解质的离子电导率相近）的固体材料，被称作快离子导体（fast ionic conductor）和超离子导体（super ionic conductor）。

4.2.2.1 无机固体电解质

无机固体电解质对锂离子具有选择透过性，在其晶格结构中存在利于锂离子快速传输的通道。无机固体电解质的结构中存在大量缺陷可以参与锂离子的传输过程。因此，其具有较高的离子电导率，在特定温度下可以达到液体电解质电导率的水平。另外，无机固体电解质具有良好的力学性能，可以抑制锂枝晶的生长，从而减少由短路造成的安全问题。利用无机固体电解质组装成的无机全固态锂硫电池，有着众多独特的优势，比如机械强度高、不含易燃易挥发的成分、耐高温性能和可加工性能较好等。使用无机固体电解质的锂硫电池在充放电过程中多硫化物溶解度低，因此多硫化物的溶解和扩散可以得到有效的抑制。但是，无机固体电解质在室温下具有大的界面阻抗，电池的容量和倍率性能较差，这对其在锂硫电池中的应用来说是一个巨大挑战。

1）硫化物固体电解质

硫化物固体电解质在室温下具有较高离子电导率，因此其在全固态锂硫电池中应用较多。由于 O 原子的电负性高于 S 原子，S 原子替代氧化物固体电解质中的 O 原子得到的硫化物固体电解质，对 Li^+ 的束缚能力更强，同时 S 原子半径比 O 原子的大，S 原子的加入会拓宽 Li^+ 的传输通道，因此硫化物固体电解质的电导率通常优于氧化物固体电解质。根据组成成分，硫化物固体电解质可以分为 Li_2S-P_2S_5、Li_2S-SiS_2、Li_2S-GeS_2 等二元硫化物固体电解质和以 $Li_{10}GeP_2S_{12}$ 为代表的三元硫化物固体电解质。

Li_2S-P_2S_5 硫化物体系是研究较多的二元硫化物体系。这种硫化物固体电解质与金属锂及石墨负极间的稳定性好、电化学窗口宽、室温离子电导率较高 [141]。日本大阪府立大学 Hayashi 课题组[142]以室温离子电导率为 $7.3×10^{-4}$ $mS·cm^{-1}$ 的 P_2S_5-Li_2S 玻璃陶瓷电解质组装的全固态锂硫电池，在 0.064 $mA·cm^{-2}$ 电流密度下，电池循环 20 周后，容量为 650 $mAh·g^{-1}$[143]。为了提高电池容量，该课题组[144]还将硫、乙炔黑和 P_2S_5-Li_2S 玻璃陶瓷球磨混合，制备 S/C 复合正极，并以 Li-In 合金为负极组装全固态锂硫电池。在 1.3 $mA·cm^{-2}$ 电流密度下，全固态锂硫电池循环 200 周后，容量达到 850 $mAh·g^{-1}$。Yamada 等[145]以 P_2S_5-Li_2S 玻璃陶瓷为电解质的锂硫电池，在 0.05 C 倍率下放电，比容量接近 1600 $mAh·g^{-1}$，首周库仑效率约为 99%。在固体电解质中电荷转移的活化能为 44.5 $kJ·mol^{-1}$，低于相应液体电解质的活化能。Mitsui 等[146]报道了 $Li_{10}GeP_2S_{12}$（LGPS）的锂超离子导体，室温下具有高达 12 $mS·cm^{-1}$ 的离子电导率。对硫化物的结构分析表明，$Li_{10}GeP_2S_{12}$ 具有新的三维框架结构：$(Ge_{0.5}P_{0.5})S_4$ 四面体和 LiS_6 八面体通过共用共同边缘，沿着 c 轴形成一维通道用于 Li^+ 传导，PS_4 四面体连接该一维通道，形成三维框架。Li^+ 沿 c 轴的传导路径为 Z 字形。在 $Li_{10}GeP_2S_{12}$ 中，用 Sn 或 Si 原子代替 Ge 原子，同样具有较高的导电性和相近的活化能[147,148]。类似地，在 $Li_7P_3S_{11}$ 电解质中加入金属磷化物也可以提高离子电导率[149]。

电极和电解质之间的界面接触问题是阻碍无机固体电解质发展的一个障碍。将硫化物固体电解质用作添加剂制备复合正极可以提高活性材料的利用率[150,151]。如 Li_2S-P_2S_5 玻璃陶瓷和 thio-LISICON 晶体的加入可以提高复合正极的离子电导率[152,153]。为提高离子电导率，在纳米硫化锂上涂覆由纳米硫化锂与 THF 中的 P_2S_5 反应生成的超离子导体锂磷硫化物（Li_3PS_4）[154]，这种纳米结构材料使离子电导率提高了四个数量级，25 ℃下离子电导率为 $10^{-4}\,mS\cdot cm^{-1}$，改善了固体电解质中的低离子电导率和高界面阻抗的不足。此外，Nagat 等[155]报道了以 P_2S_5 为复合正极的全固态锂硫电池在无机固体电解质情况下的电池性能。在首周充放电过程中，由于锂离子的加入，无离子导电性的 P_2S_5 转化为具有离子导电性的锂-磷硫化物固体电解质。将该电解质匹配高硫含量正极，25 ℃时在 $6.4\ mA\cdot cm^{-2}$ 的高电流密度下，具有 $1042\ mAh\cdot g^{-1}$ 的比容量。如图 4-17（a）所示，使用 Kevlar 无纺布支架作为机械支撑，通过干燥/冷压的方法将 Li_3PS_4 玻璃固体电解质（约 100 μm）集成到 Li/Li_2S 全固态锂电池中[156]。使用硫化锂载量为 $7.64\ mg\cdot cm^{-2}$ 的正极，首周循环能量密度达到 $370.6\ Wh\cdot kg^{-1}$（不计集流体的质量）。姚霞银课题组通过一步水热法成功制备了由 VS_4 纳米线和 rGO 纳米片组成的还原氧化石墨烯-四硫化钒（rGO-VS_4）纳米复合材料，如图 4-17（b）所示[157]。为了改善电子/离子传导和界面接触，rGO-VS_4 纳米复合材料通过简便的液相法原位涂覆 $Li_7P_3S_{11}$ 固体电解质纳米颗粒，并进一步用作全固态锂电池中的正极材料。全固态锂电池 $Li/75\%Li_2S$-$24\%P_2S_5$-$1\%P_2O_5/Li_{10}GeP_2S_{12}/10\%rGO$-$VS_4$ @ $Li_7P_3S_{11}$ 在电流密度为 $0.1\ A\cdot g^{-1}$、室温下 100 周循环后有 $611\ mAh\cdot g^{-1}$ 的放电容量，即使在 $0.5\ A\cdot g^{-1}$ 的电流密度下，100 周循环后仍具有优异的容量保持率。该电池优异的倍率性能和出色的循环性能可归功于多通道的电子/离子导电网络和改进结构良好的稳定性。

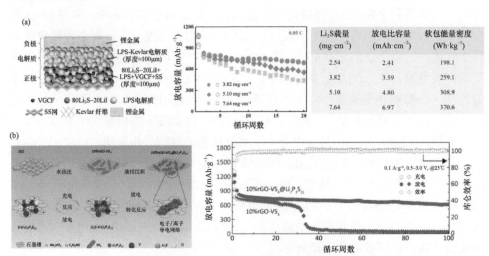

图 4-17　（a）Li/Li_2S 全固态电池原理图和不同载量下的循环性能[156]；（b）$10\%rGO$-VS_4 和 $10\%rGO$-VS_4@ $Li_7P_3S_{11}$ 纳米复合材料的合成工艺示意图及 $10\%rGO$-VS_4@ $Li_7P_3S_{11}$ 纳米复合材料的反应机理和循环性能[157]

在制备复合正极时，活性材料、导电添加剂和固体电解质的均匀分布和紧密接触可以提高活性材料的利用率。据报道，用高能球磨法可以制备均匀的复合正极[153,158,159]。使用高能球磨法制备的 $Li_7P_{2.9}S_{10.85}Mo_{0.01}$ 电解质具有高的离子电导率，这是由于 Mo 原子代替 $Li_7P_3S_{11}$ 电解质中的 P 原子会产生点缺陷，从而提供更大的锂离子传输通道[160]。与 $Li_7P_3S_{11}$ 对应物相比，MoS_2 掺杂的电解质对锂金属负极具有更高的稳定性。通过高能球磨法混合硫粉、炭黑和固体电解质制得的硫基复合材料可用作全固态锂硫电池的正极[144]。在 0.05 C 时，使用该固体电解质的锂硫电池比有机液体电池具有更好的循环稳定性。Han 等[161]以硫化锂为活性物质，聚乙烯吡咯烷酮（PVP）为碳前驱体，Li_6PS_5Cl 为固体电解质，制得一种纳米复合固体电解质。高分辨透射电镜显示，粒径为 4 nm 的硫化锂活性物质和 Li_6PS_5Cl 固体电解质被均匀地限制在纳米碳基体中，这有利于离子和电子的传导，同时增大电解质与电极之间的接触面积，从而提高电池的容量性能。室温下，高负载硫化锂（3.6 $mg \cdot cm^{-2}$）在 50 $mA \cdot g^{-1}$ 电流密度下，循环 60 周后容量仍能保持 830 $mAh \cdot g^{-1}$（71%的硫化锂利用率）。通过添加具有高电子导电性的还原氧化石墨烯（rGO），改善了硫基复合材料的电子传输性能[162,163]。将制备的均匀分散的 rGO@S 复合材料匹配固体电解质可以缓冲体积变化带来的影响，减小正极的应力/应变，从而提高电池的循环稳定性。

　　然而，大多数硫化物固体电解质与金属锂负极之间的相容性较差。由 $0.75Li_2S-0.25P_2S_5$ 电解质组装的全固态锂硫电池虽然提供了较高的容量，具有良好的循环稳定性，但在初始阶段发生的钝化反应增加了对称电池与电解质的界面阻抗[164]。Nagao 等通过在固体电解质 $Li_2S-P_2S_5$ 表面上真空蒸镀锂形成锂薄膜来增加其与固体电解质的接触面积，如图 4-18（a）所示[165]，锂薄膜和 $0.8Li_2S-0.2P_2S_5$ 电解质间紧密接触，提高了电池的循环性能，但是电池的倍率性能并未得到明显的改善。如图 4-18（b）所示，Yao 等[163]通过在电解质和锂金属之间插入锂相容层来避免两者之间发生反应，所得到的全固态锂硫电池在 60 ℃时，1 C 倍率条件下，750 周循环后的可逆放电容量为 830 $mAh \cdot g^{-1}$，表明该方法可以有效地改善循

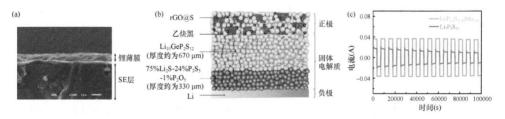

图 4-18　（a）固体电解质上锂薄膜横截面的 SEM 图像[165]；（b）全固态锂硫电池的示意图[163]；
　　　　（c）在 298 K 和恒定电压 1 V 下固体电解质的直流电流曲线[160]

环稳定性和倍率性能。此外，在电解质中掺杂 Mo 原子可以改善其与锂金属的相容性，如图 4-18（c）所示，与 $Li_7P_3S_{11}$ 固体电解质相比，匹配 $Li_7P_{2.9}S_{10.85}Mo_{0.01}$ 固体电解质的锂硫电池正极具有更高的比容量和更优异的循环稳定性[160]。

2）氧化物固体电解质

与硫化物固体电解质相比，氧化物固体电解质[锂超离子导体（LISICON）和钠超离子导体（NASICON）]在空气中具有良好的化学稳定性。1976 年，Goodenough 等[166]报道了 $Na_{1+x}Zr_2P_{3-x}Si_xO_{12}$ 的钠超离子导体（NASICON），晶体结构是由共角 PO_4 四面体和 MO_6（M=Ge，Ti 或 Zr）八面体组装形成的三维网络结构，Na^+ 占据间隙位置并沿 c 轴传输。1977 年，Alpen 等[167]发现氮化物固体电解质（Li_3N）在室温下具有 $0.2\sim0.4$ mS·cm^{-1} 的高离子电导率，E_a=0.20 eV，最高电导率可达 6 mS·cm^{-1}。1978 年，Hong[168]首先报道了作为锂超离子导体（LISICON）的 $Li_{14}ZnGe_4O_{16}$ 氧化物固体电解质（OSE），其在 300 ℃下具有 0.13 S·cm^{-1} 的电导率。具有类似四面体单元和 LiO 多面体的材料，包括 Li_3PO_4[169]和 $Li_4X_xSi_{1-x}O_4$（X=Zr，Sn）[170]随后也被进一步研究。Mohamed 课题组[171-173]使用溶胶-凝胶法制备 $Li_{4+2x}Zn_xSi_{1-x}O_4$ 化合物，与母体 Li_4SiO_4 相同，该化合物依然属于单斜晶胞，$P2_1/m$ 空间群，研究发现掺杂后电荷载流子浓度比母体 Li_4SiO_4 的增大，常温下电导率达到 2.51×10^{-5} S·cm^{-1}，500 ℃时约为 3.01×10^{-3} S·cm^{-1}，对 Li 稳定窗口达到 5.8 V。用 Sn 取代 Si 后，最佳掺杂 $Li_4Sn_{0.02}Si_{0.98}O_4$ 在室温下电导率为 3.07×10^{-5} S·cm^{-1}，500 ℃时为 0.13×10^{-3} S·cm^{-1}。

近年来，氧化物无机固体电解质在锂硫电池中的应用得到了较快的发展。然而，固体电解质/电极界面的锂离子传输也存在许多困难。Hao 等[174]以 $Li_{1.5}Al_{0.5}Ge_{1.5}(PO_4)_3$（LAGP）为电解质制备了固态电池。为了改善锂负极与 LAGP 电解质的界面接触，该课题组采用真空蒸镀法将锂蒸气直接沉积在 LAGP 电解质的一侧，如图 4-19（a）所示，并将作为正极的 S-MWCNT 复合材料浇注在 LAGP 的另一侧。EIS 数据显示匹配该电解质的锂硫电池的电阻低于未处理电池的电阻，表明经过蒸汽沉积的电解质可以降低界面阻抗。此外，在 $Li_{1.3}Al_{0.3}Ti_{1.7}(PO_4)_3$（LATP）电解质中加入聚丙烯（PP）夹层，PP 软夹层在固体/固体界面处提供了便捷的离子路径，增加了离子电导率，从而减小由材料粗糙表面造成的影响并降低了界面电阻[175,176]。虽然使用该电解质组装的锂-多硫化物电池的循环性能得到一定改善，但仍存在不可避免的锂枝晶问题。Zhou 等[177]发现，聚合物/LATP/聚合物夹层电解质的聚合物表面，能够黏附/润湿锂金属表面，使界面锂离子通量更均匀，降低界面电阻，抑制锂枝晶的形成。由于 NASICON 型 $Li_{1+x}Al_xTi_{2-x}(PO_4)_3$（LATP）中存在易被还原的 Ti^{4+}离子，LATP 会与锂硫电池中的锂金属负极和溶解的硫化物发生反应。在 LATP 电解质上采用薄的具有纳米孔隙聚合物（PIN）层可以缓解 Ti^{4+} 的还原反应[178]。在负极侧的 PIN 层可防止锂金属与 LATP 固体电解质直接接触，避免锂金属对 LATP 的还原。在正极侧，PIN 层可防止多硫化物迁移到 LATP 表面还原 LATP。

Hu 课题组[179]设计了一种厚度可控的三维双层固体电解质结构，如图 4-19（b）所示，解决了锂金属电池化学和物理短路的问题。双层固体电解质骨架为厚的多孔层，以机械支撑薄致密层，同时承载电极材料和液体电解质。厚多孔层可以提供连续的通道用于传输锂离子/电子。为了使固体电解质阻抗最小化，同时保持足够的机械强度，致密石榴石层的厚度减小到几微米。薄的致密层进一步阻断了多硫化物的扩散，抑制了锂枝晶的形成。将双层石榴石固体电解质骨架应用于锂硫电池正极，硫载量为 7 mg·cm^{-2} 的复合正极，如图 4-19（c）所示，在循环过程中的平均库仑效率为 99%，表明多硫化物的穿梭得到了有效抑制。

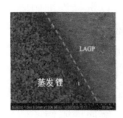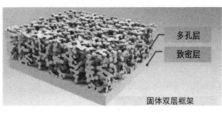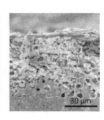

图 4-19　（a）LAGP 上沉积的锂膜的 SEM 图像（LAGP 在右边，蒸发的锂在左边）[174]；（b）石榴石双层骨架的示意图[179]；（c）双层硫正极元素映射的横截面（La 为红色，S 为绿色）

3）硼氢化锂

硼氢化锂（LiBH$_4$）与锂金属具有良好的相容性，但离子电导率较低，无法满足锂硫电池的应用要求。加入卤化锂来稳定 LiBH$_4$ 的六方相是一种实现高离子电导率的方法[180,181]。高度可变形的 LiBH$_4$ 电解质可以通过冷压方式与 S/C 复合材料形成致密的界面，缩短锂离子传输路径的长度[182]。由 LiBH$_4$ 和金属氢化物负极组成的全固态电池在 120 ℃时表现出优良的电化学性能[183]。但是，使用金属氢化物负极增加了电池的重量，导致电池比能量降低。而且在较高温度工作的电池存在一定的安全隐患。为了降低高温操作条件，将熔融的 LiBH$_4$ 渗入介孔二氧化硅（MCM-41）中，所获得的纳米封闭的 MCM-41LiBH$_4$ 在室温下的离子电导率为 0.1 mS·cm^{-1}，同时电子传输数量接近为零[184]。然而，由于 LiBH$_4$ 具有强还原能力，匹配 LiBH$_4$ 的电池可能会出现气态副产物。

为了发展高性能的锂硫电池，离子电导率的进一步提高和电极电解质之间界面接触的改善是必不可少的。无机固体电解质中，可以通过掺杂半径更大的原子来提高室温离子电导率并改善界面接触性能。Xu 等[160]使用 Mo 原子代替了 Li$_7$P$_3$S$_{11}$ 电解质中的 P 原子，在电解质的晶体结构中产生了点缺陷，可以提供更大的锂离子传输通道。所以用该 Li$_7$P$_{2.9}$S$_{10.85}$Mo$_{0.01}$ 电解质组装的电池表现出更高的离子电导率，同时该电解质与锂负极之间的电化学稳定性更高。类似地，由于 Mn 和 I 原子的掺杂作用，$Li_7P_{2.9}Mn_{0.1}S_{10.7}I_{0.3}$ 固体电解质具有比 $Li_7P_3S_{11}$ 更高的离子电导率[158]。

4.2.2.2 无机有机复合电解质

多孔结构的聚合物膜可以防止内部短路并允许锂离子传输，但不能阻止多硫化物中间体通过隔膜并到达锂金属负极。用无机固体电解质充当隔膜替代聚合物膜，可以通过物理屏障阻碍在液体电解质中溶解的多硫化物的扩散，缓解电池的穿梭效应。无机固体电解质和有机液体电解质的结合被称为无机有机复合电解质。中科院上海硅酸盐研究所温兆银课题组[185]将 LAGP 插入 Li 金属负极与 KB/S 复合正极之间，设计了如图 4-20（a）所示的无机固体和有机液体电解质结合形成的复合电解质，具有良好机械性能的无机固体电解质膜不仅可以选择性地阻隔多硫化物，还能抑制负极侧锂枝晶的生长。匹配 DOL/DME 基液体电解质组装成的锂硫复合电池在 0.2 C 倍率条件下首周放电比容量高达 1386 mAh·g^{-1}，循环 40 周后容量保持为 720 mAh·g^{-1}。通过 XPS 和 EDS 光谱证实，循环后锂负极表面的硫化锂是由 LiTFSI 分解得到的，锂金属和复合电解质之间不存在副反应。锂负极表面相对均匀且平滑，这也表明在锂硫电池中使用 LAGP 复合电解质能阻碍多硫化物在电极之间往复迁移，抑制穿梭效应。然而观察到的硫信号也意味着不可避免地造成活性材料的损失，导致在循环过程中电池容量逐渐减少。为了充分利用活性材料[186]，该课题组还在 LAGP 复合电解质中固体离子导体的一侧引入了一层面向硫正极的碳涂层，如图 4-20（c）所示。由于增强了含硫活性物质的电子输运，以及陶瓷电解质对液体电解质的润湿性，锂硫电池的循环性能和倍率性能都得到了改善。界面修饰的锂硫电池的初始放电容量为 1409 mAh·g^{-1}，在 0.2 C 速率下循环 50 周后，仍保持在 1000 mAh·g^{-1}，比原电池高 235 mAh·g^{-1}。然而，在循环过程中不断形成了不可逆的硫化锂产物，其具有电化学惰性和电子绝缘性，电池的放电容量逐渐降低。

多硫化物通过聚合物隔膜向锂负极的扩散会导致穿梭效应，$Li_{1+x+y}Al_xTi_{2-x}Si_yP_{3-y}O_{12}$（LATP）固体电解质允许锂离子穿过，而能阻止多硫化物阴离子的穿过，将其作为 Li-Li_2S 电池的隔膜可以抑制与聚硫穿梭效应相关的副反应。如图 4-20（d）所示，Wang 等[187]设计了一种双相不含水电解质，其中硫化锂正极侧的电解质和负极侧的电解质由 LATP 膜分离。溶解的多硫化物被限制在微型尺寸的硫化锂正极侧，从而有效地促进了硫化锂的氧化。类似地，在锂硫电池中使用 LATP 膜可抑制多硫化物的穿梭，正极溶液中活性物质浓度的增加提高了能量密度，可以获得较高的容量保持率，同时库仑效率接近 100%[188]。为了改善无机固体电解质和锂负极之间的高界面阻抗，与 $Li_{1.3}Al_{0.3}Ti_{1.7}(PO_4)_3$（LATP）固体电解质整合的薄 PP 层，如图 4-20

（b）所示，可适应材料的粗糙表面，在固/固界面上形成便捷的离子路径从而减少界面阻抗[175,176]。

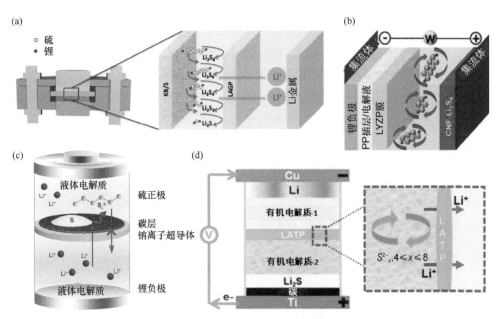

图 4-20　锂硫电池示意图：（a）无机有机复合电解质的示意图[185]；（b）液体/LYZP 杂化电解质[175,176]；（c）碳涂层 LAGP[186]；（d）LTAP 膜分离的双相电解质[187]

　　对于长循环寿命的锂硫电池来说，复合电解质可以抑制多硫化物的扩散，但需要进一步研究无机固体电解质在多硫化物溶液中的化学稳定性。Yu 等[176]研究了一种分子式为 $Li_{1+x}Al_xTi_{2-x}(PO_4)_3$（LATP）的 NaSICON 型 Li^+ 导电膜作为固体电解质/隔膜，以抑制锂硫电池中多硫化物的穿梭。为了评估固体电解质的化学相容性，他们将 $Li_{1+x}Al_xTi_{2-x}(PO_4)_3$（LATP）和 $Li_{1+x}Y_xZr_{2-x}(PO_4)_3$（LYZP）浸入多硫化物溶液中，经过 7 天的浸泡实验，在 LATP 膜中观察到了明显的颜色变化，而在 LYZP 膜上没有观察到颜色变化，XRD 分析也证实 LYZP 对可溶性多硫化物是稳定的。通过将 LYZP 固体电解质与液体电解质相复合，与传统的带有多孔聚合物（例如 Celgard）隔膜的锂硫电池相比，其循环性能显著提高。0.2 C 倍率下，$Li\|LYZP\|Li_2S_6$ 电池提供了 1000 mAh·g^{-1} 的初始放电容量（基于活性硫材料），并在 150 周循环后保持 90% 的放电容量。LATP 在锂硫电池中的耐久性取决于电解质的化学和电化学稳定性以及晶界稳定性[189]。此外，$Li_7La_3Zr_2O_{12}$（LLZO）固体电解质由于其与锂金属之间具有优异的界面稳定性，因此可以将其用作薄膜。研究者利用 XPS、XRD、拉曼和透射电镜[190]等表征手段研究了 LLZO 与多硫化物之间的化学稳定性，还将 LLZO 浸泡在多硫化锂溶液中 1 周以研究其相容性。实验发现 LLZO 电解质表面会形成自抑制夹层，因

此，与多硫化物之间具有良好的稳定性。使用 LLZO 电解质的锂硫电池具有高的倍率性能和良好的循环稳定性。

复合电解液中对多硫化物溶解度高的成分对提高活性物质的利用率至关重要，然而普通的 DOL/DME 电解质很容易发生多硫化物的穿梭。因此，使用较低多硫化物溶解度的氟化电解质可以抑制多硫化物的溶解。Gu 等[191]制备了 FDE[1,3-(1,1,2,2-四氟乙氧基)丙烷]-LAGP 复合电解质，并将其用于半固态锂电池中。无机陶瓷 LAGP 可防止中间偏聚醚与锂负极接触，消除穿梭效应。FDE 电解质对锂离子具有渗透性，不仅可以降低 LAGP 陶瓷与电极之间的界面阻抗，还可以有效地避免正极活性硫的损失和再分布，提高活性硫的利用率。因此，LAGP-FDE 组合的独特特性使锂硫电池具有超过 1200 周的长循环寿命和优异的容量保持能力。

总之，匹配无机有机复合电解质的锂硫电池的循环性能和库仑效率均得到明显改善，但无机固体电解质和锂负极与高活性多硫化物之间保持良好的化学稳定性是实现锂硫电池长循环寿命所必需的。

4.3　总结与展望

本章讨论了锂硫电池电解质的研究进展，包括液体、固体和复合电解质，突破这些电解质的限制可为开展高性能锂硫电池的应用研究提供必要的支持。由于硫和硫化锂具有低的电子和离子导电性，锂硫电池的氧化还原反应主要取决于多硫化物的溶解度。具有相对高的多硫化物溶解度的液体电解质提供了更快的氧化还原反应动力学，但是也会引起穿梭效应，并基于现有反应机理而存在高的液硫比。

针对上述问题，液体电解质的解决方案包括电解质组分改性、新多元溶剂优化和功能添加剂开发。通过优化电解质在正负极两侧形成稳定的 SEI 膜、选择与金属锂兼容性好的高介电常数溶剂等方法，实现硫正极稳定性的提升、硫利用率的提高和锂枝晶生长的抑制[192-194]。通过组分优化，电解质可以实现无枝晶的锂沉积，并且减少与锂金属的副反应，从而避免了过多电解质的消耗，延长贫液条件下的锂硫电池的循环寿命。研究表明，在贫液和高硫载量的条件下，高 DN 电解质对提高硫的利用率是必要的[195]。但是高 DN 电解质会严重腐蚀锂金属负极，因此还需要对溶剂分子进行官能团设计与优化，以减轻与锂金属完全接触的不稳定性。

固体电解质（固体聚合物电解质和无机固体电解质）具有替代液体电解质的潜力，无溶剂添加的固体电解质在循环过程中抑制了多硫化物的穿梭和锂枝晶的生长，但是其固有性质使得锂硫电池的性能较差。为了提高固体电解质的室温电导率和改善电极/电解质的界面，大多数研究集中在改进制备条件、开发新功能材料和添加无机填料等方向。

通过添加少量液体电解质，可以改善硫和硫化锂在固体电解质/电极界面中的氧化还原反应，并且在锂负极表面形成稳定的 SEI 膜[196]。基于该策略，复合电解质（即凝胶聚合物电解质和无机有机复合电解质）可以实现相似的目的。多硫化物溶解于液体电解质中，因此聚合物膜和无机固体膜需要对可溶性多硫化物有良好的化学稳定性，并能阻挡多硫化物的穿梭从而减少其和锂金属负极的副反应。在聚合物电解质上引入亲锂性结构的材料，通过与多硫化物相互作用可限制多硫化物穿梭，从而减少其与负极的副反应。还可利用三明治夹层结构的聚合物凝胶电解质中每层材料的协同效应增强锂硫电池的循环稳定性和倍率性能[197]。

锂硫电池的不同电解质体系还存在一些缺点阻碍锂硫电池的工程应用。在长循环期间，锂负极会与液体电解质发生副反应，不断消耗电解液，最终导致电池失效。同时，液体电解质在高温下的易燃性可能引发安全问题。对于全固态电池，如何提高活性材料的利用率仍然是一个巨大的挑战。此外，对于锂硫电池来说，固液复合电解质的机械强度和化学稳定性也需进一步提高。

参 考 文 献

[1] Wang L, Ye Y, Chen N, et al. Advanced Functional Materials, 2018, 28(38): 1800919.
[2] Yamin H, Peled E. Journal of Power Sources, 1983, 9: 281.
[3] Barghamadi M, Best A S, Bhatt A I, et al. Energy & Environmental Science, 2014, 7: 3902.
[4] Su C C, He M, Amine R, et al. Angewandte Chemie, 2018, 130 (37): 12209.
[5] Peled E, Stern Berg Y, Gorenshtein N, et al. Journal of The Electrochemical Society, 1989, 136(6): 1621.
[6] Barchasz C, Lepretre J C, Patoux S, et al. Electrochimica Acta, 2013, 89: 737.
[7] Carbone L, Gobet M, Peng J, et al. ACS Applied Materials & Interfaces, 2015, 7: 13859.
[8] Mikhaylik Y, Kovalev I, Schock R, et al. ECS Transactions. 2010, 25: 23.
[9] Hagen M, Schiffels P, Hammer M, et al. Journal of the Electrochemical Society, 2013, 160: A1205.
[10] Azimi N, Weng W, Takoudis C, et al. Electrochemistry Communications, 2013, 37: 96.
[11] Azimi N, Xue Z, Rago N D, et al. Journal of The Electrochemical Society, 2014, 162: A64.
[12] Gordin M, Dai F, Chen S, et al. ACS Applied Materials & Interfaces, 2014, 6:8006.
[13] Chen S, Yu Z, Gordin M L, et al. ACS Applied Materials & Interfaces, 2017, 9: 6959.
[14] Chen S, Dai F, Gordin M, et al. Angewandte Chemie International Edition, 2016, 55: 4231.
[15] Chen S, Gao Y, Yu Z, et al. Nano Energy, 2017, 31: 418.
[16] Fei H, An Y, Feng J, et al. RSC Advances, 2016, 6: 53560.
[17] Yim T, Park M, Yu J, et al. Electrochimica Acta, 2013, 107: 454.
[18] Gao J , Lowe M A , Kiya Y, et al. Journal of Physical Chemistry C, 2011, 115(50): 25132.
[19] Li X, Liang J, Zhang K, et al. Energy & Environment Science, 2015, 8: 3181.

[20] Hu L, Lu Y, Zhang T, et al. ACS Applied Materials & Interfaces, 2017, 9: 13813.

[21] Wang L, He X, Li J, et al. Electrochimica Acta, 2012, 7: 114.

[22] Shi L, Liu Y, Wang W, et al. Journal of Alloys and Compounds. 2017, 723: 974.

[23] Markevich E, Salitra G, Rosenman A, et al. Electrochemistry Communications, 2015, 60: 42.

[24] Markevich E, Salitra G, Aurbach D. ACS Energy Letters, 2017, 2: 1337.

[25] Yang H, Li Q, Guo C, et al. Chemical Communications, 2018, 54(33): 4132.

[26] Yang H, Guo C, Chen J, et al. Angewandte Chemie, 2019, 131(3): 801.

[27] Xu Z, Wang J, Yang J, et al. Angewandte Chemie International Edition, 2016, 55: 10372.

[28] Wang L, Li Q, Yang H, et al. Chemical Communications, 2016, 52: 14430.

[29] Zhang B, Qin X, Li G. R, et al. Energy & Environmental Science, 2010, 3: 1531.

[30] Xin S, Gu L, Zhao N H, et al. Journal of the American Chemical Society, 2012, 134(45): 18510.

[31] Lee J T, Eom K S, Wu F, et al. ACS Energy Letters, 2016, 1: 373.

[32] Hu L, Lu Y, Li X, et al. Small, 2017, 13(11): 1603533.

[33] Zhu Q , Zhao Q , An Y , et al. Nano Energy, 2017, 33: 402.

[34] Pan H, Wei X, Henderson W A, Shao Y, et al. Advanced Energy Materials, 2015, 5: 1500113.

[35] Strubel P, Thieme S, Weller C, et al. Nano Energy, 2017, 34: 437.

[36] Dominko R, Demir-Cakan R, Morcrette M, et al. Electrochemistry Communications, 2011, 13: 117.

[37] Kolosnitsyn V S, Karaseva E V, Amineva N A, et al. Russian Journal of Electrochemistry, 2002, 38: 329.

[38] Yoon S, Lee Y H, Shin K H, et al. Electrochimical Acta 2014, 145: 170.

[39] Pan H, Han K S, Vijayakumar M J, et al. ACS Applied Materials & Interfaces, 2017, 9: 4290.

[40] Rehman A, Zeng X. Accounts of Chemical Research, 2012, 45: 1667.

[41] Yuan L X, Feng J K, Ai X P, et al. Electrochemistry Communications, 2006, 8: 610.

[42] Park J W, Ueno K, Tachikawa N, et al. Journal of Physical Chemistry C, 2013, 117: 20531.

[43] Barghamadi M, Best A S, Bhatt A I, et al. Electrochimica Acta, 2015, 180: 636.

[44] Shin J H, Cairns E J. Journal of Power Sources, 2008, 177: 537.

[45] Wang L, Byon H R. Journal of Power Sources, 2013, 236: 207.

[46] Park J W, Yamauchi K, Takashima E, et al. Journal of Physical Chemistry C, 2013, 117: 4431.

[47] Yang Y, Men F, Song Z, et al. Electrochimica Acta, 2017, 256: 37.

[48] Wang L, Liu J, Yuan S, et al. Energy & Environmental Science, 2016, 9: 224.

[49] Li N W, Yin Y X, Li J Y, et al. Advanced Science, 2017, 4: 1600400.

[50] Wu F, Zhu Q, Chen R, et al. Electrochimica Acta, 2015, 184: 356.

[51] Tamura T, Yoshida K, Hachida T, et al. Chemistry Letters, 2010, 39: 753.

[52] Tachikawa N, Yamauchi K, Takashima E, et al. Chemical Communications, 2011, 47: 8157.

[53] Ueno K, Yoshida K, Tsuchiya M, et al. Journal of Physical Chemistry B, 2012, 116: 11323.

[54] Ueno K, Park J W, Yamazaki A, et al. Journal of Physical Chemistry C, 2013, 117: 20509.

[55] Zhang C, Ueno K, Yamazaki A, et al. Journal of Physical Chemistry B, 2014, 118: 5144.

[56] Zhang C, Yamazaki A, Murai J, et al. Journal of Physical Chemistry C, 2014, 118: 17362.

[57] Dokko K, Tachikawa N, Yamauchi K, et al. Journal of the Electrochemical Society, 2013, 160: A1304.

[58] Lu H, Yuan Y, Yang Q H, et al. Ionics, 2016, 22: 997.

[59] Miao R, Yang J, Feng X, et al. Journal of Power Sources, 2014, 271: 291.

[60] Xu K. Chemical Reviews, 2004, 104: 4303.

[61] Hagen M, Hanselmann D, Ahlbrecht K, et al. Advanced Energy Materials, 2015, 5: 1401986.
[62] Hu J J, Long G K, Liu S , et al. Chemical Communications, 2014, 50: 14647.
[63] Lang S Y, Shi Y, Guo Y G, et al. Angewandte Chemie International Edition, 2017, 56: 14433.
[64] Younesi R, Veith G M, Johansson P, et al. Energy & Environmental Science, 2015, 8: 1905.
[65] Yan G, Li X, Wang Z. Journal of Solid State Electrochemistry, 2015, 20: 507.
[66] Hu J J, Kim G H, Wu F, et al. Advanced Energy Materials, 2015, 5: 1401792.
[67] Lin Z, Liang C. Journal of Materials Chemistry A, 2015, 3: 936.
[68] Suo L, Hu Y S, Li H, et al. Nature Communications, 2013, 4: 1481.
[69] Adams B D, Carino E V, Connell J G, et al. Nano Energy, 2017, 40: 607.
[70] Shyamsunder A, Beichel W, Klose P, et al. Angewandte Chemie, 2017, 56(22): 6192.
[71] Chu H, Noh H, Kim Y J, et al. Nature communications, 2019, 10(1): 188.
[72] Lee C W, Pang Q, Ha S, et al. ACS Central Science, 2017, 3 (6): 605.
[73] Xiong S, Kai X, Hong X, et al. Ionics, 2011, 18: 249.
[74] Azimi N, Xue Z, Hu L, et al. Electrochimica Acta, 2015, 154: 205.
[75] Choi J, Cheruvally G, Kim D, et al. Journal of Power Sources, 2008, 183: 441.
[76] Aurbach D, Pollak E, Elazari R, et al. Journal of the Electrochemical Society, 2009, 156: A694.
[77] Barghamadi M, Best A, Bhatt A, et al. Journal of Power Sources, 2015, 295:212.
[78] Kim J S, Yoo D J, Min J, et al. ChemNanoMat, 2015, 1: 240.
[79] Jia W, Fan C, Wang L, et al. ACS Applied Materials & Interfaces, 2016:8: 15399.
[80] Liu S, Li G R, Gao X P. ACS Applied Materials & Interfaces, 2016:8: 7783.
[81] Xu R, Li J C M, Lu J, et al. Journal of Materials Chemistry A, 2015, 3: 4170.
[82] Li G, Huang Q, He X, et al. ACS Nano, 2018, 12(2): 1500.
[83] Yang W, Yang W, Song A, et al. Journal of Power Sources, 2017: 175.
[84] Hu C, Chen H, Shen Y, et al. Nature Communications, 2017, 8: 479.
[85] Liu M, Ren Y X, Jiang H R, et al. Nano Energy, 2017, 40: 240.
[86] Liu M, Chen X, Chen C, et al. Journal of Power Sources, 2019, 424: 254.
[87] Gu S, Wen Z, Qian R J,   et al. ACS Applied Materials & Interfaces, 2016, 8: 34379.
[88] Yang T, Qian T, Liu J, et al. ACS Nano, 2019, 13(8): 9067.
[89] Chang C H, Chung S H, Han P, et al. Materials Horizons, 2017, 4 (5): 908.
[90] Fenton D E, Parkel J M, Wright P V. Polymer, 1973, 14: 589.
[91] Chu M Y. US Patent, US 5686201, 1997, 11: 11.
[92] Marmorstein D, Yu T H, Striebel K A, et al. Journal of Power Sources, 2000, 89: 219.
[93] Shim J, Striebel K A, Cairns E J. Journal of The Electrochemical Society, 2002, 149: A1321.
[94] Meyer W H. Advanced Materials, 1998, 10(6): 439.
[95] Liu J, Xu J L, Lin Y. Acta Chimica Sinica, 2013, 71(6): 869.
[96] Michot T, Nishimoto A, Watanabe M. Electrochimical Acta, 2000, 45(8-9): 1347.
[97] Stephan A M, Nahm K S. Polymer, 2006, 47(16): 5952.
[98] Agrawal R C, Pandey G P. Journal of Applied Physics, 2008, 41(22): 223001.
[99] Judez X, Zhang H, Li C, et al. The Journal of Physical Chemistry Letters, 2017, 8(9): 1956.
[100] Judez X, Zhang H, Li C, et al. The Journal of Physical Chemistry Letters, 2017, 8(15): 3473.
[101] Eshetu G G, Judez X, Li C, et al. Journal of the American Chemical Society, 2018, 140(31): 9921.
[102] Kim J G, Son B, Mukherjee S, et al. Journal of Power Sources, 2015, 282: 299.
[103] Ben youcef H, Garcia Calvo O, Lago N, et al. Electrochimical Acta, 2016, 220: 587.
[104] Kumar S R, Raja M, Kulandainathan A M, et al. RSC Advances, 2014, 4(50): 26171.

[105] Lee F, Tsai M C, Lin M H, et al. Journal of Materials Chemistry A, 2017, 5(14): 6708.

[106] Sheng O, Jin C, Luo J, et al. Journal of Materials Chemistry A, 2017, 5: 12934.

[107] Lin Y, Wang X, Liu J, et al. Nano Energy, 2017, 31: 478.

[108] Kumar G G, So C S, Kim A R, et al. Industrial & Engineering Chemistry Research, 2010, 49(3): 1281.

[109] Shin J H, Lim Y T, Kim K W, et al. Journal of Power Sources, 2002, 107(1): 103.

[110] Eshetu G G, Judez X, Li C, et al. Angewandte Chemie, 2017, 56 (48): 15368.

[111] Tao X, Liu Y, Liu W, et al. Nano Letters, 2017, 17: 2967.

[112] Zhu Y, Li J, Liu J, et al. Journal of Power Sources, 2017, 351: 17.

[113] Lin Y, Li J, Liu K, et al. Green Chemistry, 2016, 18: 3796.

[114] Li Z, Lu W, Zhang N, et al. Journal of Materials Chemistry A, 2018, 6(29): 14330.

[115] HRyu H S, Ahn H J, Kim K W, et al. Journal of Power Sources, 2006, 153(2): 360.

[116] Agostini M, Lim D H, Sadd M, et al. ChemSusChem, 2017, 10(17): 3490.

[117] Mustarelli P, Quartarone E, Tomasi C, et al. Solid State Ionics Diffusion & Reactions, 2000, 135(1-4): 81.

[118] Jeong S S, Lim Y T, Choi Y J, et al. Journal of Power Sources, 2007, 174(2): 745.

[119] Zhou J, Ji H, Liu J, et al. Energy Storage Materials, 2019: 256.

[120] Xia Y, Liang Y F, Xie D, et al. Chemical Engineering Journal, 2019, 358: 1047.

[121] Liu M, Zhou D, He Y B, et al. Nano Energy, 2016, 22: 278.

[122] Du H, Li S, Qu H, et al. Journal of Membrane Science, 2018, 550: 399.

[123] Liu M, Ren Y, Zhou D, et al. ACS Applied Materials & Interfaces, 2017, 9(3): 2526.

[124] Liu M, Zhou D, Jiang H R, et al. Nano Energy, 2016, 28: 97.

[125] Liu M, Jiang H R, Ren Y X, et al. Electrochimica Acta, 2016, 213: 871.

[126] Han D D, Wang Z Y, Pan G L, et al. ACS Applied Materials & Interfaces, 2019, 11 (20): 18427.

[127] Gao S, Wang K, Wang R, et al. Journal of Materials Chemistry A, 2017, 5(34): 17889.

[128] Jeddi K, Sarikhani K, Qazvini N T, et al. Journal of Power Sources, 2014, 245(1): 656.

[129] Zhang S S. Journal of the Electrochemical Society, 2013, 160(9): A1421.

[130] Huang H, Ding F, Zhong H, et al. Journal of Materials Chemistry A, 2018, 6(20): 9539.

[131] Rao M, Geng X, Li X, et al. Journal of Power Sources, 2012, 212: 179.

[132] Jin J, Wen Z, Xiao L, et al. Solid State Ionics, 2012, 225(1): 604.

[133] Kim J K. Materials Letters, 2017, 187: 40.

[134] Zhou D, Shanmukaraj D, Tkacheva A, et al. Chem, 2019, 5(9): 2326.

[135] Lee J, Song J, Lee H, et al. ACS Energy Letters, 2017, 2: 1232.

[136] Sun Y, Gai L, Lai Y, et al. Scientific Reports, 2016, 6: 22048.

[137] Xu G, Kushima A, Yuan J, et al. Energy & Environmental Science, 2017, 10(12): 2544.

[138] Choi S, Song J, Wang C, et al. Chemistry: An Asian Journal, 2017, 12(13): 1470.

[139] Yang D, He L, Liu Y, et al. Journal of Materials Chemistry A, 2019, 7 (22): 13679.

[140] Han D D, Liu S, Liu Y T, et al. Journal of Materials Chemistry A, 2018, 6(38): 18627.

[141] Zhan L, Liu Z, Fu W, et al. Advanced Functional Materials, 2013, 23(8): 1064.

[142] Hayashi A, Hama S, Mizuno F, et al. Solid State Ionics, 2004, 175(1): 683.

[143] Hayashi A, Ohtomo T, Mizuno F, et al. Electrochemistry Communications, 2003, 5(8): 701.

[144] Hayashi A, Ohtsubo R, Ohtomo T, et al. Journal of Power Sources, 2008, 183(1): 422.

[145] Yamada T, Ito S, Omoda R, et al. Journal of the Electrochemical Society, 2015, 162(4): A646.

[146] Kamaya N, Homma K, Yamakawa Y, et al. Materials, 2011, 10(9): 682.

[147] Li N, Yin Y, Yang C, et al. Advanced Materials, 2016, 28(9): 1853.
[148] Liu Z, Fu W, Payzant E A, et al. Journal of the American Chemical Society, 2013, 135(3): 975.
[149] Seino Y, Ota T, Takada K, et al. Energy & Environmental Science, 2014, 7(2): 627.
[150] Kobayashi T, Imade Y, Shishihara D, et al. Journal of Power Sources, 2008, 182(2): 621.
[151] Agostini M, Aihara Y, Yamada T, et al. Solid State Ionics, 2013, 244(8): 48.
[152] Nagao M, Hayashi A, Tatsumisago M. Journal of Materials Chemistry, 2012, 22(19): 10015.
[153] Nagao M, Imade Y, Narisawa H, et al. Journal of Power Sources, 2013, 222(2): 237.
[154] Lin Z, Liu Z, Dudney N J, et al. ACS Nano, 2013, 7: 2829.
[155] Nagata H, Chikusa Y. Energy Technology, 2014, 2(9-10): 753.
[156] Xu R, Yue J, Liu S, et al. ACS Energy Letters, 2019, 4(5): 1073.
[157] Zhang Q, Wan H, Liu G, et al. Nano Energy, 2019, 57: 771.
[158] Xu R, Xia X, Li S, et al. Journal of Materials Chemistry A, 2017, 5(13): 6310.
[159] Nagata H, Chikusa Y. Journal of Power Sources, 2016, 329: 268.
[160] Xu R C, Xia X H, Wang X L, et al. Journal of Materials Chemistry A, 2017, 5(6): 2829.
[161] Han F, Yue J, Fan X, et al. Nano Letters, 2016, 16(7): 4521.
[162] Xu R, Wu Z, Zhang S, et al. Chemistry: A European Journal, 2017, 23(56): 13950.
[163] Yao X, Ning H, Han F, et al. Advanced Energy Materials, 2017, 7(17): 1602923.
[164] Yamada T, Ito S, Omoda R, et al. Journal of the Electrochemical Society 2015, 162: A646.
[165] Nagao M, Hayashi A, Tatsumisago M. Electrochemistry Communications, 2012, 22(22): 177.
[166] Goodenough J B, Hong Y P, Kafalas J. Materials Research Bulletin, 1976, 11(2): 203.
[167] Alpen U V, Rabenau A, Talat G H. Applied Physics Letters, 1977, 30(12): 621.
[168] Hong Y P. Materials Research Bulletin, 1978, 13(2): 117.
[169] Kobayashi Y, Miyashiro H, Takei K, et al. Journal of the Electrochemical Society, 2003, 150: A1577.
[170] Adnan S B R S, Mohamed N S. Ceramics International, 2014, 40(3): 5033.
[171] Adnan S B R S, Mohamed N S. Materials Characterization, 2014, 96: 249.
[172] Adnan S B R S, Mohamed N S. Solid State Ionics, 2014, 262: 559.
[173] Adnan S B R S, Mohamed N S. Ceramics International, 2014, 40: 6373.
[174] Hao Y, Wang S, Xu F, et al. Acs Applied Materials & Interfaces, 2017, 9(39): 33735.
[175] Yu X, Bi Z, Zhao F, et al. Acs Applied Materials & Interfaces, 2015, 7(30): 16625.
[176] Yu X, Bi Z, Zhao F, et al. Advanced Energy Materials, 2016, 6(24): 1601392.
[177] Zhou W, Wang S, Li Y, et al. Journal of the American Chemical Society, 2016, 138(30): 9385.
[178] Yu X, Manthiram A. Advanced Functional Materials, 2019, 29(3): 1805996.
[179] Fu K, Gong Y, Hitz G T, et al. Energy & Environmental Science, 2017, 10(7): 1568.
[180] Maekawa H, Matsuo M, Takamura H, et al. Journal of the American Chemical Society, 2009, 131(3): 894.
[181] Unemoto A, Chen C L, Wang Z, et al. Nanotechnology, 2012, 26(25): 254001.
[182] Unemoto A, Yasaku S, Nogami G, et al. Applied Physics Letters, 2014, 105(8): 1.
[183] López-Aranguren P, Berti N, Dao A, et al. Journal of Power Sources, 2017, 357: 56.
[184] Das S, Ngene P, Norby P, et al. Journal of the Electrochemical Society, 2016, 163: 2029.
[185] Wang Q, Jin J, Wu X, et al. Physical Chemistry Chemical Physics, 2014, 16(39): 21225.
[186] Wang Q, Guo J, Wu T, et al. Solid State Ionics 2017, 300: 67.
[187] Wang L, Wang Y, Xia Y Y. Energy & Environmental Science, 2015, 8(5): 1551.

[188] Wang L, Zhao Y, Thomas M L, et al. Chemelectrochem, 2016, 3(1): 152.
[189] Wang S, Ding Y, Zhou G, et al. ACS Energy Letters, 2016, 1(6): 1080.
[190] Fu K, Gong Y, Xu S, et al. Chemistry of Materials, 2017, 29(19): 8037.
[191] Gu S, Huang X, Wang Q, et al. Journal of Materials Chemistry A, 2017, 5: 13971.
[192] Fan L, Chen S, Zhu J, et al. Advanced science 2018, 5(9): 1700934.
[193] Zhang G, Peng H J, Zhao C Z, et al. Angewandte Chemie International Edition, 2018, 57(51): 16732.
[194] Pang Q, Shyamsunder A, Narayanan B, et al. Nature Energy, 2018, 3(9): 783.
[195] Gupta A, Bhargav A, Manthiram A. Advanced Energy Materials, 2018, 9(6): 1803096.
[196] Umeshbabu E, Zheng B, Zhu J, et al. ACS Applied Materials & Interfaces, 2019, 11(20): 18436.
[197] Qu H, Zhang J, Du A, et al. Advanced Science, 2018, 5(3): 1700503.

05

改性隔膜及功能夹层

针对锂硫电池存在的穿梭效应、金属锂负极稳定性差等不足，通过对隔膜进行修饰或在正极和隔膜中间引入功能夹层来提升锂硫电池的电化学性能被证明是一种有效的方法[1]。隔膜是电池中的重要组成部分，具有丰富的孔道结构，可以被电解液浸润，从而允许锂离子的迁移。但隔膜的孔道结构也为多硫离子的传递提供了通道，所以需要对隔膜进行功能化修饰或者在正极和隔膜中间引入功能夹层，通过物理和化学吸附作用有效抑制多硫化物的穿梭，提升电池的电化学性能。此外，具有良好电子电导率的改性隔膜和功能夹层可以作为硫正极的上层集流体，减小电池界面阻抗，促进电子的传输，提升活性物质的利用率。目前，碳材料、聚合物和金属化合物等都被广泛地用作锂硫电池的隔膜改性和功能夹层设计。

5.1 碳材料改性隔膜及功能夹层

碳材料具有良好的导电性、较大的比表面积、良好的热稳定性和化学稳定性，是锂硫电池的改性隔膜和功能夹层常用的材料之一[2-4]。碳材料不仅可以物理吸附多硫化物，抑制其在正负极之间的穿梭，同时还可以起到上层集流体的作用，促进电子的快速传输，提升活性物质的利用率。锂硫电池改性隔膜和功能夹层常用的碳材料主要有多孔碳[5-10]、碳纳米管/碳纳米纤维[11-15]、石墨烯及其衍生物[16,17]等。

5.1.1 多孔碳

多孔碳具有发达的孔隙率和良好的导电性，可以有效吸附多硫化物并提升硫正极的电子电导率，同时，多孔碳的密度较小，作为功能夹层和隔膜的改性材料对电池的整体能量密度影响较小[18-20]。

Manthiram 等[21]通过简单的涂覆方法制备了轻量化的导电炭黑（Super-P）改性隔膜，其可以有效促进绝缘活性物质硫和导电材料间的电子传输，并抑制多硫化物的穿梭效应。无须额外的导电剂和复杂的硫正极制备工艺，Super-P 改性隔膜有效提升了硫正极的放电容量和循环稳定性，缓解了电池的自放电现象。基于 Super-P 改性隔膜的纯硫正极初始放电比容量高达 1389 mAh·g^{-1}，200 周循环后的可逆容量维持在 828 mAh·g^{-1}，电池静置 3 个月后仍保持较高的容量。此外，Super-P 改性隔膜的制备方法简单、成本较低，适合大规模生产。Balach 等[22]报道了一种介孔碳涂覆隔膜，该介孔碳的比表面积为 843 m^2·g^{-1}，孔体积高达 2.90 cm^3·g^{-1}，可物理吸附多硫化物并将其限制在硫正极侧。此外，该涂层材料的面载量仅为 0.5 mg·cm^{-2}，对电池能量密度影响较小。该介孔碳涂覆隔膜将硫正极在 0.2 C 倍率下的初始放电比容量从 922 mAh·g^{-1} 提升到 1378 mAh·g^{-1}，100 周循环后，电池的放电比容量仍可达 1021 mAh·g^{-1}。此外，Manthiram 课题组[11]通过静电纺丝制备了自支撑的多孔碳毡，用作锂硫电池的上层集流体和夹层，通过分析放电曲线中高电压平台和低电压平台的放电容量，验证了多孔碳毡对多硫化物穿梭效应的阻碍作用。使用该夹层的锂硫电池在 1 C 倍率下的放电容量高达 864 mAh·g^{-1}，经过 400 周循环后，容量保持率为 61%。

郭再萍课题组[23]设计了一种碳/硫/碳的正极结构，利用双层导电炭黑层包覆硫，并将其涂覆在聚丙烯（PP）隔膜上。如图 5-1 所示，位于硫正极和隔膜间的 Super-P 作为功能夹层，不仅阻挡了中间产物多硫化物从正极往负极侧的穿梭，还有效缓解了活性物质硫的体积膨胀问题。此外，具有良好导电性的 Super-P 夹层还可以作为硫正极额外的集流体，加快电子进入活性材料的传输速率。这种设计方法不仅有效抑制了"穿梭效应"，提升了电池的长循环寿命，还提高了硫正极的电子导电率和活性材料的利用率。Zheng 等[24]通过简单和易于工业化的一步裂解法，将柠檬酸钠直接碳化成超轻质的碳片。当碳纳米片用于改性隔膜时，该隔膜不仅可以作为上层集流体促进电子传输，也可以作为物理屏障限制锂硫电池中多硫化物的穿梭效应，使得锂硫电池展现出良好的循环稳定性、高的硫利用率以及低的自放电行为。

Fan 课题组[25]将硫放置在极性和非极性的两层碳基质间，分别采用碳化滤纸（CFP）和功能化碳化滤纸（T-CFP）作为非极性和极性碳膜，探究了四种不同的结构：非极性/非极性、非极性/极性、极性/非极性、极性/极性。通过研究四种结构不同的放电过程、循环稳定性以及界面电阻，并进一步通过第一原理计算，确定了最佳结构，即极性碳膜位于硫正极顶部，非极性碳膜位于硫正极底部，如图 5-2 所示。

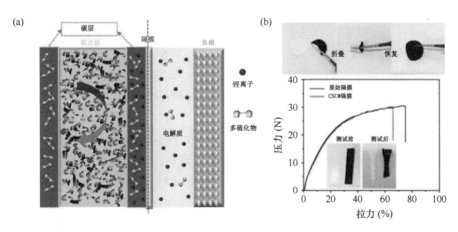

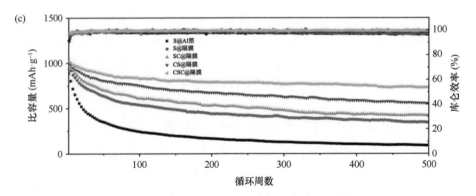

图 5-1　（a）采用碳修饰隔膜的锂硫电池组装示意图；（b）空白隔膜和 CSC@隔膜图及应力-应变曲线；（c）匹配不同电极的锂硫电池的循环稳定性能[23]

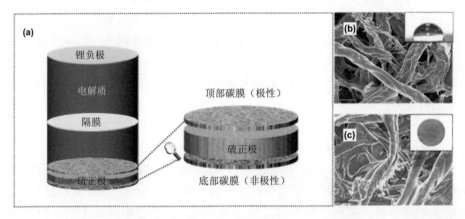

图 5-2　（a）硫正极位于两层碳基质间的锂硫电池示意图；（b）碳化滤纸和（c）功能化碳化滤纸的扫描电镜图像（插图显示了碳化滤纸和功能化碳化滤纸上水滴的光学图像，水滴完全被后者吸收）。（比例尺为 10 μm）[25]

与聚丙烯（PP）或聚乙烯（PE）膜相比，玻璃纤维膜具有更高的孔隙率（65%）、更好的电解液浸润性以及更高的离子电导率。Zhang 等开发出碳包覆玻璃纤维隔膜材料[26]，能够有效降低锂硫电池的界面阻抗，提高活性材料的利用率。此外，碳包覆层可作为第二集流体，可有效提升硫正极的电子电导率，并且还可以作为物理屏障抑制多硫化物的穿梭，提高隔膜的机械强度。通过碳包覆层与玻璃纤维隔膜的协同作用，当极片载硫量为 3.37 mg·cm^{-2} 时，电池在 4 C 倍率下，循环 200 周后的可逆容量高达 956 mAh·g^{-1}。此外，Wang 等[27]报道了功能性磺化乙炔黑（AB-SO$_3^-$）作为隔膜的涂层材料。AB-SO$_3^-$涂层隔膜对锂离子具有高度选择性并可以通过静电排斥作用阻碍多硫化物阴离子的透过。此外，AB-SO$_3^-$涂层还可以作为第二集流体，促进电子的传输，提高活性物质硫的利用率。与使用普通隔膜的电池相比，使用 AB-SO$_3^-$ 涂层隔膜的电池在可逆容量和循环稳定性方面均有显著的提高。硫载量为 3.0 mg·cm^{-2} 的锂硫电池的初始容量高达 1262 mAh·g^{-1}，在 0.1 C 倍率下循环 100 周后，容量维持在 955 mAh·g^{-1}。

采用可持续、低成本以及储量丰富的生物质材料制备多孔碳是一种简单、易于工业化的方法[28-30]。南开大学高学平课题组[31]通过碳化玉米秸秆得到一种多孔碳纸，并将其作为锂硫电池的功能夹层，来保护锂金属负极。使用该多孔碳纸夹层的锂硫电池的金属锂负极表面比较平整光滑，而未使用夹层的电池的锂负极表面发生了明显的结构变化，生成了大量的枝晶、裂缝。多孔碳纸夹层的引入可以有效限制可溶性多硫化物的穿梭，减少锂负极的副反应，使锂负极的电化学溶解/沉积过程更加均匀，从而保护金属锂负极。此外，多孔碳纸夹层还可以提升活性物质硫的利用率、提高电池循环稳定性（容量衰减率为 0.06%/周）、提升电池的库仑效率（近 100%）。朱琳课题组[32]以甘薯为前驱体，通过水热处理、冷冻干燥、热分解等工艺制备了绿色环保的多孔碳气凝胶，并将该多孔碳气凝胶作为隔膜的改性材料。多孔碳气凝胶涂层不仅可以抑制中间产物多硫化物在循环过程中的穿梭作用，还可以作为硫正极的上层集流体，降低电池的界面电阻，提高硫的利用率。使用多孔碳气凝胶改性隔膜的电池展现出优异的电化学性能，在 0.1 C 倍率下，电池的初始放电容量高达 1216 mAh·g^{-1}；1 C 倍率下，经过 1000 周循环后，放电容量仍保持在 431 mAh·g^{-1}，对应的库仑效率高于 95.3%。

由生物废弃物作为前驱体或模板制备多孔碳材料也是生物质多孔碳的主要来源之一。Yuan 等[33]发现蛋壳中丰富的氨基酸和蛋白质可以作为氮和硫掺杂源，而蛋壳中的碳酸钙可以作为碳材料的造孔剂。在此基础上，研究者采用葡萄糖为前驱体，蛋壳作为模板制备了氮、硫共掺杂介孔碳，并将其作为锂硫电池隔膜改性材料，如图 5-3（a）所示。在氮、硫共掺杂介孔碳中，多孔结构以及大的比表面积对多硫化物起到了物理阻挡作用，杂原子中吡啶氮、吡咯氮以及硫代硫酸盐起到了化学吸附多硫化物作用，结果锂硫电池实现了高的初始容量（1467 mAh·g^{-1}）以及高倍率循环性能（5 C 倍率下，经过 200 周循环后，放电容量仍保持在 561 mAh·g^{-1}）。王峰课题组[34]将蟹壳作为前驱体，碳酸钙作为活化剂，制备了氮掺杂微/介孔碳，如图 5-3（b）所示，其微/介孔提供了足够大的比表面积吸附多硫化物，缓解锂硫电池充放电过程中的体积改变；掺杂的氮原子提供化学吸附以及提高碳材料电导率；导电层作为上层集流体可提高电极电导率。使用氮掺杂微/介孔碳改性隔膜的锂硫电池展现出的初始放电容量高达 1301 mAh·g^{-1}，1 C 倍率下，经过 500 周循环后，放电容量仍保持在 578 mAh·g^{-1}。

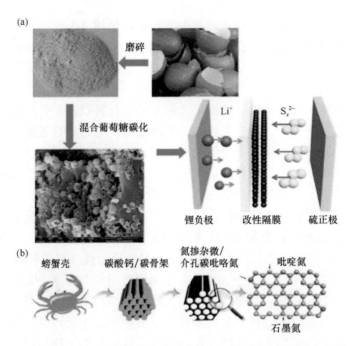

图 5-3 （a）蛋壳模板衍生氮、硫共掺杂介孔碳的制备过程及其涂覆隔膜在锂硫电池中工作原理图[33]；（b）螃蟹壳合成氮掺杂微/介孔碳流程图[34]

5.1.2 碳纳米管

碳纳米管（CNT）具有丰富的孔道结构和良好的导电性，能够有效吸附多硫化物，并可物理阻碍多硫化物的溶解和扩散，减少硫的不可逆损失，从而抑制"穿梭效应"。同时 CNT 夹层也可作为上层集流体有效改善硫正极的导电性，提高活性物质的利用率。Manthiram 课题组[35]将 CNT 真空抽滤制备得到了多孔碳纳米纸，并将其作为锂硫电池的功能夹层。多孔碳纳米纸夹层的引入不仅可以降低正极的界面阻抗，还可以物理吸附多硫化物，减缓多硫化物的迁移和扩散，从而有效提高了电池的比容量和循环稳定性。此后，Manthiram 课题组[36]又通过超声分散和真空抽滤的方法制备了自支撑的多壁碳纳米管（MWCNT）夹层。导电 MWCNT 夹层可以作为硫正极的上层集流体，有效降低硫正极的电荷转移阻抗，同时，MWCNT 夹层还可以物理阻碍多硫化物的溶解穿梭，提高活性物质的利用率，从而增强电池的电化学性能。

此外，碳纳米管还具有良好的机械强度，可以有效维持改性隔膜和功能夹层的结构稳定性[37]。孙黎课题组[38]采用超薄、轻量化的交叉叠层碳纳米管薄膜作为硫正极的上层集流体和多硫化物的吸附层，有效提升了电池的倍率性能和循环稳定性。该纳米管薄膜夹层的引入将硫正极在 0.2 C、0.5 C 和 1 C 倍率下的放电容量分别提高了 52%、109%和 146%。

谢科予课题组[39]提出了一种新的锂硫电池结构,即在锂硫电池的隔膜两侧分别插入碳纳米管薄膜,其中正极侧的碳纳米管薄膜可以作为物理屏障阻挡多硫化物穿梭,而负极侧的碳纳米管薄膜能够有效抑制锂枝晶的生长,见图 5-4。碳纳米管薄膜的引入有效提升了硫/石墨烯复合材料的比容量和倍率性能。在 1 C 倍率下循环 150 周后,库仑效率高于 99%,并且其对应的锂金属负极表面比较光滑,几乎没有锂枝晶的生成。该电池优异的电化学性能表明碳纳米管薄膜在抑制多硫化物穿梭和锂枝晶生长两个方面均具有很好的效果。

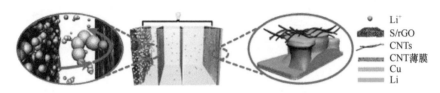

图 5-4　碳纳米管薄膜阻挡多硫化物穿梭及抑制锂枝晶生成示意图[39]

此外,对碳材料进行官能团修饰或引入杂原子进行掺杂,是增强其对多硫化物化学吸附作用的有效方法,能够在长循环过程中更有效地固定多硫化物。

Hu 等[40]利用准分子紫外辐射制备功能性碳纳米纤维(EUV-CNF)夹层,并将其应用于锂硫电池中,如图 5-5(a)所示。在水和氧的存在下,上述辐射会使碳纳米纤维表面形成含氧官能团(例如,OH 和 C=O 等),而含氧官能团中的 O 原子能够与 Li 形成 Li—O 键,从而达到化学吸附多硫化物的作用,如图 5-5(b)所示。与原始碳纳米纤维(CNF)夹层相比,使用 EUV-CNF 夹层的硫正极在 0.2 C 倍率下循环 200 周后,可逆容量仍高达 917 mAh·g^{-1},且平均每周容量衰减率仅为 0.16%。这种良好的循环稳定性来源于具有良好导电性的 EUV-CNF 夹层,其不仅可以提高硫正极的导电性,还可以通过化学作用有效吸附多硫化物。

Manthiram 课题组[41]用硼碳掺杂的多壁碳纳米管(B-CNT)作为隔膜的改性材料。B-CNT 在硫正极和隔膜之间形成"多硫化物捕获界面",可以有效捕获多硫化物并重新利用被捕获的多硫化物。使用 B-CNT 改性隔膜的锂硫电池在 0.2~1.0 C 的不同电流密度下均表现出良好的循环稳定性。经 500 周循环后,容量保持率为 60%,平均每周容量衰减率为 0.04%。Zhang 等[42]制备了一种氮掺杂空心碳球(NHC)涂覆隔膜,具有良好导电性的 NHC 涂层可以同时通过物理和化学作用吸附多硫化物,有效地提高了活性物质的利用率。在 0.2 C 倍率下,使用 NHC 涂覆隔膜的电

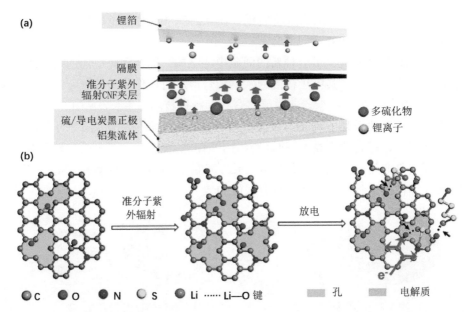

图 5-5　（a）具有 EUV-CNF 夹层的锂硫电池的组装示意图；（b）准分子紫外光照射前后 CNF
表面元素含量的变化及多硫化物吸附机理示意图[40]

池的初始放电容量高达 1656 mAh·g^{-1}，在 1 C 倍率下循环 500 周后，每周的容量衰
减率为 0.11%。此外，夏永姚课题组[43]制备了多壁碳纳米管/氮掺杂碳量子点
（MWCNT/NCQD）复合材料，进一步将其涂覆隔膜并应用于锂硫电池中。凭借
MWCNT 的物理阻挡和 NCQD 上氧化官能团和掺杂氮原子的化学吸附双协同作用，
锂硫电池实现了高的初始放电容量（1330.8 mAh·g^{-1}）以及出色的长循环稳定性
（0.5 C 倍率下循环 1000 周后，每周容量衰减率为 0.05%）。

　　以金属有机骨架（MOF）材料为前驱体，碳化制备自掺杂氮碳纳米管是极其具
有潜力的方法[44-46]。张锁江课题组[47]受天然蜘蛛网工作原理的启发，通过裂解介孔
二氧化硅（mSiO$_2$）涂覆的 ZIF-67，仿生制备得到氮掺杂碳纳米管（NCNTs）连接
mSiO$_2$/钴纳米颗粒复合材料（Co/mSiO$_2$-NCNTs），如图 5-6（a）所示。将该材料涂覆
隔膜应用于锂硫电池中，碳纳米管不仅可以物理限定多硫化物，其掺杂 N 原子和
mSiO$_2$ 可以起到化学吸附多硫化物的作用，如图 5-6（b）所示。此外，包覆在碳纳米
管的钴颗粒催化剂还可以加快多硫化物转换，提高反应动力学，促进固态 Li$_2$S$_2$/Li$_2$S
的均匀沉积。使用 Co/mSiO$_2$-NCNTs 涂覆隔膜的锂硫电池在硫载量高达 5.76 mg·cm^{-2}
时，仍展现出良好的循环稳定性，在高达 5 C 的电流密度下，可逆容量仍达到
552 mAh·g^{-1}。该研究工作通过以 MOF 为前驱体，制备氮掺杂碳纳米管改性隔膜，为
实现高性能锂硫电池提供了新策略。

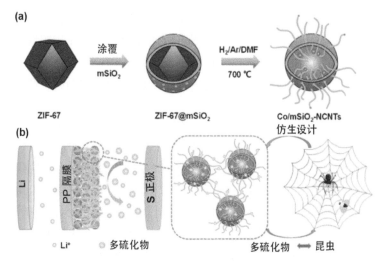

图 5-6　(a) 合成 Co/mSiO₂-NCNTs 流程图；
(b) 锂硫电池用 Co/mSiO₂-NCNTs 涂覆隔膜原理图[47]

5.1.3　石墨烯

近几年，石墨烯在电化学领域得到了广泛的应用。石墨烯是由单层碳原子组成的二维碳纳米片，其表面化学性质和官能团易于调变[48]。此外，石墨烯还具有较高的导电性，可以降低电池阻抗，提高电池的倍率性能。

Sung 课题组[49]将硫涂覆在蜂巢状的铝集流体上，得到蜂巢状的硫正极，然后通过化学气相沉积法将还原氧化石墨烯（rGO）沉积到硫正极上，制备了 rGO 涂覆硫正极，如图 5-7 所示。rGO 涂层可以有效抑制多硫化物的穿梭效应，降低电池的极化电位，从而提升电池的电化学性能。rGO 涂层有效提高了硫正极的循环稳定性，100 周循环后，其库仑效率高达 99.2%。

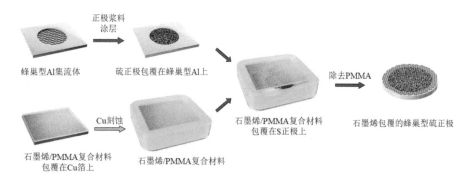

图 5-7　采用 rGO 膜的锂硫电池原理示意图[49]

不仅还原氧化石墨烯，氧化石墨烯（GO）在隔膜与夹层方面也得到了广泛的应用。GO 表面丰富的羧基和羟基官能团可以通过静电排斥作用阻隔多硫化物的穿梭，而且 GO 片层间的孔隙可以实现锂离子的选择性透过。功能化可调、机械强度高、制备工艺简单的 GO 可以作为锂硫电池的一种有效的改性隔膜和功能夹层材料。

张强课题组[16]制备了一种基于超薄氧化石墨烯（GO）的选择性透过隔膜。GO 中的羟基官能团可以通过静电作用选择性透过锂离子，抑制多硫离子穿梭，从而减缓多硫化物的穿梭效应，提高电池的循环稳定性。GO 改性隔膜将电池的库仑效率从 60% 提升到 95% 以上，将电池的每周容量衰减率从 0.49% 减小到 0.23%。Majumder 课题组[50]在硫正极上制备了高通量的氧化石墨烯薄膜。厚度约为 0.75 μm 的薄膜具有高度有序的结构，其固有的表面电荷可以有效阻隔多硫化物的透过，从而提升高硫载量锂硫电池的可逆容量和循环稳定性。为了进一步提高 rGO 及 GO 对锂硫电池电化学性能的改善作用，通过杂原子掺杂或者将其与导电碳材料混合制备复合碳材料也是当前的研究热点。Liu 课题组[51]将石墨烯和碳纳米管复合制备了碳气凝胶复合材料，该气凝胶具有优异的机械性能和良好的导电性。气凝胶丰富的孔道和交联的网状结构可以捕获多硫化物，内部的微孔结构可以促进电解液的快速渗透和离子的快速传输。混合碳气凝胶独特的结构及其对活性材料体积变化的良好适应性有效提升了电池的电化学性能。在 0.2 C 倍率下，电池的放电容量高达 1309 mAh·g^{-1}。即使在 4 C 倍率下，经过 600 周循环后，电池的容量保持仍为 78%。Kim 课题组[52]通过简单的真空过滤方法制备了高度多孔的氧化石墨烯（GO）/碳纳米管（CNT）复合薄膜，并将其用作锂硫电池的功能夹层。柔性 GO/CNT 夹层结合了 GO 和 CNT 的优点，具有多重作用：①多孔结构有利于电解液的渗透，促进离子的传输；②含有氧化官能团的 GO 层能够化学吸附多硫化物，抑制其溶解穿梭；③高导电性的 CNT 可以促进电子的快速传输。使用 GO/CNT 夹层的锂硫电池在 0.2C 倍率下 300 周循环后，可逆容量仍高达 671 mAh·g^{-1}，每周的容量衰减率为 0.043%。

陈人杰课题组[53]制备了硼掺杂的还原氧化石墨烯（B-rGO）作为隔膜的改性材料，如图 5-8 所示，有效提升了锂硫电池的电化学性能，在 0.1 C 倍率下，硫正极的首周放电容量为 1227.8 mAh·g^{-1}，并且循环过程中，锂硫电池的库仑效率达到了 99.9%。硼掺杂还原氧化石墨烯涂层对电池性能的提升归功于：①掺杂的硼原子可以强化对多硫化物的化学吸附作用，抑制多硫化物的穿梭；②石墨烯结构中掺杂的硼原子能增强其导电性，从而提高活性物质的利用率和倍率性能。张强课题组[54]通过在石墨烯基材上直接生长二维卟啉有机骨架纳米片，经过碳化后，将石墨烯表面的卟啉有机骨架转化成吡啶、吡咯氮杂原子。通过表面氮原子掺杂的石墨烯涂覆隔膜应用到锂硫电池中，不仅加强对多硫化物的化学吸附，该高导电层还可以加速多硫化物的液固转化，加快多硫化物的反应动力学。基于此，锂硫电池实现了高硫载量（8.9 mg·cm^{-2}）下，优异的倍率性能（2 C 电流密度下，放电容量为 988 mAh·g^{-1}）和长循环稳定性。

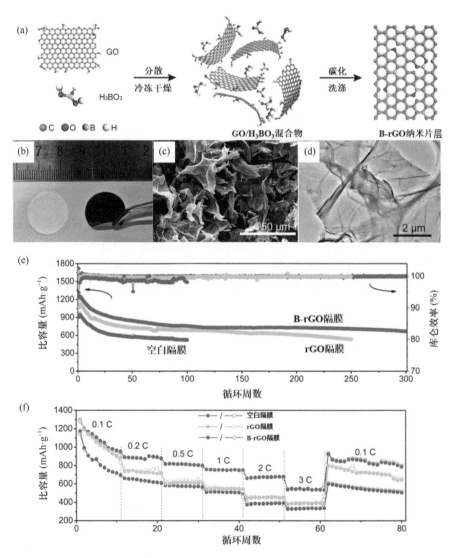

图 5-8　（a）B-rGO 纳米片层制备过程示意图；（b）空白 PP/PE/PP 隔膜（Celgard 2325，白色）和 B-rGO 涂覆隔膜（黑色）对比图；B-rGO 隔膜（c）SEM 和（d）TEM 图；不同隔膜的（e）循环性能和库仑效率对比图；（f）倍率性能对比图[53]

Song 等[55]将二维石墨烯与一维铁、氮-掺杂碳纳米纤维（Fe-N-C）结合，进一步涂覆隔膜并将其应用在锂硫电池中，凭借 Fe-N-C 的高导电性、快速离子传输以及优异的化学吸附作用，该锂硫电池展现出良好的倍率性能以及稳定的循环性能（在 0.5 C 倍率下，循环 500 周，每周的容量衰减率为 0.053%）。郑南峰课题组[56]以石墨烯为模板，SiO_2 为造孔剂，酚醛树脂为前驱体，制备了氮掺杂二维多孔碳纳米片/石墨烯改性隔膜。轻质量的隔膜（0.075 $mg·cm^{-2}$）应用于锂硫电池中，5 C 高倍率下放电的可逆容量高达 688 $mAh·g^{-1}$，在 1 C 倍率下循环 500 周后能保持 754 $mAh·g^{-1}$ 的高比容量，容量保持率高达 88.6%。

设计轻质量、高性能的功能碳材料改性隔膜以及功能夹层，凭借出色的物理和化学吸附协同作用，一定程度限制了锂硫电池中棘手的穿梭效应难题，为提高锂硫电池的性能提供了新思路。

5.2 聚合物改性隔膜及功能夹层

聚合物通常用作锂硫电池正极材料的黏结剂，比如聚四氟乙烯（PTFE）和聚偏氟乙烯（PVDF）等，可以增强正极材料的柔韧性，提高其机械强度，并减缓电极材料的体积膨胀。除此之外，在锂硫电池中聚合物还可以作为功能夹层和隔膜改性材料来提升电池的电化学性能。在隔膜上涂覆具有官能团和独特链状结构的聚合物，可以通过聚合物和多硫化物之间的物理和化学吸附作用有效抑制多硫化物的"穿梭效应"[57,58]。

温兆银课题组[59]在硫正极的表面原位聚合了聚吡咯（PPy）功能夹层，PPy 夹层可以通过物理和化学作用抑制多硫化物的穿梭效应。此外，PPy 夹层还可以有效缓冲硫正极在充放电过程中的体积膨胀，保护硫正极的结构不被破坏。PPy 夹层有效提升了锂硫电池的倍率性能和循环稳定性，基于 PPy 夹层的硫正极在 1C 和 2 C 倍率下循环 300 周后放电容量分别为 703 $mAh·g^{-1}$ 和 533 $mAh·g^{-1}$。陈人杰课题组[60]在商业化隔膜的两侧原位生长聚多巴胺（PD），得到双面聚多巴胺改性隔膜（PE）。朝向硫正极侧的聚多巴胺可以作为物理屏障和化学吸附剂阻挡多硫化物的穿过。朝向锂金属负极侧的聚多巴胺可以提高负极和隔膜之间的相互作用力，柔化锂枝晶的生长。正极和负极侧的聚多巴胺都可以选择性透过锂离子，阻挡多硫化物的穿过，从而提高锂硫电池的库仑效率和循环稳定性，如图 5-9 所示。

Gu 等[61]将聚烯丙基胺盐酸盐（PAH）和聚丙烯酸（PAA）逐层涂覆在 PE 隔膜表面，得到了具有离子选择透过性的复合隔膜。复合隔膜中大量带负电的羧基官能团可依靠静电排斥作用阻碍多硫化物的穿梭，同时不影响锂离子的选择性透过。基于该功能涂层材料，硫正极在循环 50 周后的库仑效率接近 100%，表明该

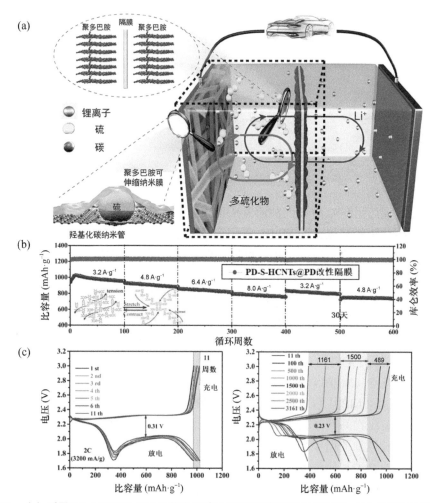

图 5-9 （a）采用 PD-S-HCNTs 和双面聚多巴胺改性隔膜的锂硫电池示意图；（b）锂硫电池在 2C 到 5C 倍率下的循环性能；（c）锂硫电池首周到 11 周（左）及 11 周到 3161 周（右）充放电曲线图[60]

复合隔膜有效抑制了多硫离子的穿梭。Char 课题组[62]通过层层沉积法将多层聚合物涂层直接涂覆在硫正极表面，在电解液中不添加 LiNO₃ 的情况下，锂硫电池的电化学性能依然得到了显著的提高。采用层层沉积法可以控制涂层的厚度，防止因涂层过厚而影响 Li⁺ 的扩散速度，导致电池的阻抗增大。该方法首先在硫正极上涂覆一层 PAH/PAA 涂层，该涂层可以通过静电作用吸附在硫正极表面，然后再多次沉积聚氧化乙烯（PEO）/PAA 层，如图 5-10 所示。该涂层不仅可以为 Li⁺ 的传输提供通道，还能够有效地阻止多硫化物的穿梭。PAH/PAA/(PEO/PAA)₃ 涂覆的硫正极展现出优异的电化学性能，0.5 C 倍率下，经过 100 周循环后容量保持在 806 mAh·g⁻¹，电流密度可达 2 C，电池展现出良好的倍率性能。

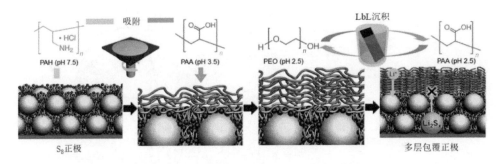

图 5-10 硫正极表面层层沉积（LbL）示意图[62]

杨全红课题组[63]报道了一种涂覆在正极上的多功能超薄夹层（MPBL），有效抑制了多硫化物的穿梭。该 MPBL 采用简单的静电喷涂沉积（ESD）技术制备，与正极接触比较紧凑，厚度可控，可以实现对硫正极的全面保护。在保证离子快速传输的同时，MPBL 中的碳和导电聚合物可以通过物理和化学作用吸附多硫化物。此外，具有良好导电性的 MPBL 还可以充当硫正极的上层集流体，重新利用捕获的多硫化物，提高锂硫电池的循环稳定性和倍率性能。基于 MPBL 夹层的硫正极在 1 C 倍率下循环 1000 周后的容量衰减率仅为 0.042%/周。当电流密度提高到 3 C 时，可逆容量仍为 615 mAh·g^{-1}。李洲鹏课题组[64]通过引入具有多种功能的改性聚苯并咪唑（MPBI）来抑制多硫化物的溶解及穿梭效应。作为黏合剂，具有良好机械性能的 MPBI 可以保证硫正极的结构稳定性，从而提高正极的硫载量，MPBI 和多硫化物间较强的化学作用能够有效吸附多硫化物，从而抑制活性物质的损失并延长电池的循环寿命。作为隔膜改性材料，MPBI 可以在隔膜上构建一个多硫化物的物理和化学屏蔽，阻止多硫化物的迁移，进一步抑制其溶解及穿梭效应。MPBI 的双重作用使锂硫电池在 0.2 C 倍率下循环 500 周后的容量仍保持在 750 mAh·g^{-1}（5.2 mAh·cm^{-2}），平均每周容量衰减率仅为 0.08%。Choi 课题组[65]制备了无孔尿素-氨基甲酸酯共聚物（氨纶）膜作为锂硫电池的隔膜。该氨纶隔膜可以抑制可溶性多硫化物往锂金属负极侧的穿梭，并通过其固有的湿黏附性抑制锂枝晶的生长。结合硫-碳复合正极、氨纶隔膜和电解液添加剂的锂硫电池可提供 4 mAh·cm^{-2} 的高面容量。

Wu 等[66]采用一种简单、新颖、成本低廉的方法在锂金属负极表面合成了聚(3, 4-乙烯二氧基噻吩)（PEDOT）和聚乙二醇（PEG）导电聚合物层，用作锂硫电池的夹层。该夹层有利于醚类电解液和锂金属负极之间形成稳定且阻抗较小的 SEI 膜，可以有效减少锂金属负极与多硫化物之间的副反应，并抑制锂枝晶的生长。正极硫载量为 2.5～3 mg·cm^{-2} 时，在 0.5 C 倍率下循环 300 周的放电容量保持在 815 mAh·g^{-1}。此后，该课题组[67]又利用聚吡咯（PPy）纳米管、PPy 纳米线和还原氧化石墨烯（rGO）分别对锂硫电池隔膜进行改性。隔膜表面涂覆的导电材料均能抑制多硫化物在电解液中的溶解穿梭，并降低硫正极的极化。此外，研究发现 PPy 对多硫化物的吸附效果要明显强于 rGO，且 PPy 改性隔膜对电解液的润湿性更好。当硫载量为 2.5～3 mg·cm^{-2} 时，基于 PPy 纳米管改性隔膜的硫正极的初始放电容量高达 1110.4 mAh·g^{-1}，在 0.5 C 倍率下循环 300 周后，其可逆容量仍保持在 801.6 mAh·g^{-1}。Chu 等[68]在商业隔膜上喷涂聚（3,4-乙烯二氧基噻吩）：聚（苯乙烯磺酸盐）（PEDOT：PSS）层，制备了 PEDOT：PSS 改性隔膜。PSS 中带负电荷的 SO$_3^-$基团可以通过静电排斥作用抑制多硫离子的穿梭，PEDOT 可以通过化学作用吸附不溶性多硫化物（Li$_2$S、Li$_2$S$_2$）。PEDOT：PSS 涂层对可溶性及不可溶性多硫化物具有双重屏蔽作用，能够有效将多硫化物限制在锂硫电池的正极侧，降低"穿梭效应"的影响。此外，PEDOT：PSS 涂层还可以将聚烯烃基隔膜表面由疏水性变为亲水性，增强电解液的浸润性，促进锂离子的传输。在 0.25 C 倍率下，锂硫电池循环 1000 周的容量衰减率为 0.0364%/周。

Zhang 等[69]制备了聚氧化乙烯-硫（PEO-S）改性隔膜，PEO-S 涂层的厚度约为 18 μm。硫一方面可以用作增强电解液渗透的造孔（润湿）剂，改善隔膜在电解液中的浸润性能；另一方面还可以提供额外的硫以增加锂硫电池的容量。当 PEO-S 复合材料中的硫含量为 40wt%或者更高时，PEO-S 改性隔膜在电解液中具有良好的润湿性，并且基于该隔膜的锂硫电池的可逆容量也得到了较大的提高。

张强课题组[70]开发了一种三元组成的 PP/GO/Nafion 隔膜，其中包含具有丰富大孔的 PP 层、致密的石墨烯层和均匀的 Nafion 层。氧化石墨烯（GO）薄片具有较轻的质量（0.0032 mg·cm^{-2}），可以紧紧贴在 PP 隔膜上。Nafion 层含有磺酸官能团，可以化学作用吸附多硫化物。三种复合材料有效地抑制了多硫化物的穿梭，提高硫利用率。该课题组[71]还报道了一种多孔石墨烯骨架（CGF）/聚丙烯膜的 Janus 隔膜。多孔聚丙烯膜可以作为锂金属负极的绝缘基底，CGF 具有 100 S·cm^{-1} 的高导电性、3.1 cm^3·g^{-1} 的大介孔体积和 2120 m^2·g^{-1} 的大比表面积，可以对多硫化物进行再活化，并保持离子通道。带有"双面"CGF 隔膜的锂硫电池的初始容量高达 1109 mAh·g^{-1}，在 0.2 C 倍率下，经过 250 周循环后，容量保持在 800 mAh·g^{-1}，比使用常规隔膜的锂硫电池的活性物质利用率提升了 40%。采用该改性隔膜的锂硫电池在硫含量为80%时仍具有高达 5.5 mAh·cm^{-2} 的面容量。CGF 隔膜的应用，很好地消除了由于硫利用率低而对锂硫电池能量密度的不良影响。

Zhang 等[72]通过静电纺丝的方法在质量超轻的超薄多壁碳纳米管层（MWCNT）上合成了聚丙烯腈/二氧化硅纳米（PAN/SiO$_2$）纤维膜，制备了多功能 PAN/SiO$_2$-MWCNT 隔膜，如图 5-11 所示。该设计有利于锂离子和电子的快速扩散，并有利于减轻多硫化物的扩散。当正极硫含量为 70% 时，在 0.2 C 倍率下，经 100 周循环后，其可逆容量保持在 741 mAh·g^{-1}，电流提高到 1 C 时，其可逆容量为 627 mAh·g^{-1}，当电流密度高达 2 C 时，300 周循环后可逆容量仍维持在 426 mAh·g^{-1}，展现出良好的循环稳定性和倍率性能。

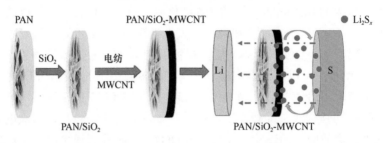

图 5-11　PAN / SiO$_2$-MWCNT 隔膜的制备及相应的锂硫电池示意图[72]

　　Xiong 等[73]通过电纺聚丙烯腈（PAN）和多磷酸铵（APP）制得一种阻燃的多功能 PAN@APP 隔膜，能够有效抑制多硫化物的穿梭，并提高锂硫电池的高温性能。由于 APP 存在丰富的氨基和磷酸根，PAN@APP 隔膜与多硫化物 PS 具有较强的结合作用，并通过电荷排斥力抑制带负电荷的 PS 离子和自由基的运输传导。此外，APP 具有良好的阻燃性能，提高了锂硫电池的高温稳定性。使用 PAN@APP 隔膜的锂硫电池，经 800 周循环后，容量保持率达到 83%。许运华课题组[74]将一种富含含氧官能团的阿拉伯树胶（GA）沉积到导电基体碳纳米纤维薄膜上，得到了 CNF-GA 复合夹层。GA 上的含氧官能团能够通过键合作用有效地吸附多硫化物。使用 CNF-GA 夹层的锂硫电池，在硫载量为 1.1 mg·cm^{-2} 时，比容量达到 880 mAh·g^{-1}，并且经过 250 周循环后，比容量保持在 827 mAh·g^{-1}。当硫载量提高到 6 mg·cm^{-2} 甚至 12 mg·cm^{-2} 时，可逆面积容量分别达到了 4.77 mAh·cm^{-2}、10.8 mAh·cm^{-2}。

5.3　金属化合物改性隔膜及功能夹层

　　金属化合物也是锂硫电池改性隔膜和功能夹层常用的材料之一。金属化合物的形貌可控性高，且具有路易斯酸性的金属离子能够与具有路易斯碱性的多硫离子发生相互作用，可作为吸附剂化学吸附多硫化物。然而，由于金属化合物的密度较大，过量的使用会降低电池的整体能量密度，因此，金属化合物常与碳材料等复合，用于隔膜的改性材料或功能夹层材料[75]。

5.3.1 金属氧化物

金属氧化物具有良好的力学性能和热力学性能，将其用作隔膜的改性材料或功能夹层材料，可以通过物理和化学作用固定多硫化物，抑制多硫化物的穿梭，提升多硫化物转化动力学[76]，从而提高锂硫电池的循环稳定性[77-80]。

黄少铭等[81]制备了轻量化的石墨烯/TiO_2复合膜作为锂硫电池的功能夹层。石墨烯/TiO_2复合膜的厚度约为 3 μm，质量仅为整个硫正极的 7.8wt%，对电池的整体能量密度影响较小。在这种设计中，多孔石墨烯作为额外的导电网络可以提升硫正极的导电性，提高活性物质的利用率，同时，石墨烯还可以物理捕获多硫化物。夹层中的 TiO_2 可以化学吸附多硫化物，进一步抑制多硫化物的溶解穿梭，减缓多硫化物的穿梭效应。石墨烯/TiO_2夹层有效提升了硫正极的可逆容量和循环稳定性，在 0.5 C 倍率下循环 300 周后，放电容量仍可达 1040 mAh·g^{-1}，在 2 C 和 3 C 倍率下，循环 1000 周后的容量衰减率仅为 0.01%/周和 0.018%/周。

Zhang 等[82]设计了具有多种组分的类格柏（一种巴西葡萄树）树枝状（Gerber tree like）夹层，树枝状部分为包覆氮掺杂多孔碳的 TiO_2 和 Co_3O_4 纳米晶体，而果实部分则为催化剂金属钴。两种共存的化学吸附剂通过 S—Ti—O 键和路易斯酸碱相互作用来协同抑制多硫化物的穿梭。此外，金属钴可以催化高阶多硫化物转化为低阶多硫化物，提高多硫化物的反应动力学，进一步抑制多硫化物的穿梭。基于该夹层的锂硫电池表现出优异的电化学性能。在 0.1 C 倍率下，循环 100 周后，可逆容量保持在 968 mAh·g^{-1}，容量保持率为 85%。石高全课题组[83]采用原子层沉积（ALD）方法，制备得到超薄 Al_2O_3 薄膜包覆石墨烯硫（G-S）复合材料，并将其作为锂硫电池的正极。该电池在 0.5 C 倍率下，循环 100 周后可逆容量仍维持在 646 mAh·g^{-1}，是未使用 Al_2O_3 涂层隔膜容量的两倍，并且其倍率性能和库仑效率也得到了明显的改善。ALD-Al_2O_3 涂层起到了抑制多硫化物溶解、缓解多硫化物"穿梭效应"的人工屏障作用，有效地改善了锂硫电池的电化学性能。Hu 等[84]采用相同的原子层沉积法将 0.5 nm 厚的 Al_2O_3 层涂覆在多孔活性碳布（ACC）上。多孔活性碳布可以再活化多硫化物，而 ALD-Al_2O_3 涂层进一步增强了其对多硫化物的再活化作用。与未经 ALD 处理的夹层相比，超薄 ALD-Al_2O_3 夹层将电池的初始放电容量从 907 mAh·g^{-1} 提高到了 1136 mAh·g^{-1}，第 40 周的放电容量从 358 mAh·g^{-1} 提高到 766 mAh·g^{-1}，增长了 114%。

Yeon 等[85]基于蒙脱土（MMT）陶瓷保护膜制备了离子选择性隔膜，如图 5-12 所示。MMT 具有亲水性，能够增强隔膜的电解液浸润性，还可以通过静电排斥作用抑制多硫化物的穿梭效应，防止其与锂金属负极发生反应。采用 MMT 涂层隔膜的纳米硫-碳纳米管复合正极展现了较高的放电容量和较长的循环寿命，在电流密度为 100 mA·g^{-1} 时，放电容量高达 1382 mAh·g^{-1}，经过 200 周循环后，放电容量为 924 mAh·g^{-1}。

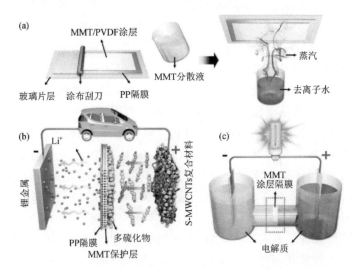

图 5-12 （a）MMT 涂层隔膜的制备过程示意图；（b）使用 MMT 涂层隔膜的锂硫电池的理论机理；（c）对隔膜作用机理进行拉曼测试研究的电化学池[85]

此外，单晶 V$_2$O$_5$ 具有高的还原电位，可以作为一个理想的还原介质，不仅可以阻挡多硫化物的穿梭，还能提高多硫化物的转化速率[86,87]。Wu 等[88]通过将一维（1D）V$_2$O$_5$ 纳米线与石墨烯纳米线缠绕，制备了一种自支撑混合夹层。应用该夹层组装的锂硫电池展现出良好的循环性能，尤其在高硫载量（5.5 mg·cm^{-2}）情况下，仍具有较高的放电比容量。

5.3.2 金属硫化物

金属硫化物通常具有较高的电子导电性，将其应用于锂硫电池的隔膜和功能夹层中，可以提高硫的利用率。此外，金属硫化物一般具有较强的极性，与极性多硫化物之间存在较强的化学亲和作用，可以很好地阻碍多硫化物的穿梭[89-91]。

唐智勇课题组[92]报道了一种 MoS$_2$/Celgard 复合隔膜，如图 5-13 所示，该复合隔膜能够有效阻挡多硫化物的穿梭，改善电池的循环稳定性。由于 MoS$_2$ 表面的锂离子密度较高，这种复合隔膜展示出快速的锂扩散能力和较高的锂迁移数。正极硫含量为 65%，基于 MoS$_2$/Celgard 隔膜的电池的初始容量达到 808 mAh·g^{-1}，并且经过 600 周循环后容量为 401 mAh·g^{-1}，平均每周容量衰减率仅 0.083%。此外，在 600 周循环中，库仑效率保持在 99.5%以上，表明复合隔膜有效地阻碍了多硫化物往锂金属负极侧的扩散，同时不影响锂离子的迁移。

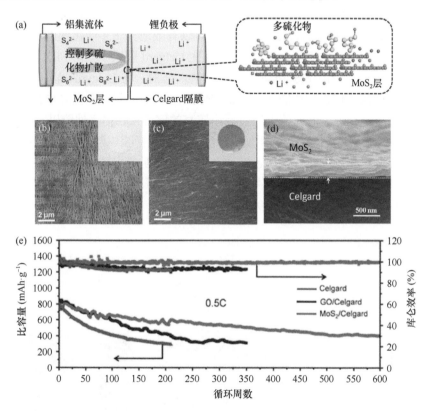

图 5-13 （a）装有 MoS$_2$/Celgard 隔膜的锂硫电池构造示意图；（b）Celgard 隔膜表面 SEM 图（内插图为原始 Celgard 隔膜）；（c）MoS$_2$/Celgard 隔膜表面 SEM 图（内插图为 MoS$_2$/Celgard 隔膜）；（d）MoS$_2$ 横截面的 SEM 图；（e）采用不同隔膜锂硫电池的循环稳定性[92]

　　Park 课题组[93]采用电化学剥离方法制备了金属 1T 相 MoS$_2$ 和 CNT 的复合隔膜。通过适当调整电化学剥离过程，制备了几层较大的 1T-MoS$_2$ 片层。该复合隔膜不仅能够捕获多硫化物，还能够促进电子转移。

　　郑俊生课题组[94]在正极表面上原位制备了多硫化物吸附阻挡层（PAL），以抑制多硫化物穿梭，从而进一步提高锂硫电池的循环稳定性。PAL 由 La$_2$S$_3$ 组成，La$_2$S$_3$ 能够通过 La—S 键和 S—S 键较强的相互作用化学吸附多硫化物，并构建阻止多硫化物穿梭的屏障。此外，La$_2$S$_3$ 能够抑制 Li$_2$S 的结晶并促进离子转移，有助于降低电池的内阻。通过这种简单的方法，有效提升了锂硫电池的循环稳定性。

目前,采用真空抽滤的方法制备功能夹层,容易导致大多数极性材料堆积在一起,不利于锂离子的快速传输,从而影响电池的倍率性能和能量密度。Manthiram课题组[95]提出了在商用 Celgard 隔膜上原位生长有序排列的空心 Co_9S_8 阵列(Co_9S_8-Celgard),见图 5-14(a),将其作为锂硫电池的多硫化物屏障。具有较强极性和良好导电性材料的中空 Co_9S_8 阵列可以有效地抑制多硫化锂的穿梭,并显著地提高了锂硫电池的电化学性能。Co_9S_8 在 Celgard 隔膜上呈阵列均匀生长,如图 5-14(c)所示,且 Co_9S_8 阵列具有中空纳米结构,与 Celgard 隔膜紧密相连,具有良好的机械稳定性,如图 5-14(d)所示。Co_9S_8 的极性和高导电性,使得高硫载量($5.6\ mg\cdot cm^{-2}$)的锂硫电池展现出较高的比容量、倍率性能以及长达 1000 周的循环寿命。而后,Lee 课题组[96]制备出在碳纳米管编织网上附着硫包覆 Co_9S_8 纳米粒子的复合夹层材料。该 Co_9S_8 纳米粒子被证明对多硫化物的转化具有较高的催化活性,所组装的锂硫电池在 0.3 C 倍率下循环 1000 周仍具有较高的放电比容量,每周容量衰减率仅为 0.049%。

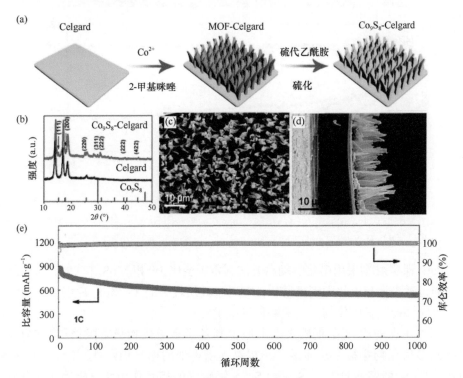

图 5-14　(a)Co_9S_8-Celgard 隔膜的制备过程示意图;(b)Co_9S_8、Celgard 和 Co_9S_8-Celgard 的 XRD 图;(c)Co_9S_8-Celgard 的表面形貌图;(d)Co_9S_8-Celgard 隔膜横截面形貌图;(e)装有 Co_9S_8-Celgard 隔膜的锂硫电池在 1 C 倍率下的循环性能[95]

Chen 课题组[97]采用乙炔黑-CoS$_2$（AB-CoS$_2$）作为隔膜的涂层材料来抑制多硫化物的穿梭。AB-CoS$_2$改性隔膜不仅可以通过形成强化学键而有效地捕获多硫化物，还可以保证锂离子的快速扩散。此外，AB-CoS$_2$涂层还可以作为上层集流体加速电子的传输，从而提高硫的利用率并确保捕获的活性材料能够再利用。因此，基于 AB-CoS$_2$改性隔膜的锂硫电池展现出较高的循环稳定性和优异的倍率性能。

5.3.3 金属氮化物

金属氮化物也是一种强极性和高导电性材料，可以作为锂硫电池的隔膜改性材料及功能夹层[98,99]。

牛志强课题组[100]将氮化铟（InN）纳米线作为隔膜的改性材料引入到锂硫电池中。InN 中的铟阳离子和富电子氮原子分别通过和多硫化锂中的多硫阴离子和锂离子之间较强的化学作用来吸附多硫化锂。此外，InN 还可以通过催化作用提升多硫化物的氧化还原反应动力学。InN 纳米线的双功能有效地抑制了多硫化物的"穿梭效应"。基于双功能 InN 改性隔膜的锂硫电池具有优异的倍率性能和较长的循环寿命，1000 周循环后容量衰减率仅为 0.015%/周。

氮化钛 TiN 由于其高导电性和优异的化学稳定性也引起了研究人员的关注[101]。Dong 等[102]采用原位合成的方法，制备了 rGO 支撑的 TiN 纳米粒子（TiN/rGO）复合材料，并将其作为锂硫电池的隔膜改性材料。TiN/rGO 涂层不仅可以吸附多硫化物，还可以催化多硫化物的氧化还原反应，有效抑制多硫化物的溶解穿梭。当硫载量高达 8 mg·cm^{-2} 时，基于 TiN/rGO 涂层的电池依然展现出良好的电化学性能。

5.3.4 金属有机骨架材料

金属有机骨架（MOF）材料是由无机金属离子（Cu^{2+}、Zn^{2+}、Fe^{3+}、Al^{3+} 和 Zr^{4+} 等）与芳香羧酸/碱有机配体（吡啶、咪唑类等）自组装形成的具有三维网格结构的一类多孔材料，具有比表面积和孔隙率高、孔道规则、孔径可调等特点，在众多领域都表现出潜在的应用价值[103-105]。近几年来，不同结构和功能的 MOF 材料已经被广泛应用到锂硫电池的隔膜和功能夹层中。由于可溶性多硫阴离子的尺寸比锂离子要大很多，所以研究者们通常采用具有特定孔径大小的 MOF 对锂硫电池的隔膜进行改性，MOF 作为"离子筛"，能够选择性透过锂离子而阻碍多硫阴离子的穿梭，从而改善电池的循环稳定性。此外，MOF 的绝缘性也满足电池体系对隔膜的要求。

周豪慎课题组将 Cu$_3$(BTC)$_2$(HKUST-1)与氧化石墨烯（GO）复合，制备了MOF@GO 隔膜[106]。HKUST-1 的孔道直径仅为 9 Å 左右，远远小于多硫化物的尺寸[107,108]，可以作为"离子筛"抑制多硫化物的穿梭，如图 5-15（a）所示。氧化石墨烯材料的层间距约为 1.3 nm，也小于多硫化物的离子直径，从而可以实现锂离子的选择性通过。采用该 MOF 改性的隔膜，具有高度有序、孔径均匀的三维孔道结构，以介孔碳/硫作为正极材料，硫含量为 70 wt%时，组成的锂硫电池循环 1500 周后的容量衰减率仅为 0.019%/周。与纯氧化石墨烯隔膜相比，MOF 材料的引入降低了锂离子传输阻力，提高了锂硫电池的倍率性能，如图 5-15（d）所示。该研究也为开发能源存储领域的功能化隔膜开拓了新思路。之后，他们通过改变中心原子金属的种类，制备了一种新型的基于锌（II）的 MOF 基锂硫电池隔膜[109]。同样地，MOF 对可溶性多硫阴离子可以起到"离子筛"的作用，并且采用该 MOF 修饰的锂硫电池在长期循环过程中，具有较高的循环稳定性和较低的容量衰减率。此外，他们还发现形成的锌-硫键可以降低能量势垒，进一步增强整体结构的稳定性。

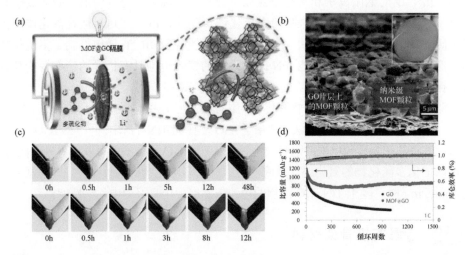

图 5-15　（a）锂硫电池中 MOF@GO 隔膜示意图；（b）多层 MOF/GO 隔膜的 SEM 图；（c）多硫化物的渗透测试（上面为 MOF/GO 隔膜，下面为 GO 隔膜）；（d）使用 MOF/GO 隔膜的锂硫电池在 1 C 倍率下的循环性能[106]

　　与以上三维结构的 MOF 不同，二维结构导电性 MOF 材料具有高原子利用率、低传输势垒以及均匀的一维孔道结构等特点。Li 课题组[110]通过抽滤的方法将二维结构的 Ni$_3$(HITP)$_2$ 沉积在普通的 PP 隔膜上，该 MOF 的比表面积约为 245.65 m^2·g^{-1}，孔道分布均匀，孔径约为 1.3 nm。MOF 改性后的隔膜不仅具有良好的离子导电性、均一的孔道结构、良好的电解液浸润性，还能够通过极性作用化学吸附多硫化物，有效抑制多硫化物的穿梭效应，从而提升电池的循环性能。而且，MOF 修饰隔膜的导电性还能增强反应的分子动力学，有利于提高电池的倍率性能。基于该二维导电 MOF 改性隔膜的锂硫电池具有高的比容量（0.1 C 时，比容量为 1220.1 mAh·g^{-1}），以及优异的倍率性能（2 C 时，比容量为 800.2 mAh·g^{-1}）。

Li 等[111]通过设计不同 MOF 改性的隔膜来探究其对多硫化物穿梭效应的抑制作用。结果表明，MOF 颗粒的堆积密度是提高电池循环稳定性和可逆容量的主要原因，堆积密度越大，性能越好。选择合适的充放电电压窗口对于维持 MOF 的稳定性、避免电解质分解和抑制副反应发生至关重要。该工作提出的机理分析有助于 MOF 基隔膜的研究与发展。

5.3.5 其他金属化合物

除了以上四种金属化合物复合材料外，近年来，越来越多的研究者把目光转向了金属磷化物[112]、金属硒化物[113,114]、金属碳化物、金属盐类[115]以及金属单质[116,117]等。这些材料同样具有较多的反应活性位点，不仅能有效抑制多硫化物的穿梭，还能起到加速催化转化多硫化物的作用。一些特殊的金属化合物结构亦能促进锂离子的扩散速率[118]。

孙克宁课题组[119]通过预先合成 ZIF-67@CNT 复合材料，再将该材料与硼氢化钠反应后碳化得到 Co$_2$B@CNT，如图 5-16 所示。结果显示，此材料在高温碳化后仍然保持着 MOF 的结构并且碳纳米管成功插入到了 Co$_2$B 多面体中。根据第一性原理计算，得出钴与硼位点的协同作用对 Li$_2$S$_6$ 的吸附能力可达 11.67 mg·m^{-2}，且同样对多硫化物具有催化作用。电化学性能分析表明，该材料具有优异的循环稳定性，在 3000 周循环后每周容量衰减率仅为 0.0072%，即使在 5C 的高倍率下放电比容量也达到 1172.8 mAh·g^{-1}。

为了在抑制穿梭效应的同时增加硫正极的导电性，Chen 等[120]开发了一种方便可行的高压釜技术用于制备 NbC，如图 5-17 所示。该技术首次应用于制备隔膜涂层材料，其合成机理主要是通过镁热还原法分别对 NbCl$_5$ 和 CCl$_4$ 进行还原，产物则自发进行共还原匹配形成 NbC。该材料体现了卓越的导电性以及催化能力，同时具备抑制多硫化物穿梭的能力。基于该隔膜涂层的锂硫电池在高倍率（5 C）和高载硫的条件下展示出优异的电化学性能。这项工作为锂硫电池的实际应用提供了快捷有效的方法。

最近，金属盐类作为电解质添加剂，已被证实对电池的电化学性能起着非常重要的作用。许多研究者还尝试把一些具有特殊结构的金属盐应用于隔膜修饰材料。周豪慎课题组[121]受疏水材料对水分子排斥作用的启发，设计了一种新型疏水界面聚硫化合物来有效抑制锂硫电池的穿梭效应。该课题组将聚硫化物制备在二维 VOPO$_4$ 片层表面，后者具有丰富的活性位点，强 V—S 键能固定多硫化物从而提高锂硫电池的库仑效率。通过原位拉曼表征发现，随着测试时间的增加，在 307 cm^{-1}

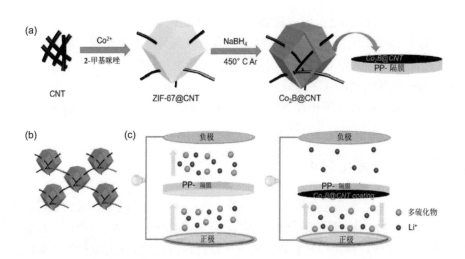

图 5-16　（a）Co₂B@CNT 的合成过程示意图；（b）Co₂B@CNT 中碳纳米管三维导电网络示意图；（c）锂硫电池原理图（左为 PP 隔膜，右为 Co₂B@CNT 隔膜）[119]

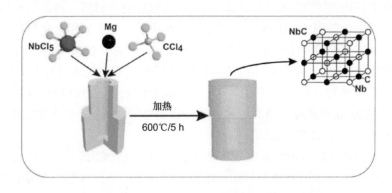

图 5-17　镁热还原法制备 NbC 的合成过程示意图[120]

的位置逐渐形成了一个新峰。证实该峰属于表面吸附多硫化物的 V—S 伸缩键，并且在 75 min 后该吸附达到饱和没有发生脱附现象。实验现象佐证了所制备的材料对多硫化物的强键合力。电化学性能同样展示出较高的循环稳定性及倍率性能，在 3 C 倍率下循环 2000 周后放电比容量仍有 578 mAh·g⁻¹，每周衰减率仅为 0.012%。黄佳琦课题组[116]通过超分子自模板方法将原子钴植入介孔碳的骨架内，改善其与多硫化物的相互作用并保持介孔结构。此外，原子钴掺杂剂还可用作活性位点以改善硫氧化还原反应的动力学。牛志强课题组[117]将单原子 Ni 负载于氮掺杂石墨烯上（Ni@NG）用于改性锂硫电池隔膜。Ni@NG 独有的 Ni-N4 特殊结构使得负载的 Ni 原子为氧化态，它作为多硫离子的活性作用位点可通过形成

S_x^{2-}···Ni—N 化学键有效固定多硫化物，从而减缓其在电化学反应中的"穿梭效应"。与此同时，氧化态 Ni 原子与多硫离子之间发生电荷转移，加快多硫化物的氧化还原反应，提高活性物质的利用率，并显著提升锂硫电池循环寿命。

5.4　总结与展望

通过引入多功能改性隔膜和夹层，包括碳基材料改性隔膜及功能夹层、聚合物材料改性隔膜及功能夹层、金属化合物材料改性隔膜及功能夹层等，可以显著提升锂硫电池材料的比容量、循环稳定性、倍率性能和库仑效率等。多功能隔膜及夹层可以通过静电排斥、空间位阻、物理和化学吸附等作用有效地抑制多硫化物穿梭，改善由"穿梭效应"引起的库仑效率低、容量衰减快等一系列问题。通过引入具有亲水性多孔材料可以改善隔膜的电解液浸润性，降低硫正极与隔膜间的界面阻抗，提高硫的利用率，提升锂硫电池循环性能和倍率性能。

尽管锂硫电池的发展取得了重大的进展，但大多数研究都是基于扣式电池，活性物质硫的含量与整个电池的质量比非常低，难以获得高的能量密度。因此，在向实际应用推进的过程中还需要解决以下问题[122]：①在实现抑制多硫化物穿梭效应的前提下，尽量降低引入的功能夹层的质量，减少非活性物质对电池总质量的影响，以提升锂硫电池的能量密度；②改性隔膜及功能夹层的复杂合成工艺尚难以实现大规模生产，还需开发低成本、合成工艺简单和环保的制造技术；③目前的大多数研究结果都是基于扣式锂硫电池获得的，但软包锂硫电池的实际工作环境较扣式电池苛刻得多，因此，锂硫软包电池中改性隔膜和功能夹层的持久性和稳定性有待进一步研究。

参 考 文 献

[1]　Huang J Q, Zhang Q, Wei F. Energy Storage Materials, 2015, 1: 127.
[2]　Novoselov K S, Fal V, Colombo L, et al. Nature, 2012, 490: 192.
[3]　Chung S H, Han P, Singhal R, et al. Advanced Energy Materials, 2015, 5: 1500738.
[4]　Li G, Sun J, Hou W, et al. Nature Communication, 2016, 7: 10601.
[5]　Chung S H, Singhal R, Kalra V, et al. Journal Physical Chemistry Letters, 2015, 6: 2163.
[6]　Chung S H, Manthiram A. Advanced Materials, 2014, 26(43): 7352.
[7]　Su Y S, Manthiram A. Nature communications, 2012, 3: 1166.
[8]　Manthiram A, Su Y S. Porous carbon interlayer for lithium-sulfur battery: U.S. Patent 9246149, 2016-1-26.
[9]　Zeng F, Jin Z, Yuan K, et al. Journal of Materials Chemistry A, 2016, 4(31): 12319.
[10]　Wang H, Zhang W, Liu H, et al. Angewandte Chemie International Edition, 2016, 55: 3992.
[11]　Chung S H, Singhal R, Kalra V, et al. Journal Physical Chemistry Letters, 2015, 6: 2163.

[12] Wang Z, Zhang J, Yang Y, et al. Journal of Power Sources, 2016, 329: 305.

[13] Yang Y, Sun W, Zhang J, et al. Electrochimica Acta, 2016, 209: 691.

[14] Wang J, Yang Y, Kang F. Electrochimica Acta, 2015, 168: 271.

[15] Zhang Z, Wang G, Lai Y, et al. Journal of Alloys and Compounds, 2016, 663: 501.

[16] Huang J Q, Zhuang T Z, Zhang Q, et al. ACS Nano, 2015, 9(3): 3002.

[17] Wang X, Wang Z, Chen L. Journal of Power Sources, 2013, 242: 65.

[18] Zhang L, Wang Y, Niu Z, et al. Carbon, 2019, 141: 400.

[19] Xu Z L, Kim J K, Kang K. Nano Today, 2018, 19: 84.

[20] Ruopian F, Ke C, Lichang Y, et al. Advanced Materials, 2018, 31(9): 1800863.

[21] Chung S H, Manthiram A. Advanced Functional Materials, 2014, 24(33): 5299.

[22] Balach J, Jaumann T, Klose M, et al. Advanced Functional Materials, 2015, 25(33): 5285.

[23] Wang H, Zhang W, Liu H, et al. Angewandte Chemie International Edition, 2016, 55: 3992.

[24] Zheng B, Yu L, Zhao Y, et al. Electrochimica Acta, 2019, 295: 910.

[25] Li S Q, Mou T, Ren G F, et al. ACS Energy Letters, 2016, 1: 481.

[26] Zhu J, Ge Y, Kim D, et al. Nano Energy, 2016, 20: 176.

[27] Zeng F L, Jin Z Q, Yuan K G, et al. Journal of Materials Chemistry A, 2016, 4: 12319.

[28] Shen S, Xia X, Zhong Y, et al. Advanced Materials, 2019, 31(16): 1900009.

[29] Zhong Y, Xia X H, Deng S J, et al. Advanced Energy Materials, 2018, 8(1): 8.

[30] Peng X, Zhang L, Chen Z, et al. Advanced Materials, 2019, 31(16): 1900341.

[31] Kong L L, Zhang Z, Zhang Y Z, et al. ACS Applied Materials & Interfaces, 2016, 8: 31684.

[32] Zhu L, You L J, Zhu P H, et al. ACS Sustainable Chemistry & Engineering, 2018, 6: 248.

[33] Yuan X Q, Wu L S, He X L, et al. Chemical Engineering Journal, 2017, 320: 178.

[34] Shao H, Ai F, Wang W, et al. Journal of Materials Chemistry A, 2017, 5(37): 19892.

[35] Chung S H, Manthiram A. Journal of Physical Chemistry Letters, 2014, 5: 1978.

[36] Su Y S, Manthiram A. Chemical communications, 2012, 48(70): 8817.

[37] He X, Ren J, Wang L, et al. Journal of Power Sources, 2009, 190(1): 154.

[38] Sun L, Kong W, Li M, et al. Nanotechnology, 2016, 27(7): 075401.

[39] Xie K Y, Yuan K, Zhang K, et al. ACS Applied Materials & Interfaces, 2017, 9: 4605.

[40] Wu K S, Hu Y, Shen Z, et al. Journal of Materials Chemistry A, 2018, 6: 2693.

[41] Chung S H, Han P, Manthiram A. ACS Applied Materials & Interfaces, 2016, 8: 4709.

[42] Zhang Z A, Wang G C, Lai Y Q, et al. Journal of Power Sources, 2015, 300: 157.

[43] Pang Y, Wei J, Wang Y, et al. Advanced Energy Materials, 2018, 8(10): 1702288.

[44] Chen Z, Wu R, Liu Y, et al. Advanced Materials, 2018: 1802011.

[45] Yang X, Yu Y, Lin X, et al. Journal of Materials Chemistry A, 2018.

[46] Fang D, Wang Y, Qian C, et al. Advanced Functional Materials, 2019: 1900875.

[47] Fang D, Wang Y, Liu X, et al. ACS Nano, 2019, 13(2): 1563.

[48] 黄佳琦, 孙滢智, 王云飞, 等. 化学学报, 2017, 75: 173.

[49] Yu S H, Lee B, Choi S, et al. Chemical Communication, 2016, 52: 3203.

[50] Mahdokht S, Abozar A, Phillip S, et al. ACS Nano, 2016, 10: 7768.

[51] Liu M, Yang Z B, Sun H, et al. Nano Research, 2016, 9(12): 3735.

[52] Huang J Q, Xu Z L, Abouali S, et al. Carbon, 2016, 99: 624.

[53] Wu F, Qian J, Chen R, et al. Journal of Materials Chemistry A, 2016, 4: 17033.

[54] Kong L, Li B Q, Peng H J, et al. Advanced Energy Materials, 2018: 1800849.

[55] Song X, Wang S Q, Chen G P, et al. Chemical Engineering Journal, 2018, 333: 564.

[56] Pei F, Lin L, Fu A, et al. Joule, 2018, 2(2): 323.
[57] Liu M, Ye F, Li W, et al. Nano Research, 2016, 9: 94.
[58] Li Y, Wang W, Liu X, et al. Energy Storage Materials, 2019: 261.
[59] Ma G, Wen Z, Jin J, et al. Journal of Power Sources, 2014, 267: 542.
[60] Wu F, Ye Y, Chen R, et al. Nano Letters, 2015, 15(11): 7431.
[61] Gu M, Lee J, Kim Y, et al. RSC Advances, 2014, 4(87): 46940.
[62] Kim E T, Park J, Kim C, et al. ACS Macro Letters, 2016, 5: 471.
[63] Niu S Z, Lv W, Zhou G M, et al. Nano Energy, 2016, 30: 138.
[64] Li G R, Wang C, Cai W L, et al. NPG Asia Materials, 2016, 8: 317.
[65] Kim J S, Yoo D J, Min J, et al. Chemistry of Nano Materials for Energy, 2015, 1: 240.
[66] Ma G Q, Wen Z Y, Wang Q S, et al. Journal of Materials Chemistry A, 2014, 2: 19355.
[67] Ma G Q, Huang F F, Wen Z Y, et al. Journal of Materials Chemistry A, 2016, 4: 16968.
[68] Abbas S A, Ibrahem M A, Hu L H, et al. Journal of Materials Chemistry A, 2016, 4: 9661.
[69] Zhang S S, Tran D T. Journal of Materials Chemistry A, 2014, 2: 7383.
[70] Zhuang T Z, Huang J Q, Peng H J, et al. Small, 2016, 12(3): 381.
[71] Peng H J, Wang D W, Huang J Q, et al. Advanced Science, 2016, 3: 1500268.
[72] Zhu J D, Yildirim E, Aly K, et al. Journal of Materials Chemistry A, 2016, 4: 13572.
[73] Lei T, Chen W, Hu Y, et al. Advanced Energy Materials, 2018, 8(32): 1802441.
[74] Tu S, Chen X, Zhao X, et al. Advanced Materials, 2018, 30(45): 1804581.
[75] Li X, Sun X L. Advanced Functional Materials, 2018, 28: 1801323.
[76] Sumair I, Zahid A Z, Rameez R, et al. Advanced Materials Interfaces, 2018: 1800243.
[77] Yang L Q, Li G C, Jiang X, et al. Journal of Materials Chemistry A, 2017, 5: 12506.
[78] Zhao T, Ye Y S, Lao C Y, et al. Small, 2017, 13: 1700357.
[79] Jiao L, Zhang C, Geng C N, et al. Advanced Energy Materials, 2019: 1900219.
[80] Wang J, Wu J Z, Xuan C J, et al. Journal of Materials Chemistry A, 2018, 6: 6503.
[81] Xiao Z, Yang Z, Wang L, et al. Advanced Materials, 2015, 27(18): 2891.
[82] Fan C Y, Liu S Y, Li H H, et al. Journal of Materials Chemistry A, 2017, 5: 11255.
[83] Yu M P, Yuan W J, Li C, et al. Journal of Materials Chemistry A, 2014, 2: 7360.
[84] Han X G, Xu Y H, Chen X Y, et al. Nano Energy, 2013, 2: 1197.
[85] Ahn W, Lim S N, Lee D U, et al. Journal of Materials Chemistry A, 2015, 3: 9461.
[86] Liu F, Xiao Q F, Wu H B, et al. ACS Nano, 2017, 11: 2697.
[87] Liu M, Li Q, Qin X Y, et al. Small, 2017, 13: 1602539.
[88] Guo Y, Zhang Y, Zhang Y, et al. Journal of Materials Chemistry A, 2018, 6: 19358.
[89] Zhang Y, Xu G, Kang Q, et al. Journal of Materials Chemistry, 2019, 7(28): 16812.
[90] Wang N, Chen B, Qin K Q, et al. Nano Energy, 2019, 60: 332.
[91] Wang L H, He Y B, Shen L, et al. Nano Energy, 2018, 50: 367.
[92] Ghazi Z A, He X, Khattak A M, et al. Advanced Materials, 2017, 29: 1606817.
[93] Jeong Y C, Kim J H, Kwon S H, et al. Journal of Materials Chemistry A, 2017, 5: 23909.
[94] Jin L M, Li G R, Liu B H, et al. Journal of Power Sources, 2017, 355: 147.
[95] He J, Chen Y, Manthiram A. Energy & Environmental Science, 2018, 11: 2560.
[96] Lin H B, Zhang S L, Zhang T R, et al. ACS Nano, 2019, 13: 7073.
[97] Zeng P, Huang L, Zhang X, et al. Applied Surface Science, 2017, 08: 62.
[98] Cheng Z, Pan H, Chen J, et al. Advanced Energy Materials, 2019, 9(32): 1901609.
[99] Zhang J, Li G, Zhang Y, et al. V Nano Energy, 2019, 64: 103905.
[100]   Zhang L L, Chen X, Wan F, et al. ACS Nano, 2018, 12: 9578.

[101] Hao B Y, Li H, Lv W, et al. Nano Energy, 2019, 60: 305.

[102] Deng D R, Lei J, Xue F, et al. Journal of Materials Chemistry A, 2017, 5: 23497.

[103] Makal T A, Li J R, Lu W, et al. Chemical Society Review, 2012, 41: 7761.

[104] Yoon M, Srirambalaji R, Kim K. Chemical Review, 2012, 112: 1196.

[105] Hong X J, Song C L, Yang Y, et al. ACS Nano, 2019, 13: 1923.

[106] Bai S, Liu X, Zhu K, et al. Nature Energy, 2016, 1(7): 16094.

[107] Vijayakumar M, Govind N, Walter E, et al. Physical Chemistry Chemical Physics, 2014, 16(22): 10923.

[108] Cuisinier M, Cabelguen P E, Evers S, et al. The Journal of Physical Chemistry Letters, 2013, 4(19): 3227.

[109] Bai S Y, Zhu K, Wu S C, et al. Journal of Materials Chemistry A, 2016, 4: 16812.

[110] Chen H H, Xiao Y W, Chen C, et al. ACS Applied Materials & Interfaces, 2019, 11: 11459.

[111] Li M L, Wan Y, Huang J K, et al. ACS Energy Letters, 2017, 2: 2362.

[112] Luo Y F, Luo N N, Kong W B, et al. Small, 2018, 14: 1702853.

[113] Yuan H, Peng H J, Li B Q, et al. Advanced Energy Materials, 2019: 1802768.

[114] Fan C Y, Zheng Y P, Zhang X H, et al. Advanced Energy Materials, 2018: 1703638.

[115] Yang Y F, Zhang J P. Advanced Energy Materials, 2018: 1801778.

[116] Xie J, Li B, Peng H, et al. Advanced Materials, 2019, 31(43): 1903813.

[117] Zhang L, Liu D, Muhammad Z, et al. Advanced Materials, 2019, 31(40): 1903955.

[118] Shao Q, Wu Z, Chen J, et al. Energy Storage Materials, 2019: 284.

[119] Guan B, Zhang Y, Fan L S, et al. ACS Nano, 2019, 13: 6742.

[120] Cai W L, Li G R, Zhang K L, et al. Advanced Functional Materials, 2018, 28: 1704865.

[121] He Y B, Qiao Y, Chang Z, et al. Angewandte Chemie International Edition, 2019, 58: 1.

[122] He Y B, Qiao Y, Zhou H S. Dalton Transactions, 2018, 47: 6881.

06

锂硫电池理论计算与表征方法

计算材料学是综合材料科学、计算机科学、数学、化学等学科而发展起来的，是利用计算对材料的组成、结构和性能进行建模、模拟计算和预测预报的一门学科。利用理论计算模拟，能够帮助研究者更清楚地了解在锂硫电池充放电过程中，伴随着物质和结构变化时，所发生的电荷转移过程和电化学反应过程，从而在微观层面理解锂硫电池的充放电行为，探究电池材料的结构与性能之间的关系。同时理论计算模拟也能够为锂硫电池相关材料的开发及其充放电行为的模拟提供理论依据。

先进表征方法对探究锂硫电池的诸多基础科学问题、阐明锂硫电池中的电化学反应过程具有重要的作用，包括对硫和硫化锂的溶解和沉积行为、锂离子在电极材料中的扩散动力学特性、电极材料充放电过程中结构的演变、电位与结构的关系、电极表面空间电荷层分布等。除了基础的电化学测试、光谱测试等表征方法以外，各种先进的原位表征技术在锂硫电池体系的研究中也实现了有效应用。

本章将对理论计算方法和原位表征技术在锂硫电池研究中的应用进行详细阐述。

6.1 理 论 计 算

6.1.1 理论计算简介

从原始的石器时代到青铜时代，从青铜时代到钢铁时代，再到现在的各种高分子、金属、陶瓷材料时代，人类社会的发展历程，是以材料的更迭为标志的，材料是人类社会进步的基础和先导。20 世纪以来，物理学、化学的发展，尤其是量子化学的发展，极大地促进了材料学的发展，为材料的理论计算提供了应用的可能；并且随着计算机技术的发展，计算机模拟已经成为材料学研究中的重要部分。

理论解决化学问题的方法可以追溯到化学发展的早期，但在奥地利物理学家埃尔温·薛定谔导出薛定谔方程之前，可用的理论工具相当粗糙，并存在很大的猜测特点。当今，基于量子力学及统计力学原理的理论计算方法已经非常普遍。通过理论计算，我们可以从不同空间和时间尺度获得所需要的信息，如图 6-1 所示，在微观层面上理解化学物质的性质、分子间的相互作用力，甚至从宏观层面上理解材料的形成过程。

材料的理论计算是材料科学研究里的"计算机实验"，涉及材料、物理、计算机、数学、化学等多门学科，是关于材料组成、结构、性能等的计算机模拟与设计的学科。目前常用的计算方法有第一性原理方法、分子动力学方法、蒙特卡罗方法、元胞自动机方法、相场法、几何拓扑模型方法、有限元分析等。

本节主要对第一性原理方法及分子动力学方法及其在锂硫电池中的应用进行简单介绍。

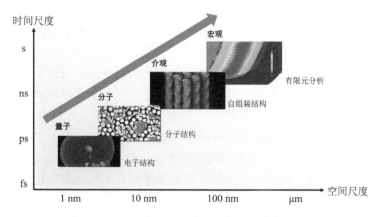

图 6-1　理论计算在不同时间和空间尺度中的应用

6.1.1.1　第一性原理

第一性原理（first principle）方法，是指根据原子核和电子相互作用的原理及其基本运动规律，运用量子力学原理经过近似处理后直接求解薛定谔方程的算法。从头算（*ab initio*）是狭义的第一性原理计算，用电子质量、光速、质子中子质量等少数实验数据进行的量子计算，该方法计算精度高但计算量大。大多数情况下第一性原理方法包括一定的近似，而这些近似值常由基本数学推导产生，例如换用更简单的函数形式或采用近似的积分方法。

第一性原理方法常使用玻恩-奥本海默（Born-Oppenheimer）近似，将电子运动和原子核运动分离以简化薛定谔方程。计算常分为电子结构计算和化学动力学计算两个步骤进行。

1）电子结构

电子结构（electronic structure）是原子的电子层数、能带和能级分布以及价电子的数目结构及其所处位置等的总称，通过求解定态薛定谔方程（也称为不含时薛定谔方程）得到。代表性计算方法包括哈特里-福克（Hartree-Fock）方程、量子蒙特卡罗、密度泛函理论（DFT）、现代价键理论等。

最常见的第一性原理电子结构计算方法是 Hartree-Fock 方程，其采用变分法求解，所得的近似能量永远等于或高于真实能量，随着基函数的增加，Hartree-Fock 能量无限趋近于 Hartree-Fock 极限能。量子蒙特卡罗法（quantum Monte Carlo，QMC）采用蒙特卡罗方法对积分进行数值解析，其体系的基态波函数显式地写成关联的波函数；该方法计算非常耗时，但在目前的第一性原理方法中精确度最高。

密度泛函理论（density functional theory，DFT）是指在一个具有相互作用的多粒子系统中，以电子密度为该系统的唯一变量，则可用该体系基态电子密度的泛函来描述体系中其他物理量，这便是泛函理论的开端。密度泛函理论使用电子密度而不是波函数来表述体系能量，其中哈密顿量的一项，交换关联泛函，采用半经验近似形式。

当采取的近似足够小时，第一性原理电子结构方法的结果可以无限趋近准确值。然而，随着近似的减少，与真实值的偏差往往并不会单调递减，有时最简单的计算反而可能得到更精准的结果。

2）化学动力学（chemical kinetics）

在玻恩-奥本海默近似下对原子核坐标变量与电子变量进行分离后，与核自由度相关的波包通过与含时薛定谔方程全哈密顿量相关的演化算符进行传播。而在以能量本征态为基础的另一套方法中，含时薛定谔方程则通过散射理论进行求解。原子间相互作用势由势能面描述，一般情况下，势能面之间通过振动耦合项相互耦合。用于求解波包在分子中传播的主要方法包括：分裂算符法、多组态含时哈特里方法、半经典方法。

6.1.1.2 分子动力学

分子动力学（molecular dynamic，MD）法，最早在 20 世纪 50 年代由物理学家提出，是结合物理、化学、生物体系理论，用以研究物质诸多性质的常用方法之一。根据在计算机中时刻追踪全部粒子的运动规律，导出物质全部的性质，这就是分子动力学法。

分子动力学使用牛顿运动定律研究系统的含时特性，包括振动或布朗运动，大部分情况下也加入一些经典力学的描述。分子动力学与密度泛函理论的结合称作卡尔-帕林尼罗（Car-Parrinello）方法。分子动力学严格求解每个粒子的运动方程，通过分析系统来确定粒子的运动状态。通常，分子、原子的轨迹是通过数值求解牛顿运动方程得到，势能（或其对笛卡儿坐标的一阶偏导数）通常可以由分子间相互作用势能函数、分子力学力场、从头算给出。基本计算步骤如下：①确定起始构型。进行分子模拟的基础是通过实验数据或量子化学计算确定能量较低的起始构型，之后根据玻尔兹曼分布随机生成构成分子的各个原子速度，调整后使得体系总体在各个方向上的动量之和为零，即保证体系没有平动位移。②进入平衡相。由确定的分子组建平衡相，在构建平衡相时对构型、温度等参数加以监控。③进入生产相。根据牛顿力学和预先给定的粒子间相互作用势能来对各个粒子的运动轨迹进行计算，体系总能量不变，但分子内部势能和动能不断相互转化，使体系的温度也不断变化，在整个过程中，体系会遍历势能面上的各个点（理论上，如果模拟时间无限）。④计算结果。用抽样所得体系的各个状态计算当时体系的势能，进而计算构型积分。

6.1.2 锂硫电池中的理论计算

目前，锂硫电池的产业化应用进展较慢，这是由于锂硫电池体系存在以下几个方面的问题：①室温下，硫是电子和离子绝缘体，用作电化学反应的活性物质时反应难度大，因此电池电极充电能力差，倍率性能较差；②由于溶解在电解液中的多硫化物发生穿梭效应而导致严重的过充和自放电问题；③锂金属具有很强的化学活性，易与电解质溶液中的溶剂、锂盐和添加剂等发生化学反应，在锂负极表面生成固体电解质界面（SEI）膜，导致电极极化电阻增大，并且严重的副反应会导致锂金属负极和电解质的快速消耗。

为了克服上述问题，科研工作者做出了许多努力，使锂硫电池的研究取得了较大的进展。采用多孔碳[1]、碳纳米管[2]、石墨烯[3]、还原氧化石墨烯[4]、导电聚合物[5]及其掺杂物[6]作为硫正极载体，在很大程度上改善了硫正极低电导率和体积变化的问题。目前，已经报道的应用于硫正极的掺杂碳[7]、金属氧化物[8-10]、金属硫化物[9,10]和其他载体[9,11]的合理设计方法，能够增强与多硫化物中间体之间的相互作用，从而缓解了电解液中由多硫化物的穿梭导致的各种问题。此外，学者们还探讨了导电纳米骨架结构[12,13]、人工 SEI 膜[14,15]、固体电解质[16,17]和各种电解液添加剂[18,19]对锂金属负极的保护作用；同时还对电池的产气机理进行了深入的研究[20,21]。

锂硫电池充放电的总反应可表示为：$S_8 + 16Li \rightleftharpoons 8Li_2S$。然而，硫反应的详细过程比较复杂，涉及许多中间体，如 Li_2S_8、Li_2S_6、Li_2S_4 和 Li_2S_2，以及各种硫自由基。在醚类电解液中，只有硫、Li_2S_2 和 Li_2S 以固态形式存在，同时固-液-固三相转化反应的存在显著提高了体系的复杂性。因此，对于锂硫电池体系，目前仍然缺乏一个明确的转化和充放电机制。

在锂硫电池中，许多机理尚不明确，且难以用实验进行验证，而模拟计算方法为解决这些问题提供了有力的工具。目前锂硫电池的理论计算主要集中在以下四个方面。

6.1.2.1 热力学参数的计算

热力学量，包括焓、熵和吉布斯自由能，可以结合统计力学计算方法来计算。这些基本性质对于理解电化学反应是非常重要的。例如，Assary 等[22]计算了硫分子、多硫离子和硫自由基等各种硫物种的能量（焓和吉布斯自由能），如图 6-2 所示。据此，确定了硫物种转化过程中的能量、焓和吉布斯自由能的变化，并确定了特定转化途径的可能性。

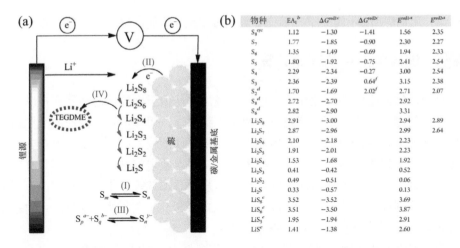

图 6-2 （a）锂硫电池体系的原理示意图；（b）采用 G4MP2 理论计算得到的各种含硫物质的吉布斯自由能与电极电势[22]

6.1.2.2 结构的模拟计算

几何和电子结构的优化是计算化学最基本的应用之一。结合 X 射线衍射（XRD）、X 射线吸收精细结构（XAFS）、扩展 X 射线吸收精细结构（EXAFS）等分析技术，在优化几何结构和电子结构的基础上，可以获得各种键合信息。

多硫化物的穿梭效应是锂硫电池体系中主要的副反应之一，它是指可溶性多硫化物中间体的自发溶解和扩散，在锂负极界面引起一系列的副反应。多硫化物的自放电导致正极活性物质流失、电池库仑效率差、循环寿命短。利用物理和化学限制的方法来控制多硫化物穿梭是目前改善锂硫电池性能的主要技术途径，如采用石墨烯、碳纳米管、碳氮化物、碳纳米纤维、聚合物、各种金属氧化物、硫化物、氮化物、碳化物，以及以上材料的复合物等用作正极主体结构中的硫和多硫化物的锚固材料。因此，增强多硫化物与宿主材料之间的相互作用是一种合理设计硫正极的广泛应用方法。

有关骨架与多硫化物间相互作用的大量理论工作得到开展，主要集中在结合能、键长和电荷分析等方面[23-38]。陈人杰课题组[39]利用 DFT 计算研究了硼掺杂石墨烯与多硫化物之间的作用，发现硼掺杂石墨烯中，电子云的不均匀分布，增强了对多硫化物的吸附作用，如图 6-3（a）所示。Hou 等[40]对多硫化物和杂原子掺杂纳米碳材料的结构进行了优化，如图 6-3（b）所示，并通过 Bader 电荷、自然键轨道和偶极子分析，进一步研究 Li_2S_4 与 N 掺杂纳米碳之间的界面相互作用。此外，有研究深入分析了键的电子结构，以阐明相互作用的化学性质。以杂原子掺杂的碳材料为例，多硫化物通过 Li⋯X 相互作用（X=N，O 等）与宿主结合，这种作用可表示为锂键。^{7}Li NMR 谱是表征锂键的有力工具，研究者用 ^{7}Li 核磁共振波谱探讨了锂键化学作用及其在锂硫电池中的作用，如图 6-3（c）所示[41]。实验结果表明，在吡啶（PD）的存在下，Li_2S_8 的 ^{7}Li NMR 谱峰出现了约 0.3 ppm 的上移。低场的上移归因于对 ^{7}Li 原子的非屏蔽效应，这与氢键理论中的结果相似。通过对结合能、电荷和偶极子的分析，将锂键归为偶极-偶极相互作用，并提出了 ^{7}Li NMR 峰的上移趋势可定量分析锂键强度。在锂硫电池中，锂键促进了分子间的结合，从而提高了多硫化物的转化动力学。

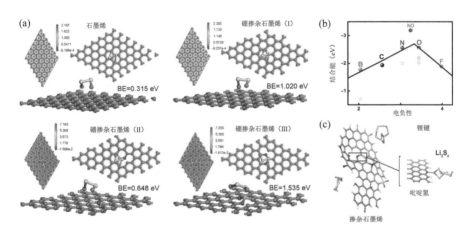

图 6-3　（a）Li_2S_2 分子与硼掺杂石墨烯之间的结合能[39]；（b）Li_2S_4 分子与各类杂原子掺杂石墨烯之间的结合能[40]；（c）锂硫电池中存在的锂键示意图[41]

　　由于锂金属具有较高的反应活性，常规的有机电解液在负极上分解严重。虽然对电解液分解的反应途径已经有较多研究，但锂金属负极上有机电解液不稳定性的化学原因尚不完全清楚[42,43]。Chen 等[12]以钠金属负极为例，提出离子溶剂配合物促进金属负极表面电解质分解的观点，并利用实验和理论模拟相结合证实了该观点。如图 6-4 所示，与钠离子配位后，溶剂的最低未占分子轨道（LUMO）能量明显降低，说明电解液的还原性增强，这是电解液在电池充放电过程中持续分解的原因[12]。原位光学显微镜观察进一步验证了理论预测，即含钠盐电解液的放气程度比纯溶剂更为严重。在理论和实验结果的启发下，作者进一步提出了电解液设计的两种观点：第一，与传统的有机溶剂氧化还原电位相比，离子-溶剂配合物的氧化还原电位更适合作为电解质筛分的参数；第二，在体系中引入一种不同的阳离子能够影响体系的溶剂化结构，从而影响电解质的稳定性和 SEI 膜的优化。因此，该原理揭示了离子溶剂配合物对金属负极稳定性的关键作用，为具有高稳定性电解质材料的开发提供了合理的设计方案。

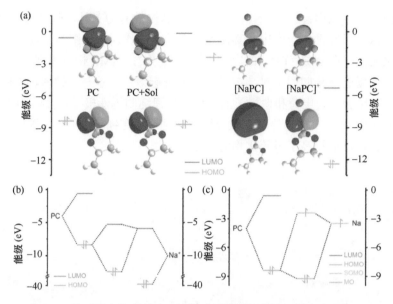

图 6-4　基于前线轨道理论分析各种溶剂的轨道能，以及钠离子和
钠原子分别与 PC 分子的轨道杂化[12]

6.1.2.3　光谱的计算

光谱一般包括红外光谱、拉曼光谱、紫外可见光谱、核磁共振谱、电子自旋共振（ESR）和光电子发射光谱（PES）[包括 X 射线吸收光谱（XAS）和紫外光电子光谱（UPS）]。Ma 等[44]计算了二乙烯基三胺基丙基三甲氧基硅烷（PDTA）的结构和 TMS-PDTA 的红外光谱，如图 6-5（a）所示。在含醇混合物中发现了位于 630 cm^{-1} 处 Li—N 键伸缩振动的特征峰，这与实验结果相吻合。

采用三乙基硼氢化锂直接还原法可以得到非晶态的二硫化锂，但相较于其他碱性二硫化合物，如 Na_2S_2 和 K_2S_2，晶态 Li_2S_2 的合成难度较大[45,46]。这可能是由于 Li（76 pm）和 S（184 pm）的离子半径与 Na（102 pm）/K（138 pm）和 S 的离子半径差异较大[45,47]。为了探寻晶体 Li_2S_2 的性质，Kao[48]、Wang[49]和 Kawase[50]等通过第一性原理计算，优化了包括 Li_2S_2 在内的各种多硫化物的结构。Assary 等[22]计算了非水电解质中 Li_2S_2 的分子团簇。Feng 等[51]进行了一项进化算法/DFT 研究，以预测 Li_2S_2 晶体的原子和电子结构。他们的计算结果表明 Li_2S_2 是亚稳态的，最终分解成 Li_2S，这可解释一些报道中出现 Li_2S_2 的观测结果，而有些却未检测到。计算结果表明，在计算的 Li_2S_2 晶体结构的基础上，模拟的 XRD 图谱与电池中获得的原位 XRD 结果相吻合[52]，如图 6-5（b）所示。XRD 峰出现在第一次充电结束和第二次放电结束之前，与硫和 Li_2S 相比存在很大差异，因此，这些峰被明确地证实为 Li_2S_2 的 XRD 信号。

预测的 Li_2S_2 晶体为 $P1$ 空间群的三斜结构，预测的晶格常数仅与实验结果相差 3%。

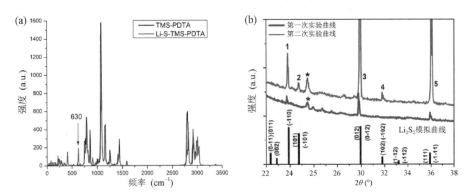

图 6-5 （a）基于 DFT 方法计算得到的 TMS-PDTA 及其与多硫化物的混合物的红外光谱[44]；
（b）计算得到的 Li_2S_2 的 XRD 图与实验得到的 XRD 图[52]

6.1.2.4 动力学模拟

量子化学方法专注于微观的研究，特别是在原子或小分子的水平上，而对于较大的系统则慢得令人望而却步。采用分子动力学方法进行模拟可以有效缓解这种问题。此外，仅用实验方法探索反应机理和其他动力学是非常困难和昂贵的，但电池中氧化还原反应的过渡态和中间产物都可以通过理论方法进行研究，并进一步推断反应途径和活化能。

此外，通过 MD 模拟可以直观地显示反应过程和反应产物。例如，Chen 等[53]研究了 1,3-二氧环戊烷（DOL）在 Li 金属表面的分解。通过过渡态计算预测了反应路径，并通过从头算分子动力学（AIMD）模拟进一步验证，如图 6-6 所示。

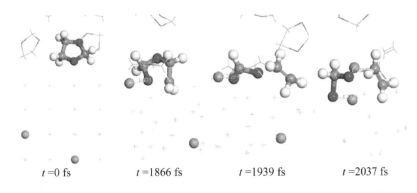

| $t=0$ fs | $t=1866$ fs | $t=1939$ fs | $t=2037$ fs |

图 6-6 利用 AIMD 方法基于 Li（110）+9DOL 模型研究 DOL 分子的分解过程[53]

目前在锂硫电池体系研究领域，理论模拟计算不能很好地描述系统中存在的本征缺陷或杂质，以及数十万原子间的协同作用，因此理论模拟计算和实验方法之间仍存在较大误差。首先，有效地利用高性能计算、算法开发和软件改进可以缩小理论和实验的差距。例如，可以利用更精确的团簇模型来研究多硫化锂在导电骨架上的吸附和成核过程，而不是使用简单的单分子模型[54-56]。Li 等[54]进行了 DFT 计算，研究了多硫化锂在含 LiPS 或硫团簇的硅和硼烯表面的脱硫反应。Liu 等[55]采用 AIMD 模拟描述了锂负极表面 Li$_2$S 膜的形成过程，并考虑了不同的覆盖范围。

同时，开发高效的基础结构软件也可以应用于处理更大、更复杂的化学体系。例如，Rajput 等[57]采用 MD 模拟方法，研究了含有数千个分子的大规模锂硫电解质的溶剂化行为，如图 6-7 所示。结果证明锂硫电池电解质溶液中溶质和溶剂分子间的相互竞争作用对低阶多硫化物团簇的形成和高阶多硫化物链长的增加具有重要作用。

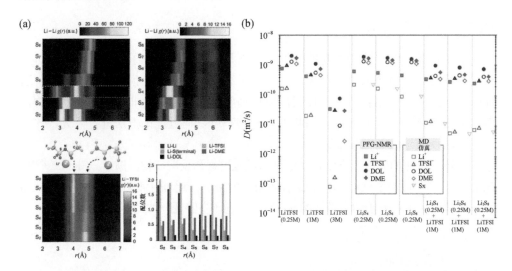

图 6-7　（a）Li$^+$-Li$^+$、Li$^+$-TFSI$^-$、Li$^+$-S$_x^{2-}$、Li$^+$-DME 以及 Li$^+$-DOL 在多硫化锂溶液中的配位行为模拟；（b）Li$^+$、TFSI$^-$、DOL、DME 和 PSs 在电解液中的自扩散系数模拟[57]

理论计算的方法也在不断地完善和演进中。例如，在"广义梯度近似"（GGA）、"Meta-GGA"和混合泛函（如 B3LYP[57,58]）之外，DFT 计算的精度在不断地提高。新兴的机器学习技术甚至可以绕过 Kohn-Sham 方程，通过实例学习密度泛函[58]。锂硫电池中复杂的竞争性键合作用机制，包括电解质与电极之间复杂的界面相互作用，需要利用更先进的理论方法来系统分析相关的电子效应、极化和电荷转移。新出现的电子结构计算能量分解分析（EDA）方法[59,60]有助于定量理解分子间相互作用，并确立分子力场参数。未来，利用更强大的计算机、高精度的计算方法和大尺度的模型,将进一步探索晶态或非晶态放电产物中电子和离子的传输机理。

6.2 原 位 表 征

6.2.1 表征方法简介

为了提高锂硫电池的放电容量和循环稳定性,了解电化学反应过程和硫的电化学氧化还原反应机理是至关重要的。在过去的几十年中,各种先进的原位表征技术应运而生,这些方法增强了人们对锂硫电池衰减机理的理解,并促进了高性能锂硫电池的进一步发展。原位表征能够观测电池体系运行过程中的电化学反应过程,消除电极材料后处理工艺的影响和不确定性。到目前为止,原位表征技术已经被用于锂离子电池机理的研究,并且取得了很大的成功。近年来,各种锂硫电池的原位表征技术同样得到了发展[61]。"原位"表征是指在锂硫电池充放电过程中进行的同步测量,在这过程中电化学测试可能会停止,也可能会继续进行,这取决于表征方法的需求。这些原位表征技术包括 X 射线衍射(XRD)、透射电子显微镜(TEM)、原子力显微镜(AFM)、透射 X 射线显微镜(TXM)、X 射线断层扫描(XRT)、拉曼光谱、紫外-可见(UV-Vis)吸收光谱、X 射线近边缘结构(XANES)、核磁共振(NMR)、高效液相色谱(HPLC)、X 射线光电子能谱(XPS)、X 射线照相(XRR)、电子顺磁共振(EPR)/电子自旋共振(ESR)光谱和 X 射线荧光(XRF)等。

6.2.2 锂硫电池中的常用表征方法

6.2.2.1 电化学表征

1)循环伏安法

循环伏安法(cyclic voltammetry)是一种常用的电化学研究方法。该法控制电极电势以不同的速率,随时间以三角波形一次或多次反复扫描,电势范围是使电极上能交替发生不同的还原和氧化反应,并记录电流-电势曲线。根据曲线形状可以判断电极反应的可逆程度、中间体、相界吸附或新相形成的可能性,以及偶联化学反应的性质等。常用来测量电极反应参数,判断其控制步骤和反应机理,并观察整个电势扫描范围内可发生哪些反应,及其性质如何。对于一个新的电化学体系,首选的研究方法是循环伏安法,可称之为"电化学的谱图"。本法除了使用汞电极外,还可以用铂、金、玻璃碳、碳纤维微电极以及化学修饰电极等。

循环伏安法（CV）是锂硫电池研究的一种简便而重要的工具。CV 曲线提供了有关电极反应的重要信息，如动力学参数等。锂硫电池 CV 测试的电压窗口总是与循环测试相同，并将 CV 曲线绘制成电流与电压的关系图。在常用的醚类电解质[如 1,3-二氧环戊烷（DOL）、1,2-二甲氧基乙烷（二甲醚或甘氨酸）、四乙二醇二甲醚（TEGDME 或四甘醇）]中，单质硫正极通常在 2.2~2.4 V 和 1.9~2.1 V 左右出现两个还原峰，分别对应于单质硫转化为多硫化物和最终转化为 Li$_2$S 两个过程。同时也会出现两个氧化峰，是 Li$_2$S 的连续氧化产生的[62]，但这两个氧化峰往往是重叠的，因此很难区分它们[63]。此外，各峰的位置也会受电解液组成、硫的负载量、CV 扫描速率等因素的影响。与恒电流充放电曲线相似，基于准固态机理的硫正极 CV 曲线也会出现两个反向还原/氧化峰[64]。

2）电化学循环

电化学循环是评价电池性能的最常用的方法之一。通常，常规的测试是在恒电流密度条件下，而在某些特定情况下，需要采用恒电位的方法来进行测试。在大多数情况下，虽然在工作电压窗口中存在一些离散性，但锂硫电池充放电的终止是由电池电压的突然上升或下降所指示的。正常情况下，放电和充电的截止电压在 1.0~1.9 V 和 2.6~3.0 V（vs. Li$^+$/Li）范围内。低的放电截止电压，例如 1.0~1.5 V，通过延长从 Li$_2$S$_2$ 到 Li$_2$S 的运动迟滞固态转换，产生显著的放电过电位，从而增加放电容量[63]。然而，在随后的电化学氧化过程中，很难再获得电绝缘相和运动惰性相 Li$_2$S，造成了严重的容量损失。相反，较高的放电截止电压，比如 1.7~1.9 V，虽然初始放电容量较低，但却能够提升电池的循环稳定性。另一种提高放电截止电压的方法是在电解液中加入硝酸锂（LiNO$_3$），这通常用于保护金属锂负极免受多硫化物腐蚀。当电池电压降到 1.6 V 以下时，LiNO$_3$ 在硫正极侧发生分解[65]。LiNO$_3$ 分解的电压阈值可能取决于材料和 LiNO$_3$ 浓度，所以一般设置放电截止电压为 1.8 V[66]。与单质硫正极不同，包裹在超微孔中或与有机骨架结合的硫能够经受平均放电电压低于 1.7 V 的准固态电化学反应，要求低放电截止电压为 1.0~1.2 V。关于充电截止电压，只有一种情况会高于常规范围（2.6~3.0 V）。对于首次充电的 Li$_2$S 正极，截止电压为 3.5~4.0 V，这是由于首周充电时，氧化势垒通常在 3.0 V 以下是无法克服的[67]。一般情况下，对于含 LiNO$_3$ 添加剂的锂硫电池，建议采用 1.7~1.9 V（放电）至 2.6~3.0 V（充电）的测试窗口。在某些情况下，非金属负极材料如石墨和硅被用来取代锂金属负极。相应地，若将放电截止电压调低 0.1~0.6 V，便可抵消这些非金属负极材料的嵌锂/脱硫所引起的电压损耗[68]。

3）倍率测试

倍率测试也是评价电池性能的一项重要指标。"C 倍率"是应用的特定电流密度的常用术语。1 C 的充放电倍率表示，假设充放电达到理论容量，半周期（无论是充电还是放电）都要在一小时内完成，而不需要任何自放电或过充。不同的倍率与施加的电流密度成正比。从电化学法拉第定律推断硫正极的理论容量为 1672 mAh·g^{-1}，因此"1 C"对应于 1672 mA·g^{-1} 的电流密度。在大多数锂硫电池的研究中，C 倍率范围从 0.01 C 到 10 C，典型的充放电倍率测试包括一个从 0.05 C 或 0.1 C 开始的上升倍率序列，最高倍率为 2 C～10 C。随着 C 倍率的增加，极化通常变得更加严重。放电截止电压可适当降低，以保证反应完全。

4）恒电流间歇滴定技术

恒电流间歇滴定技术（galvanostatic intermittent titration technique，GITT）就是在一定的时间间隔对体系施加某一预设的恒定电流，在电流脉冲期间，测定工作电极和参比电极之间的电位随时间的变化。电流脉冲期间，有恒定量的锂离子通过电极表面，扩散过程符合菲克第二定律。在电极上施加一定时间的恒电流，记录并分析在该电流脉冲后的电位响应曲线。Dibden 等[69]对 GITT 在锂硫电池中的应用进行了分析，并提出一些需要注意的问题。

6.2.2.2　结构表征

1）X 射线衍射

X 射线衍射（XRD）是通过对材料进行 X 射线衍射，分析其衍射图谱，获得材料的成分、材料内部原子或分子的结构或形态等信息的研究手段，主要用于确定晶体结构。晶体结构导致入射 X 射线束衍射到许多特定方向，通过测量这些衍射光束的角度和强度，可以产生晶体内电子密度的三维图像。根据该电子密度，可以确定晶体中原子的平均位置，以及它们的化学键和各种相关信息。

原理：X 射线是原子内层电子在高速运动电子的轰击下跃迁而产生的光辐射，主要有连续 X 射线和特征 X 射线两种。晶体可被用作 X 射线的光栅，这些大数目的粒子（原子、离子或分子）所产生的相干散射将会发生光的干涉作用，从而使得散射的 X 射线的强度增强或减弱。由于大量粒子散射波的叠加，互相干涉而产生最大强度的光束称为 X 射线的衍射线。满足衍射条件，可应用布拉格公式：$2d\sin\theta = n\lambda$。入射光束使每个散射体重新辐射其强度的一小部分作为球面波。如果散射体与间隔 d 对称地排列，则这些球面波将仅在它们的路径长度差 $2d\sin\theta$ 等于波长 λ 的整数倍的方向上同步。在这种情况下，入射光束的一部分偏转角度 2θ，会在衍射图案中产生反射点。

应用已知波长的 X 射线来测量 θ 角，从而计算出晶面间距 d，这是用于 X 射线结构分析；另一个是应用已知 d 的晶体来测量 θ 角，从而计算出特征 X 射线的波长，进而可在已有资料中查出试样中所含的元素。

X 射线衍射（XRD）是探测晶体结构变化的首选技术。在锂硫电池充放电过程中，通过 XRD 可以观察到有四种可能的固相，即硫的 α 相和 β 相，放电结束产物是 Li_2S 或可能存在 Li_2S_2 相。尽管硫电极的概念在 20 世纪 70 年代初就已经被报道，但直到 2013 年，研究人员观察到在第一个循环之后，硫并没有回到它的 α 结构，相反是以 β 结构存在[9-11]。对于 Li_2S_2 相，在标准电化学条件下，还未对其进行 XRD 表征。有研究者指出，Li_2S_2 很可能以高度位错相的形式出现，这就排除了用 XRD 对其进行鉴定的可行性[70]。另有研究者认为 Li_2S_2 高度不稳定，任何技术都无法检测到[71,72]。直到 2016 年，Paolella 等[52]提出了用"Solvent-in-Salt"方法对 Li_2S_2 相进行 XRD 表征，如图 6-8(a)所示，然而它们的结果与理论预测的空间基团和晶体结构相矛盾。在这些原位 XRD 研究中，多硫化物的出现只是间接的推测，但 Conder 等[73]直接用 X 射线衍射对多硫化

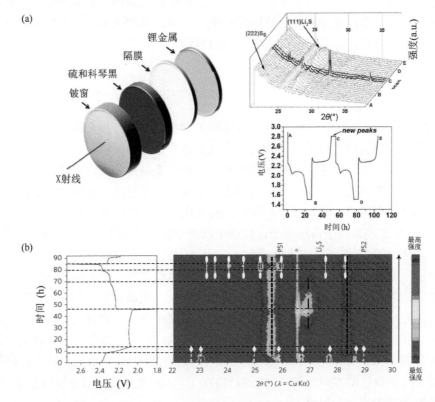

图 6-8　（a）进行原位 XRD 测试的锂硫电池装置示意图，及其锂硫电池充放电过程的 XRD 图谱和对应的电池充放电曲线[52]，（b）锂硫电池充放电过程的原位 XRD 曲线图，其中白色钻石和椭圆符号表示 α-S_8 和 β-S_8，PS1 和 PS2 表示多硫化物和二氧化硅的相互作用而表现出来的峰[73]

物进行观察，发现多硫化物与玻璃纤维表面的吸附作用会引起 XRD 中相应峰的出现，如图 6-8(b)所示，这使他们能够解释多硫化物的形成机理和在锂硫电池中的演化过程。Huang 等[74]利用现场 XRD 技术证明 MnO_2 有助于放电和充电过程中 Li_2S 和 β-S_8 的生成。

2）透射电子显微镜

透射电子显微镜（transmission electron microscope，TEM），简称透射电镜，是把经加速和聚集的电子束投射到非常薄的样品上，电子与样品中的原子碰撞而改变方向，从而产生立体角散射。散射角的大小与样品的密度、厚度相关，因此可以形成明暗不同的影像。通常，透射电子显微镜的分辨率为 0.1～0.2 nm，放大倍数为几万到百万倍，用于观察超微结构，即小于 0.2 μm，光学显微镜下无法看清的结构，又称"亚显微结构"。

透射电子显微镜的成像原理可分为以下三种情况。①吸收像：当电子射到密度大的样品时，主要的成像作用是散射作用。样品上厚度大的地方对电子的散射角大，通过的电子较少，像的亮度较暗。早期的透射电子显微镜都是基于这种原理。②衍射像：电子束被样品衍射后，样品不同位置的衍射波振幅分布对应于样品中晶体各部分不同的衍射能力，当出现晶体缺陷时，缺陷部分的衍射能力与完整区域不同，从而使衍射波的振幅分布不均匀，反映出晶体缺陷的分布。③相位像：当样品薄至100 埃以下时，电子可以穿过样品，波的振幅变化可以忽略，成像来自于相位的变化。

TEM 经常用于研究锂硫电池循环过程中形成的固体产物[75]。另外，大部分结果都需要从原位样品中得到，但由于进行这些测量所需的高真空条件，以及电解液挥发[76]，样品经过一定时间的弛豫后，并不能反映电池的真实状态。然而，尽管存在这些问题，一些研究小组仍试图进行原位 TEM 实验，以了解 S_8 和 Li_2S 相的结构完整性以及在循环过程中发生的体积变化。不过由于高真空操作，测试环境与一般状况有很大不同。

原位 TEM 技术以较高的空间分辨率提供了电化学反应过程中电极的实时综合信息，如微观结构的演变和化学成分的变化。原位 TEM 用于锂硫电池的研究来进行固相和 Li_2S 形态变化的监测。例如，受二维材料独特的柔性和层间分子间作用力相互作用的启发，Tang 等[79]使用溶液法剥落的 MoS_2 薄片捕获硫颗粒，并利用原位 TEM 研究了详细的充放电过程，其中原位 TEM 装置与先前报道的相似。在充放电过程中，包裹 MoS_2 的硫球的形貌变化可逆性强。同时，他们发现活性硫颗粒可以被严格限制在这种 2D 材料内。Kim 等[77]报道了在碳纳米管内，对受限制的硫活性颗粒锂化过程的动态研究。基于对硫的原位 TEM 研究，证明了硫可以直接转化为 Li_2S，如图 6-9（a）所示，而不形成高溶解度的多硫化锂。

之后，Xu 等[78]利用原位透射电镜观察了多孔碳纳米纤维/硫复合正极材料在高充放电倍率条件下的体积膨胀现象，如图 6-9（b）所示，为电化学性能与体积膨胀之间的关系提供了新的、有价值的实验证据。

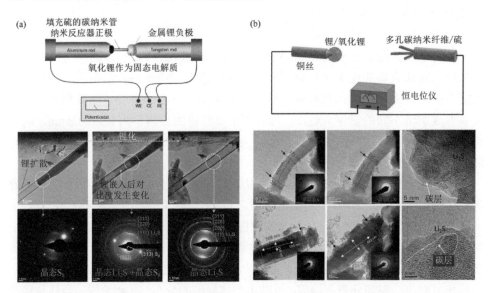

图 6-9 （a）在锂化反应过程中，硫限制在碳纳米管中的 TEM 原位图像及其相应的 EDP 模式[77]；（b）用 PCNF/A 550/S 现场采集的 TEM 图像和相应的 SAED 模式[78]

6.2.2.3 成分表征

1）紫外-可见光谱

紫外-可见吸收光谱法（ultraviolet-visible absorption spectrometry）是利用某些物质的分子吸收 10～800 nm 光谱区的辐射来进行分析测定的方法，这种分子吸收光谱产生于价电子和分子轨道上的电子在电子能级间的跃迁，广泛用于有机和无机物质的定性和定量测定。该方法具有灵敏度高、准确度好、选择性优、操作简便、分析速度快等优点。

紫外-可见吸收光谱的基本原理是利用在光的照射下待测样品内部的电子跃迁，电子跃迁类型有：

（1）σ→σ* 跃迁，指处于成键轨道上的 σ 电子吸收光子后被激发跃迁到 σ* 反键轨道。

（2）n→σ* 跃迁，指分子中处于非键轨道上的 n 电子吸收能量后向 σ* 反键轨道的跃迁。

（3）π→π* 跃迁，指不饱和键中的 π 电子吸收光波能量后跃迁到 π* 反键轨道。

（4）n→π* 跃迁，指分子中处于非键轨道上的 n 电子吸收能量后向 π*反键轨道的跃迁。

电子跃迁类型不同，实际跃迁需要的能量也不同：

σ→σ*约 150 nm

n→σ*约 200 nm

π→π*约 200 nm

n→π*约 300 nm

吸收能量的次序为：σ→σ* > n→σ* ≥ π→π* > n→π*

特殊结构会有特殊的电子跃迁，对应着不同的能量（波长），反映在紫外-可见吸收光谱图上就有一定位置一定强度的吸收峰，根据吸收峰的位置和强度就可以推知待测样品的结构信息。

从 Li_2S_n 团簇的最高占据分子轨道（HOMO）到最低未占分子轨道（LUMO）的电子激发在 UV-Vis 区域产生一系列的吸收带。因此，紫外-可见光谱法也被广泛应用于多硫化物的表征。传统上，紫外-可见光谱技术与电化学工具相结合，用于分析溶液电化学反应。用惰性电极和透射光谱能够对多种溶剂中 S_8 的反应进行系统的电化学光谱研究[26,80-85]。结合 DFT 计算，人们对多硫化物溶液中的某些吸收带的来源达成了统一。单质硫在 300 nm 以下有较强的吸收[86,87]；其他在 350～500 nm 范围内的吸收带是由多硫离子引起的；$S_3^{\cdot-}$ 自由基的特征带在 620 nm 左右[50,87]。一般情况下，长链多硫化物在较大波长下具有较强的吸收能力。例如，在 Li_2S_8 的溶液中，最大波长的吸收带在 500 nm 左右，而 Li_2S_4 的吸收带在 400 nm 左右。这些研究对确定 S_8 还原反应机制具有重要意义。然而，透射光的原位测量受限于硫的总浓度，因为 S_8 在普通电解液中的溶解度是有限的，通常低于 20 mmol/L[88]。S_8 必须在电解质中溶解，因为悬浮液不适合透射模式紫外-可见光谱。此外，放电后的正极必须用纯溶剂清洗，才能将样品稀释到适合测量的浓度，但这种后处理方式可能会影响多硫化物的平衡。因此，这些光谱电化学电池的性质可能不同于实际的锂硫电池。为了分析实际情况下的锂硫电池，必须进行原位紫外-可见光实验[45-47]。为了获得实际锂硫电池的原位 UV-Vis 光谱，可以采用反射模式，如图 6-10（a）所示[89]，并通过校准化学合成的多硫化锂溶液的光谱来实现定量分析。Liu 等[90]利用原位紫外-可见光技术对基于还原氧化石墨烯和烯丙基胺修饰的还原氧化石墨烯的硫正极在充放电过程中的变化进行了对比，如图 6-10（b）所示，发现烯丙基胺修饰的还原氧化石墨烯的硫正极的 UV-Vis 曲线在低波长区表现出更强的吸收，证明烯丙基胺与多硫化物具有更强的作用，促进短链多硫化物的生成。

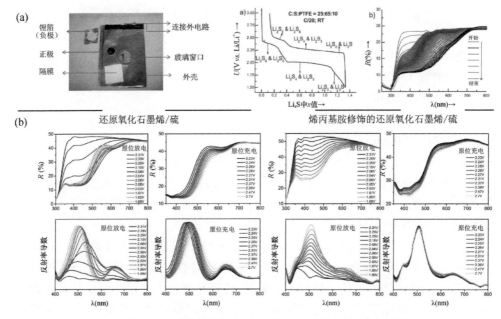

图 6-10 （a）用于现场 UV-Vis 测试的锂硫电池照片，及其第一周充放电曲线和 UV-Vis 测试谱图[89]；（b）基于还原氧化石墨烯和烯丙基胺修饰的还原氧化石墨烯的硫正极在充放电过程中的原位 UV-Vis 测试曲线[90]

2）红外&拉曼光谱

红外光谱（infrared spectroscopy，IR）是分子能选择性吸收某些波长的红外线，而引起分子中振动能级和转动能级的跃迁，检测红外线被吸收的情况可得到物质的红外吸收光谱，又称分子振动光谱或振转光谱。

每种分子都具有独有的红外吸收光谱，这由其组成和结构决定，据此可以对分子进行结构分析和鉴定。红外吸收光谱是由分子不停地做振动和转动等运动而产生的，分子振动是指分子中各原子在平衡位置附近做相对运动，多原子分子可组成多种振动图形。当分子中各原子以同一频率、同一相位在平衡位置附近作简谐振动时，这种振动方式称简正振动（例如伸缩振动和变角振动）。分子振动的能量与红外射线的光量子能量正好对应，因此当分子的振动状态改变时，就可以发射红外光谱，也可以因红外辐射激发分子振动而产生红外吸收光谱。分子的振动和转动的能量不是连续而是量子化的。但由于在分子的振动跃迁过程中也常常伴随转动跃迁，使振动光谱呈带状，所以分子的红外光谱属带状光谱。

拉曼光谱（Raman spectra），是一种散射光谱。拉曼光谱分析法是基于印度科学家拉曼（C. V. Raman）所发现的拉曼散射效应，对与入射光频率不同的散射光谱进行分析以得到分子振动、转动方面信息,并应用于分子结构研究的一种分析方法。拉曼效应起源于分子振动(和点阵振动)与转动,因此从拉曼光谱中可以得到分子振动能级(点阵振动能级)与转动能级结构的知识。

与紫外-可见光光谱不同,拉曼光谱检测的是振动能级的变化。DFT 计算可以从理论上预测多硫离子的拉曼响应[91-93]。多硫离子和多硫化物的拉曼位移(基频)均在 550 cm^{-1} 以下[82]。随着链长的增加,峰的数量增加,因为对于更长的链,存在更多的振动模式;但这些峰的波长没有明显变化的趋势。在许多情况下,原位拉曼光谱能够捕捉到 S_8(150 cm^{-1}、220 cm^{-1} 和 470 cm^{-1})和长链多硫离子[如 S_8^{2-} 和 S_6^{2-}(≈400 cm^{-1})]的峰,但不能检测到较短的 S_3^{2-} 和 S^{2-}[92-97]。来自不同研究小组的报道可能会在某些峰的识别和归属上出现不一致,因为来自不同多硫化物的许多峰是相互重叠的。因此,目前还没有对不同多硫化物进行原位拉曼光谱的定量研究,但在大多数理论和实验研究报告中,$S_3^{\cdot-}$ 自由基负离子(525~535 cm^{-1})的峰位高度一致[92,94,96]。

红外光谱(IR)和拉曼光谱(Raman)技术都被广泛应用于硫和多硫化物的研究。一般情况下,多硫化物的特征拉曼信号位于 400~500 cm^{-1} 和 250 cm^{-1} 以下的区域,它们分别由 S—S 键拉伸振动和弯曲/扭转引起[93]。然而,多硫化物的拉曼谱线的位置与溶剂、温度以及多硫离子的种类密切相关,甚至对于相同的多硫化物种类,峰位置可以改变几个 cm^{-1}[93,98]。证据表明,几种多硫化物通过复杂的化学平衡而共存。此外,由于歧化或副反应,多硫化物容易被氧化成硫氧化合物[99],例如:

$$\frac{1}{2}S_8 + 4H_2O \rightleftharpoons 3HS + SO_4^{2-} + 5H^+ \qquad (6\text{-}1)$$

$$S_n^{2-} + \frac{3}{2}O_2 \longrightarrow S_2O_3^{2-} + (n-2)S_8 \qquad (6\text{-}2)$$

这些都增加了单个化学成分化合物生成参考光谱的难度。即使可以实验得到多硫化锂单晶,与实际电池中的溶剂化多硫化物阴离子相比,结晶固体的拉曼光谱显示出基本差异,因为晶格中的阳离子对固态光谱产生重大影响,对锂硫电池红外光谱的分析也面临着类似的挑战。所有这些因素都增加了直接分析实际工作情况下锂硫电池的红外光谱和拉曼光谱的难度。

相反,在不同的电解质环境下,可以分别对单一硫化物的红外光谱和拉曼光谱进行受控模拟,这有助于对收集到的实验光谱进行定量处理。通过对各种多硫化物进行量子化学研究,特别是在 B3LYP/6-311G(3df)水平上得到了 S_8 的 IR 和 Raman

频率，与实验数据一致[49]。这个研究证明了理论红外光谱和拉曼光谱在解释复杂化学体系中应用的可靠性。也有人使用类似的方法计算了四氢呋喃（THF）溶剂中各种多硫离子和自由基的拉曼光谱，并与实验结果进行了比较[42]。研究人员在整个放电和充电过程中，对锂硫电池进行原位拉曼测试，并根据计算结果对实验曲线进行分析，确定了特征峰。在此基础上，进一步揭示了含硫物种随充放电电压的变化规律。在 150 cm^{-1}、220 cm^{-1} 和 470 cm^{-1} 位置的典型 S_8 峰出现在放电过程的开路电压（OCV）处，并在一段恒电位放电（2.33 V）后几乎完全消失，这表明硫被完全还原。在 2.29 V 和 OCV 电压之间出现两个位于 340～420 cm^{-1} 和 420～480 cm^{-1} 的宽峰。第一个峰被解释为 S_6^{2-}、S_7^{2-} 和 S_8^{2-} 物种的组合，后者被解释为 S_3^{2-}、S_4^{2-}、S_5^{2-} 和 S_4^-。在不同电压下，对充放电过程进行了类似的分析，从而对充放电机理有了新的认识。

Hannauer 等[92]设计了现场拉曼测试装置，如图 6-11（a）所示，以监测多硫化物可能存在的各种演变。在第一个恒电流周期中，对活性炭/硫复合正极进行循环，并同步获得拉曼光谱。另有研究者开发了一种导电的路易斯碱基质作为锂硫电池的正极材料[96]。通过利用拉曼光谱和密度泛函理论（DFT）相结合的方法，他们分析了锂硫电池中复杂的化学过程。实验发现，在整个氧化还原过程中 Li_2S_8 缺失，充电过程以 Li_2S_6 结束，如图 6-11（b）所示。这为阐明锂硫电池的硫氧化还原机理提供了新的实验分析手段。

3）高效液相色谱

高效液相色谱（high performance liquid chromatography，HPLC）是色谱法的一个重要分支，以液体为流动相，采用高压输液系统，将具有不同极性的单一溶剂或不同比例的混合溶剂、缓冲液等流动相泵入装有固定相的色谱柱，在柱内各成分被分离后，进入检测器进行检测，从而实现对试样的分析。该技术已成为化学、医学、工业、农学、商检和法检等学科领域中重要的分离分析方法。

高效液相色谱（HPLC）是一种强有力的分离技术，广泛应用于定性和定量分析。最近，利用这一技术，研究人员可以测定锂硫电池电解液中溶解的多硫离子[86,88,100-103]。例如，Zheng 等[100]报道了利用高效液相色谱法在放电和充电过程中对硫和多硫化物中间体实时定量测定，并进行了系统研究，明确地证实了放电反应为从单质硫到长链多硫中间体，再到短链多硫中间体的变化过程。从充电过程可以看出，几乎所有固态放电产物（Li_2S 和 Li_2S_2）和溶解态的多硫化锂都被氧化生成单质硫（S_8）。最重要的是，他们的发现为其他表征技术的信息提供了有价值的补充，并进一步帮助人们全面而清晰地理解锂硫电池的氧化还原反应机理。

4）气相色谱

气相色谱法（gas chromatography，GC）是利用气体作流动相的色层分离分析

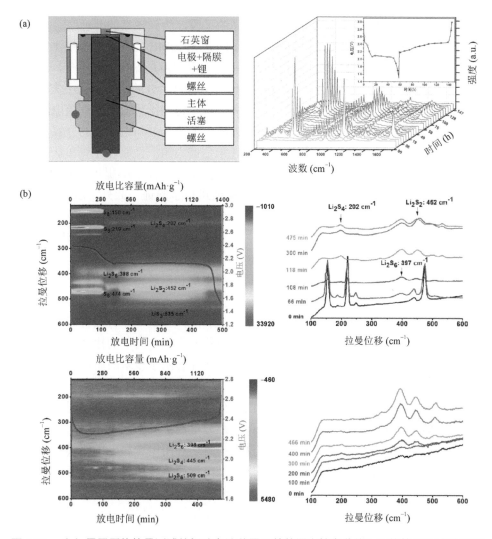

图 6-11　（a）用于原位拉曼测试的锂硫电池装置及其首周充放电曲线和原位拉曼测试谱图[92]，（b）在 0.1 C 倍率下充放电对应的原位拉曼测试谱图[96]

方法。气化的试样被载气（流动相）带入色谱柱中，柱中的固定相与试样中各组分分子作用力不同，各组分从色谱柱中流出时间不同，组分彼此分离。采用适当的分析和记录系统，制作标出各组分流出色谱柱的时间和浓度的色谱图。根据出峰时间和顺序，可对化合物进行定性分析；根据峰的高低和面积大小，可对化合物进行定量分析。气相色谱法具有效能高、灵敏度高、选择性强、分析速度快、应用广泛、操作简便等特点，适用于易挥发有机化合物的定性、定量分析。对非挥发性的液体和固体物质，可通过高温裂解、气化后进行分析。可与光谱法或质谱法配合使用，以色谱法作为分离复杂样品的手段，达到较高的准确度。

有研究者利用气相色谱法[21]对 LiTFSI、DOL 和 DME 的混合物含量比例进行测量。结果表明，在前 25 周循环中，可供萃取的电解液量保持相对不变，但在随后的 40 周循环中，电解液量持续下降。电解质中有机组分的比例变化不大，这意味着无论是 DOL 还是 DME，都没有被优先分解。这些结果表明，锂硫电池的容量衰减与电池内电解液的流失是一致的，锂硫电池的失效与电解液的分解反应有很强的相关性。另外 Chen 等[53]通过结合气相色谱、第一性原理计算和从头算等方法，研究了使用 DME 电解液体系的锂硫电池中的产气行为，提出了 DOL/DME 先吸附锂后分解的吸附反应机理，并对其机理进行了验证。此外，Zheng 等[102]采用紫外检测器高效液相色谱法测定了硫在 12 种纯溶剂和 22 种不同电解质中的溶解度，发现单质硫的溶解度与电解质中路易斯碱度、溶剂极性和盐浓度有关。

5）质谱

质谱法（mass spectrometry，MS）是利用电场和磁场将运动的离子（带电荷的原子、分子或分子碎片，有分子离子、同位素离子、碎片离子、重排离子、多电荷离子、亚稳离子、负离子和离子-分子相互作用产生的离子）按它们的质荷比分离后进行检测的方法。通过测出离子准确质量即可确定离子的化合物组成。这是由于核素的准确质量是多位小数，决不会存在任意两个核素的质量相同，也决不会存在一种核素的质量恰好是另一核素质量的整数倍。分析这些离子可获得化合物的分子量、化学结构、裂解规律和由单分子分解形成的某些离子间的某种相互关系等信息。质谱法的原理是使试样中各组分电离生成不同荷质比的离子，经加速电场的作用，形成离子束，进入质量分析器，利用电场和磁场使其发生相反的速度色散——离子束中速度较慢的离子通过电场后偏转角度大，速度快的偏转角度小；在磁场中离子发生角速度矢量相反的偏转，即速度慢的离子依然偏转角度大，速度快的偏转角度小；当两个场的偏转作用彼此补偿时，它们的轨道便相交于一点。与此同时，在磁场中还能发生质量的分离，这样就使具有同一质荷比而速度不同的离子聚焦在同一点上，不同质荷比的离子聚焦在不同的点上，将它们分别聚焦而得到质谱图，从而确定其质量。

在锂硫电池充放电过程的机理研究中，原位质谱得到了大量应用。Wang 等[104]采用原位质谱技术对锂硫电池的充放电过程进行了研究，认为该过程是基于可溶多硫化物的四步骤电化学过程。原位质谱技术在电解液的研究也有很多应用。Jozwiuk 等[20]利用压力测量和在线连续流动微分电化学质谱联用红外光谱的研究表明，电池循环过程中硝酸锂添加剂显著减少，但并未完全消除气体。压力的增加主要发生在充电期间，即在新的锂沉积之后。但由于 LiNO$_3$ 的加入，在循环过程中产生的气体有差异。Song 等[105]研究了氟代碳酸乙烯酯（FEC）添加剂对锂硫电池界面稳定性和电化学性能的影响。为确定 FEC 对电解液分解和电池阻抗的影响，采用飞行时间二次离子质谱（TOF-SIMS）、傅里叶变换衰减全反射红外光谱（ATR-FTIR）、X 射线光电子能谱（XPS）和电化学阻抗谱研究了在含 FEC 和不含 FEC 的电解液中，电极循环过程中的界面化学和阻抗，结果表明，FEC 保护层能够有效地抑制多硫离子穿梭导致的过充现象，提高锂硫电池的循环性能。

6.2.2.4 形貌表征

1）原子力显微镜

原子力显微镜（atomic force microscope，AFM）是一种可用来研究包括绝缘体在内的固体材料表面结构的分析仪器。它通过检测待测样品表面和一个微型力敏感元件之间极微弱的原子间相互作用力来研究物质的表面结构及性质。原子力显微镜的基本原理是：将一个对微弱力极敏感的微悬臂一端固定，另一端带有一微小的针尖，针尖与样品表面轻轻接触，由于针尖尖端原子与样品表面原子间存在极微弱的排斥力，通过在扫描时控制这种力的恒定，带有针尖的微悬臂将对应于针尖与样品表面原子间作用力的等位面而在垂直于样品的表面方向起伏运动。利用光学检测法或隧道电流检测法，可测得微悬臂对应于扫描各点的位置变化，从而获得样品表面形貌的信息。

原位 TEM 技术主要强调了形貌演变的直接观察，而原位 AFM 分析可以很容易地结合纳米尺度模拟电池中的环境条件，并跟踪在这种条件下表面形貌以及电学性质、力学性质等的演变[106-108]。Lang 等[106]利用原位 AFM 技术研究了放电产物的动态成核、生长过程，观察了锂硫电池中不溶性 Li_2S_2 和 Li_2S 在正极/电解质界面的溶解和再沉积过程，如图 6-12 所示。同时他们还结合 X 射线光电子能谱（XPS）和拉曼光谱（Raman）等其他表征技术，对锂硫电池在纳米尺度下的结构-反应能力相关性和性能衰减机理进行了深入的研究。他们的研究为锂硫电池电极材料和界面结构的优化和设计提供了参考。此外，原位 AFM 可以为探索电池循环过程中固体电解质界面（SEI）膜的形成及演变提供途径。

2）扫描电子显微镜

扫描电子显微镜（scanning electron microscope，SEM）是自 20 世纪 60 年代作为商用电镜面世以来迅速发展起来的一种新型的电子光学仪器。它具有制样简单、放大倍数可调范围宽、图像的分辨率高、景深大等特点，故应用广泛。近年来，SEM 在向复合型发展，即把扫描、透射及微区成分分析、电子背散射、衍射等结合为一体，实现了表面形貌、微区成分和晶体结构等多信息同步分析。扫描电镜操作快捷，使用方便，是科学研究领域应用最为广泛的测试手段之一。

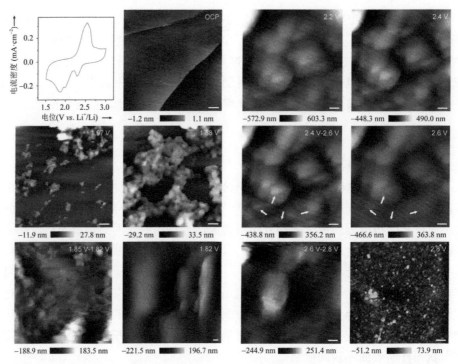

图 6-12　采用高定向热解石墨作为锂硫电池正极，在不同电位下的原位 AFM 表面形貌图[106]

扫描电子显微镜的原理：电子枪发出的电子束，经栅极聚焦后，在加速电压作用下，经电磁透镜汇聚成一个细的电子束聚焦在样品表面。在末级透镜上边装有扫描线圈，在它的作用下使电子束在样品表面扫描。高能电子束与样品物质的作用，产生各种信号。各种信号的强度与样品的表面特征（形貌、成分、结构等）相关，用探测器对其检测、放大、成像，用于各种微观分析。SEM 主要收集的信号是二次电子和背散射电子。这些信号被相应的接收器接收，经放大后送到显像管的栅极上，调制显像管的亮度。经过扫描线圈上的电流与显像管相应的亮度对应，即电子束打到样品上一点时，在显像管荧光屏上就出现一个亮点。采用逐点成像的方法，把样品表面不同的特征，按顺序、成比例地转换为视频信号，完成一帧图像，在荧光屏上观察到样品表面的各种特征图像。

原位扫描电镜可以监测电极充放电循环过程中的形态变化，从而深入了解电极的首选反应中心。Marceau 等[109]结合原位扫描电镜和紫外-可见光技术，对锂硫电池的衰减机理进行了研究。Qiu 等[110]开发了一种富氮石墨烯/Li_2S 作为锂硫电池的正极材料，通过新设计的原位扫描电镜装置，观察到在充电过程中石墨烯上的 Li_2S 颗粒尺寸越来越小，如图 6-13 所示，这主要是由于生成的多硫化锂在电解液中逐渐溶解所致。

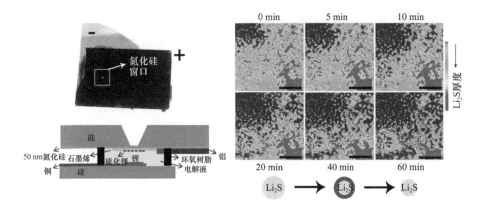

图 6-13　用于原位 SEM 测试的电化学微电池结构示意图，以及石墨烯/Li₂S 正极在充电过程中随着时间变化的 SEM 图像[110]

3）X 射线衍射形貌术

X 射线衍射形貌术（X-ray diffraction topography，简称 X 射线形貌术，X-ray topography，XRT），是根据晶体中衍射衬度变化和消像规律，来检测晶体材料及器件表面和内部微观结构缺陷的一种方法，与透射电镜的衍衬像非常类似。不同之处主要在于：①X 射线波长比电子波长要长得多，而且光源的发散角比较大；②X 射线与物质的相互作用要比电子弱得多，这也就决定了 X 射线形貌术与透射电镜衍衬像有几个不同的方面；③研究的对象尺度较大，如试样厚度一般在几百微米左右，大小可以达到厘米量级，分辨率在微米及亚微米量级，但是其中缺陷密度也不能太大，适合于研究近完整的晶体试样，正好与透射电子显微术互补。

XRT 具有非侵入性和非破坏性，已被广泛应用于锂离子电池（LIB）电极材料的微观形貌研究[111-116]，而锂硫电极材料的微观形貌研究直到 2016 年才引入 XRT 技术。Yermukhambetova 等[117]采用多尺度三维原位层析成像方法，表征了硫相在充放电循环过程中的形态参数，并跟踪了硫相的微观结构演化。他们预测 X 射线断层扫描技术将成为锂硫电池电极材料设计和优化的一种强有力的表征技术。

4）透射式 X 射线显微镜

透射式 X 射线显微镜（transmission X-ray microscope，TXM）是 X 射线显微镜的一种。X 射线显微镜的成像原理与光学显微镜基本上是一样的，遵从几何光学原理，其关键部件是成像和放大作用的光学元件，在光学显微镜中为透镜。由于 X 射线的波长很短，在玻璃和一般物质界面上的折射率均接近 1，故其成像放大元件不能使用玻璃透镜，现在一般采用波带片。

此外，它们同样利用吸收衬度和位相衬度成像，同样要求有强光源及像探测器。对光学显微镜，一般用肉眼观察，故常加一目镜起进一步放大的作用，在 X

射线显微镜中可用电荷耦合器件（CCD）等面探测器探测。两者的重要性能指标是相似的，具有放大倍数、分辨力、像差等。X射线显微镜的一般构造如下：从强光源来的光束先经聚焦元件（在此为毛细管透镜聚焦）使光斑尺寸变小、亮度加大，然后射到样品上，透过样品的光，再经成像放大元件（在此为波带片）而到达探测器（在此为闪烁体加CCD）。成像波带片和探测器之间有一个Au位相补偿环，在相衬成像时使用，如吸收衬度成像，可移走。

透射式X射线显微镜既可利用吸收衬度成像，也可用相位衬度成像。这两类仪器在构造上略有差别，相衬显微镜的聚光器不是单一的波带片，而是由环状孔径、波带片和针孔构成。环状孔径将入射光限制为一个环，波带片将其单色化并聚焦在位于针孔中的试样上，从试样射出的光经显微波带片和位于其背焦面附近的环状相位板（添加位相）而成像在探测器上。

TXM可以提供电化学循环过程中活性电极材料的无损、高分辨率（几十纳米）X射线图像，并提供一些额外的化学信息[118,119]。Nelson等[76]首次利用原位TXM分析技术对锂硫电池进行了研究。为了跟踪复合硫电极在恒流放电-充电过程中的溶解和沉积过程，他们设计了如图6-14所示的TXM操作样品夹板。通过对工作电池中单个硫活性粒子尺寸变化的TXM分析，在充放电过程中，硫复合粒子在不同电位下的微观形貌如图所示，分别对应于图中标记a～i点。研究者观察到硫颗粒的尺寸变化很小，这与预期的多硫化锂溶解有很大的不同，从而导致充电结束时S_8结晶的生

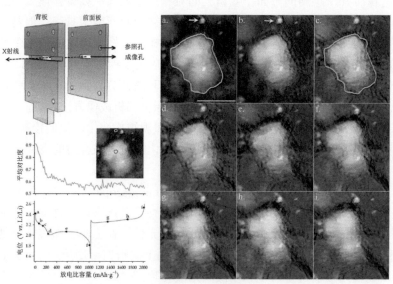

图6-14　现场透射式X射线显微镜用于锂硫电池检测装置示意图及在C/8的倍率下充放电过程中对应的TXM图像[76]

成。此外，在 2014 年，Lin 等[120]报道了硫颗粒在工作电池中复杂的尺寸变化，分别观察到多硫化物溶解和再沉积引起硫颗粒强烈收缩和膨胀的现象。此外，他们认为，多硫化锂的溶解速度取决于锂的化学计量比，多硫化物再沉积的成核是受限的，并且多硫化锂的团聚，导致活性硫粒子较大的尺寸变化和较差的循环稳定性。

6.3 总结与展望

6.3.1 锂硫电池体系中理论计算的进展与展望

近年来，计算机科学技术与密度泛函理论等的发展，使得第一性原理计算在科研工作中得到越来越多的关注与应用，极大地促进了化学、材料、化工等相关学科的快速发展。一方面，计算机模拟完成了一些实验上不能开展、难以开展或者危险性较大的研究；另一方面，计算机模拟可以大幅地降低研究成本，与实验相结合，促进科学研究更快速的发展。

在锂硫电池这一新兴领域，理论计算得到了较为广泛的应用，相关总结如表 6-1 所示。对于硫正极，一方面，无论是从最初对正极材料吸附多硫化物、抑制穿梭效应的研究，还是到后来研究极性添加剂对多硫化物的催化作用，理论计算无疑增进了对硫正极关键科学问题的理解，以及对硫正极材料更为理性

表 6-1 理论计算在锂硫电池研究中的应用

	硫正极	电解质	锂负极
主要科学问题	➢充放电机理 ➢穿梭效应	➢化学、电化学稳定性 ➢锂离子电导率	➢界面反应 ➢锂枝晶生长
应用	◆多硫化物与主体材料之间作用的结合能 ◆多硫化物理化性质及相互转化反应	◆电化学窗口 ◆电解质反应路径 ◆锂离子扩散路径及能垒	◆界面反应模拟 ◆锂表面保护层设计 ◆三维导电骨架的亲锂性
主要结论	✧强吸附有助于抑制穿梭效应 ✧过强吸附导致多硫分解 ✧Li_2S 的形成是动力学控制的	✧醚类电解液相对稳定 ✧金属锂是导致液体电解液分解的主要因素	✧含氟添加剂在金属锂表面优先分解形成 LiF ✧含锂无机物是一种重要的 SEI 膜组分
主要局限	✓适中吸附强度的定量评价指标 ✓放电机理尚不明确	✓复合电解质体系的计算 ✓添加剂作用的化学本质	✓复杂界面反应机理不明确 ✓SEI 组成作用机制不明确
未来展望	●充放电机理的探究 ●多硫化物与主体材料相互作用的化学本质研究 ●硫正极基因组数据库构建	●液体及固体电解质高通量筛选与设计	●界面反应的深入研究 ●保护金属锂材料的高通量筛选与设计

的设计；另一方面，理论计算能够将各种多硫化物的理化性质与多硫化物的电化学反应及之间的相互转化反应相结合进行研究，从而使我们更加充分地理解了锂硫电池的充放电机理。对于电解质，一方面，通过理论计算，我们可以更深层次地了解液体电解质及各类添加剂的电化学稳定性，从而为液体电解质溶剂及添加剂的筛选提供了更可靠的理论指导；另一方面，理论计算能够深层次地揭示锂离子在固体电解质中的传输机制，为我们对固体电解质稳定性的理解提供了更直观可靠的理论依据。对于锂负极，理论计算能够帮助我们更好地理解锂金属负极-电解质的界面问题，在保护锂金属负极方面，也为锂负极结构的合理设计提供了理论指导。

锂硫电池距离实现工业化应用还存在一定的差距，一些基础的科学问题还有待进一步深入研究。随着计算机能力的逐步提高，理论计算将向着大规模、高精度的方向进一步发展，在锂硫电池研究中也有望取得更广泛的应用：①深入理解电池工作过程中各种含硫物质的存在形态、理化性质，并与实验相结合，深入理解电池充电、放电机理；②深入理解多硫化物与正极材料之间的相互作用，包括锂键和硫键的化学本质；③构建锂硫电池正极材料数据库，用以高通量筛选并设计正极材料；④深入研究液体电解质与固体电解质锂离子传输机理、化学及电化学稳定性能，从而对电解质进行高通量筛选与合理设计；⑤深入研究金属锂负极与电解质的界面反应、SEI 膜的形成及演变过程；⑥高通量筛选能够有效保护锂金属负极的合理设计策略和保护层材料。

在锂硫电池中，理论计算能够加深对该体系关键科学问题的理解，促进相关科学技术难题的攻关，推动锂硫电池的实用化进程，早日实现高比能、高安全、长寿命锂硫电池的商业化应用。

6.3.2 各种表征方法的优缺点以及未来工作的展望

近年来，随着在电池结构设计、电极材料选择、电解液优化和界面稳定等方面的进步，锂硫电池的研究方法及测试表征手段也发生了巨大的变革，表 6-2 概述了相关表征技术及其应用。

1）常规表征测试和分析

优点：各种光谱学测试，以及电镜表征在文献中都有广泛的应用，并且在电化学过程的不同阶段可获知电池组分的表面化学组成和形貌。

缺点：通常需要拆解电池、清洗电极和样品转移，会导致电极一定程度上的损坏，影响测试结果的准确性。

表 6-2　锂硫电池的表征技术及其应用

技术		应用
光学测试	电子显微镜	电极材料的形貌变化
	XRD	电池反应过程中晶相变化的研究
	^{6}Li/^{7}Li 核磁共振	溶解与固体锂（聚）硫化物的相对量测定
	XANES	定量测定总硫中几种含硫物种的含量 研究主体材料与多硫化物的相互作用
	紫外可见光	测定溶解多硫化物、$S_3^{\cdot-}$ 和 S_8 的绝对量
	拉曼光谱	部分多硫化物的定性检测 研究主体材料与多硫化物的相互作用
	液相质谱	测定多硫离子的绝对量
	XPS	研究 SEI 膜的组成 研究主体材料与多硫化物的相互作用
	红外光谱	研究主体材料与多硫化物的相互作用
电化学测试	CV	研究充放电过程中的电子转移过程 确定 Li$^+$ 的总扩散系数
	交流阻抗	不同过程的阻抗（电荷转移阻抗、界面阻抗和电解质阻抗）测定 Li$^+$ 迁移数
	对称电池	研究液相多硫化物的氧化还原反应动力学
	恒电位成核	Li$_2$S 成核-生长机理动力学参数的研究
	穿梭电流	评价不同电池电压下穿梭现象的程度
	原理电化学电池	研究电极上多硫化物的溶解、扩散及功能层作用

2）电化学测试方法和标准

优点：针对锂硫电池的电化学特性，提出了新的电化学研究方法：如多硫化物对称电池、恒电位成核测试和穿梭电流测量等，实现对多硫化物的转化、多硫化物的穿梭、Li$_2$S 沉积与溶解的深入分析。

缺点：电化学方法只能测量已知电化学过程的反应参数，难以准确测定反应路径。

3）原位表征技术

优点：先进的原位表征技术通过特殊设计的电池体系，可原位获取锂硫电池电化学反应过程中硫物种的种类、数量、时间演变和空间分布，有效增强对锂硫电池反应机理的科学认知和理解。

缺点：实验程序复杂、电池体系设计特殊以及数据分析困难、实验成本高，是应用先进原位表征技术的主要难点。

锂硫电池在理论研究和工程技术两个方面都有许多问题亟待解决。在对锂硫电池体系中的任一单一组成进行改进时，必须同时考虑其对电池体系整体性能的影响，通过将理论计算方法和先进表征技术结合起来，才能对锂硫电池实现全面的认识和理解，攻克关键科学难题，推进锂硫电池的实际应用。

参 考 文 献

[1] Li G, Lei W, Luo D, et al. Advanced Energy Materials, 2018, 8(8): 1702381.
[2] Cheng X B, Huang J Q, Zhang Q, et al. Nano Energy, 2014, 4: 65.
[3] Fei L, Li X, Bi W, et al. Advanced Materials, 2015, 27(39): 5936.
[4] Xu X, Ruan J, Pang Y, et al. RSC Advances, 2018, 8(10): 5298.
[5] Chen C Y, Peng H J, Hou T Z, et al. Advanced Materials, 2017, 29(23): 1606802.
[6] Hu C, Chen H, Shen Y, et al. Nature Communications, 2017, 8(1): 479.
[7] Chung S H, Manthiram A. Advanced Materials, 2018, 30(6): 1705951.
[8] Tao X, Wang J, Liu C, et al. Nature Communications, 2016, 7: 11203.
[9] Zhang Q, Wang Y, Seh Z W, et al. Nano Letters, 2015, 15(6): 3780.
[10] Chen X, Peng H J, Zhang R, et al. ACS Energy Letters, 2017, 2(4): 795.
[11] Hart C J, Cuisinier M, Liang X, et al. Chemical Communications, 2015, 51(12): 2308.
[12] Chen X, Shen X, Li B, et al. Angewandte Chemie International Edition, 2018, 57(3): 734.
[13] Zuo T T, Wu X W, Yang C P, et al. Advanced Materials, 2017, 29(29): 1700389.
[14] Cheng X B, Yan C, Peng H J, et al. Energy Storage Materials, 2018, 10: 199.
[15] Lee J T, Eom K, Wu F, et al. ACS Energy Letters, 2016, 1(2): 373.
[16] Khurana R, Schaefer J L, Archer L A, et al. Journal of the American Chemical Society, 2014, 136(20): 7395.
[17] Zhao C Z, Zhang X Q, Cheng X B, et al. Proceedings of the National Academy of Sciences, 2017, 114(42): 11069.
[18] Cheng X B, Zhao M Q, Chen C, et al. Nature Communications, 2017, 8(1): 336.
[19] Shimizu M, Umeki M, Arai S. Physical Chemistry Chemical Physics, 2018, 20(2): 1127.
[20] Jozwiuk A, Berkes B B, Weiß T, et al. Energy & Environmental Science, 2016, 9(8): 2603.
[21] Schneider H, Weiß T, Scordilis-Kelley C, et al. Electrochimica Acta, 2017, 243: 26.
[22] Assary R S, Curtiss L A, Moore J S. The Journal of Physical Chemistry C, 2014, 118(22): 11545.
[23] Wu J, Wang L W. Journal of Materials Chemistry A, 2018, 6(7): 2984.
[24] Pang Q, Kwok C Y, Kundu D, et al. Joule, 2019, 3(1): 136.
[25] Jiang H R, Shyy W, Liu M, et al. Journal of Materials Chemistry A, 2018, 6(5): 2107.
[26] Liu X, Xu N, Qian T, et al. Small, 2017, 13(44): 1702616.
[27] Li T, He C, Zhang W. Journal of Materials Chemistry A, 2019, 7(8): 4134.
[28] Su C C, He M, Amine R, et al. Angewandte Chemie International Edition, 2019, 58(31): 10591.
[29] Shao Y, Wang Q, Hu L, et al. Carbon, 2019, 149: 530.
[30] Li N, Meng Q, Zhu X, et al. Nanoscale, 2019, 11(17): 8485.
[31] Vélez P, Para M L, Luque G L, et al. Electrochimica Acta, 2019, 309: 402.
[32] He F, Li K, Yin C, et al. Journal of Power Sources, 2018, 373: 31.
[33] Yu T T, GAO P F, Zhang Y, et al. Applied Surface Science, 2019, 486: 281.
[34] Lin H, Yang D D, Lou N, et al. Journal of Applied Physics, 2019, 125(9): 094303.

[35] Liu J, Li M, Zhang X, et al. Physical Chemistry Chemical Physics, 2019.

[36] Zhang T, Wang H, Zhao J. New Journal of Chemistry, 2019, 43(24): 9396.

[37] Zhang L, Wu B, Li Q, et al. Applied Surface Science, 2019, 484: 1184.

[38] Zhang Q, Zhang X, Li M, et al. Applied Surface Science, 2019, 487: 452.

[39] Wu F, Qian J, Chen R, et al. Journal of Materials Chemistry A, 2016, 4(43): 17033.

[40] Hou T Z, Chen X, Peng H J, et al. Small, 2016, 12(24): 3283.

[41] Hou T Z, Xu W T, Chen X, et al. Angewandte Chemie International Edition, 2017, 56(28): 8178.

[42] Soto F A, Ma Y, Martinez De La Hoz J M, et al. Chemistry of Materials, 2015, 27(23): 7990.

[43] Camacho-Forero L E, Smith T W, Bertolini S, et al. Journal of Physical Chemistry C, 2015, 119(48): 26828.

[44] Ma L, Zhuang H, Lu Y, et al. Advanced Energy Materials, 2014, 4(17): 1400390.

[45] Oei D G. Inorganic Chemistry, 1973, 12(2): 438.

[46] Gladysz J, Wong V K, Jick B S. Tetrahedron, 1979, 35(20): 2329.

[47] Shannon R D. Acta Crystallographica Section A: Crystal Physics, Diffraction, Theoretical and General Crystallography, 1976, 32(5): 751.

[48] Kao J. Journal of Molecular Structure, 1979, 56: 147.

[49] Wang L, Zhang T, Yang S, et al. Journal of Energy Chemistry, 2013, 22(1): 72.

[50] Kawase A, Shirai S, Yamoto Y, et al. Physical Chemistry Chemical Physics, 2014, 16(20): 9344.

[51] Feng Z, Kim C, Vijh A, et al. Journal of Power Sources, 2014, 272: 518.

[52] Paolella A, Zhu W, Marceau H, et al. Journal of Power Sources, 2016, 325: 641.

[53] Chen X, Hou T Z, Li B, et al. Energy Storage Materials, 2017, 8: 194.

[54] Li F, Zhao J. ACS applied Materials & Interfaces, 2017, 9(49): 42836.

[55] Liu Z, Bertolini S, Balbuena P B, et al. ACS Applied Materials & Interfaces, 2016, 8(7): 4700.

[56] Arneson C, Wawrzyniakowski Z D, Postlewaite J T, et al. Journal of Physical Chemistry C, 2018, 122(16): 8769.

[57] Rajput N N, Murugesan V, Shin Y, et al. Chemistry of Materials, 2017, 29(8): 3375.

[58] Becke A D. Physical Review A, 1988, 38(6): 3098.

[59] Wu Q, Ayers P W, Zhang Y. Journal of Chemical Physics, 2009, 131(16): 164112.

[60] Mao Y, Horn P R, Head-Gordon M. Physical Chemistry Chemical Physics, 2017, 19(8): 5944.

[61] Tan J, Liu D, Xu X, et al. Nanoscale, 2017, 9(48): 19001.

[62] Peng H J, Hou T Z, Zhang Q, et al. Advanced Materials Interfaces, 2014, 1(7): 1400227.

[63] Zhao M Q, Peng H J, Tian G L, et al. Advanced Materials, 2014, 26(41): 7051.

[64] Xin S, Gu L, Zhao N H, et al. Journal of the American Chemical Society, 2012, 134(45): 18510.

[65] Zhang S S. Electrochimica Acta, 2012, 70: 344.

[66] Rosenman A, Elazari R, Salitra G, et al. Journal of the Electrochemical Society, 2015, 162(3): A470.

[67] Wu F, Lee J T, Nitta N, et al. Advanced Materials, 2015, 27(1): 101.

[68] Yang Y, Mcdowell M T, Jackson A, et al. Nano Letters, 2010, 10(4): 1486.

[69] Dibden J W, Meddings N, Owen J R, et al. ChemElectroChem, 2018, 5(3): 445.

[70] Helen M, Reddy M A, Diemant T, et al. Scientific Reports, 2015, 5: 12146.

[71] Yang G, Shi S, Yang J, et al. Journal of Materials Chemistry A, 2015, 3(16): 8865.

[72] Partovi-Azar P, Kuehne T D, Kaghazchi P. Physical Chemistry Chemical Physics, 2015, 17(34):

22009.

[73] Conder J, Bouchet R, Trabesinger S, et al. Nature Energy, 2017, 2(6): 17069.

[74] Huang S, Liu L, Wang Y, et al. Journal of Materials Chemistry A, 2019, 7(12): 6651.

[75] Zou R, Cui Z, Liu Q, et al. Journal of Materials Chemistry A, 2017, 5(38): 20072.

[76] Nelson J, Misra S, Yang Y, et al. Journal of the American Chemical Society, 2012, 134(14): 6337.

[77] Kim H, Lee J T, Magasinski A, et al. Advanced Energy Materials, 2015, 5(24): 1501306.

[78] Xu Z L, Huang J Q, Chong W G, et al. Advanced Energy Materials, 2017, 7(9): 1602078.

[79] Tang W, Chen Z, Tian B, et al. Journal of the American Chemical Society, 2017, 139(29): 10133.

[80] Bonnaterre R, Cauquis G. Journal of the Chemical Society, Chemical Communications, 1972, (5): 293.

[81] Martin R P, Doub Jr W H, Roberts Jr J L, et al. Inorganic Chemistry, 1973, 12(8): 1921.

[82] Kim B S, Park S M. Journal of The Electrochemical Society, 1993, 140(1): 115.

[83] Gaillard F, Levillain E. Journal of Electroanalytical Chemistry, 1995, 398(1-2): 77.

[84] Han D H, Kim B S, Choi S J, et al. Journal of The Electrochemical Society, 2004, 151(9): E283.

[85] Drvarič Talian S, Jeschke S, Vizintin A, et al. Chemistry of Materials, 2017, 29(23): 10037.

[86] Barchasz C, Molton F, Duboc C, et al. Analytical chemistry, 2012, 84(9): 3973.

[87] Cañas N A, Fronczek D N, Wagner N, et al. The Journal of Physical Chemistry C, 2014, 118(23): 12106.

[88] Zheng D, Zhang X, Li C, et al. Journal of the Electrochemical Society, 2015, 162(1): A203.

[89] Patel M U M, Demir-Cakan R, Morcrette M, et al. ChemSusChem, 2013, 6(7): 1177.

[90] Liu X, Xu N, Qian T, et al. Nano Energy, 2017, 41: 758.

[91] Zhao Q, Hu X, Zhang K, et al. Nano Letters, 2015, 15(1): 721.

[92] Hannauer J, Scheers J, Fullenwarth J, et al. ChemPhysChem, 2015, 16(13): 2755.

[93] Hagen M, Schiffels P, Hammer M, et al. Journal of the Electrochemical Society, 2013, 160(8): A1205.

[94] Wu H L, Huff L A, Gewirth A A. ACS Applied Materials & Interfaces, 2015, 7(3): 1709.

[95] Yeon J T, Jang J Y, Han JG, et al. Journal of the Electrochemical Society, 2012, 159(8): A1308.

[96] Chen J J, Yuan R M, Feng J M, et al. Chemistry of Materials, 2015, 27(6): 2048.

[97] Peng H J, Wang D W, Huang J Q, et al. Advanced Science, 2016, 3(1): 1500268.

[98] Dubois P, Lelieur J P, Lepoutre G. Inorganic Chemistry, 1988, 27(1): 73.

[99] Eckert B, Okazaki R, Steudel R, et al.Topics in Current Chemistry, 2003, 231: 32.

[100] Zheng D, Liu D, Harris J B, et al. ACS Applied Materials & Interfaces, 2016, 9(5): 4326.

[101] Zheng D, Qu D, Yang X Q, et al. Advanced Energy Materials, 2015, 5(16): 1401888.

[102] Zheng D, Zhang X, Wang J, et al. Journal of Power Sources, 2016, 301: 312.

[103] Zheng D, Qu D. Journal of the Electrochemical Society, 2014, 161(6): A1164.

[104] Wang H, Sa N, He M, et al. Journal of Physical Chemistry C, 2017, 121(11): 6011.

[105] Song J H, Yeon J T, Jang J Y, et al. Journal of the Electrochemical Society, 2013, 160(6): A873.

[106] Lang S Y, Shi Y, Guo Y G, et al. Angewandte Chemie International Edition, 2016, 55(51): 15835.

[107] Lang S Y, Shi Y, Guo Y G, et al. Angewandte Chemie International Edition, 2017, 56(46): 14433.

[108] Lang S Y, Xiao R J, Gu L, et al. Journal of the American Chemical Society, 2018, 140(26): 8147.

[109] Marceau H, Kim C S, Paolella A, et al. Journal of Power Sources, 2016, 319: 247.

[110] Qiu Y, Rong G, Yang J, et al. Advanced Energy Materials, 2015, 5(23): 1501369.
[111] Harry K J, Hallinan D T, Parkinson D Y, et al. Nature Materials, 2014, 13(1): 69.
[112] Ebner M, Geldmacher F, Marone F, et al. Advanced Energy Materials, 2013, 3(7): 845.
[113] Zielke L, Hutzenlaub T, Wheeler D R, et al. Advanced Energy Materials, 2014, 4(8): 1301617.
[114] Babu S K, Mohamed A I, Whitacre J F, et al. Journal of Power Sources, 2015, 283: 314.
[115] Yufit V, Shearing P, Hamilton R W, et al. Electrochemistry Communications, 2011, 13(6): 608.
[116] Ebner M, Marone F, Stampanoni M, et al. Science, 2013, 342(6159): 716.
[117] Yermukhambetova A, Tan C, Daemi S R, et al. Scientific reports, 2016, 6: 35291.
[118] Chao S C, Yen Y C, Song Y F, et al. Electrochemistry Communications, 2010, 12(2): 234.
[119] Falcone R, Jacobsen C, Kirz J, et al. Contemporary Physics, 2011, 52(4): 293.
[120] Lin C N, Chen W C, Song Y F, et al. Journal of Power Sources, 2014, 263: 98.

07

锂硫电池工程化应用及展望

能源短缺和环境问题已经成为人类社会共同面临的两大危机，因此开发可再生能源和新型绿色储能技术是 21 世纪发展最重要的主题。同时，发展清洁可再生、高效的能源材料是我国社会经济发展的重大战略，已被列入《中国制造 2025》等国家战略。在新材料技术领域，面对国家一系列的重大需求（如新能源汽车、光伏工程、储能电站、信息通信、国防军事、航空航天等），新型二次电池是能量转换与储存的关键技术环节。因此，研发具有高能量密度、高安全性、长寿命的锂二次电池及其关键材料已成为当前研究热点。发展高比能锂硫电池被认为是前沿动力电池技术发展的重要方向之一。

目前，锂硫二次电池及其关键材料发展迅速，高比能正极、功能电解质、改性隔膜和锂负极材料不断创新，在基础研究方面取得了一系列长足的进步。其中，部分先进材料已经进行了工程化方面的应用研究，也取得了良好的效果，未来有望进行大规模应用。但是，锂硫二次电池目前的实际比能量相对其理论比能量还具有较大差距，而且锂负极稳定性和锂硫软包电池循环性等问题成为制约工程应用发展的重要技术瓶颈，对新材料、新技术研发创新的需求十分强烈，迫切需要在工程技术开发及应用方面取得新的突破。具体研究工作重点包括，高载硫复合正极材料的设计，电解液/电极材料间良好电化学兼容性的提升，高稳定金属锂负极的制备，电池结构优化与均一化管理等相关工程化问题，以实现锂硫单体电池能量密度提高的同时提升其循环稳定性能及安全可靠性。

7.1 锂硫电池工程化关键参数

7.1.1 正极硫含量和硫面载量

活性物质硫占正极材料质量的百分比即正极材料的硫含量，硫含量的高低影响着锂硫电池的能量密度和正极侧活性材料的利用率。硫的面载量是指单位面积上硫的质量，单位为 $mg \cdot cm^{-2}$，是评价锂硫电池的重要参数之一[1]。锂硫电池的平均工作电压在 2.1 V 左右，低于传统锂离子电池工作电压（3.6 V），因此硫的面载量需要达到 6~10 $mg \cdot cm^{-2}$ 才能使锂硫电池的面积容量高于商业化锂离子电池[2-4]。

硫含量和硫载量是相关联的一组参数，表面积相同的条件下，正极上硫载量越高，正极极片的硫含量也越高。锂硫电池正极极片的制备延续了锂离子电池所用的成熟工艺，主要是通过加入黏结剂、导电剂和活性材料，制备成均匀分散的浆料，然后涂布在铝箔集流体上于 60~80℃烘干即可[5,6]。利用这种方法制备的锂离子电池正极的活性材料含量可以达到 90%以上，而锂硫电池多采用的是硫基纳米复合材料作为活性材料，其硫含量只能达到 60%~90%。在实际制备过程中，为了提高正极导电率，需要加入大约 10%的导电介质，因此，正极极片中实际的硫含量值远低于锂离子电池活性材料的含量[7-10]。为了优于传统锂离子电池，锂硫电池正极片的硫含量至少要达到 70%，极片的单面硫载量要达到 4 mg·cm^{-2}。硫载量和硫含量会直接影响锂硫电池的电化学性能，高硫载量正极往往难以获得较高的比容量[11-13]。因此，在保持高硫载量的同时，提高锂硫电池的比容量显得尤为关键，目前较为有效的方法是将一些高导电率的载体材料如碳材料、金属氧化物、导电高聚物等设计为具有较大比表面积的多孔结构或中空形状的特殊结构，通过将单质硫吸附或者限制在一定空间内，以尽可能地提高正极的硫含量[14,15]。其中，碳材料由于具有优异的导电性、质轻、种类丰富、价格低廉等优点，在锂硫电池的工程化应用中发挥了重要作用。

7.1.2 液硫比

电解质的性质和用量会对锂硫电池性能产生极大的影响。目前，锂硫电池最常用的是液体醚类电解质体系。考虑到锂硫电池在工作时所发生的一系列转化反应，电解质的用量不仅会影响电极材料的物化性质和电化学反应过程，更重要的是过量的电解质会显著降低电池整体的能量密度[16-18]。电解质用量与硫含量之比即液硫比（E/S）值，是衡量锂硫电池电解质用量的重要参数，E/S 的大小会影响多硫化物的溶解量及其扩散速率和沉积速率[19-21]。一方面，溶解的多硫化物会改变电解质的物化特征，如增加电解质的黏度、降低离子导电率等，从而影响锂硫电池的库仑效率及电化学稳定性[22-24]。另一方面，电解质参与正负极的电化学反应导致其分解和消耗。一般认为使用过量的电解质（E/S > 20）能够补充消耗的电解质，有利于提高活性材料利用率和库仑效率以及电池的稳定性，进而提高电池容量、库仑效率和循环寿命，这也是目前大多数文献基础研究报道中锂硫电池具有优异的循环性能和倍率性能的原因之一。然而，通过直接加入过量的电解质来提高 E/S 值会导致电池的实际能量密度大幅下降（实用化要求 E/S 的值要小于 3.5），过低的 E/S 值会显著增大锂硫电池的过电势，以致于难以充分发挥出锂硫电池活性材料的高比容量和理想的电化学性能。这种矛盾的关系显著阻碍了锂硫电池的工程化进程，所以如何在活性材料比容量、成品电池比能量和其他性能指标中寻求平衡，且在不同的体系结构中确定合适的 E/S 值是锂硫电池工程化开发的关键技术问题。目前，发展高硫含量、高硫载量的锂硫电池及其在贫液条件下应用的相关研究鲜有报道。

7.1.3 负极锂箔的厚度

在基础研究工作中，锂硫电池具有优异电化学性能的另一个重要原因是使用了过量的锂片（厚度>250 μm，有的甚至高达 1~2 mm）。在工业界，商品化的锂离子电池常用负极和正极之间的容量比来标明负极的相对使用量，用符号 N/P 表示。参考锂离子软包电池，锂硫软包电池的比能量与每一个组分的质量都相关，如果采用较厚的锂带，即 N/P 较大，那么软包电池的实际比能量就要有所降低。如果 N/P 较小，在现有电解质体系下，由于锂负极和电解质之间不可逆的副反应，软包电池的持续循环难以为继。目前，锂硫软包电池的合适 N/P 值还没有定论，需要根据设计电池的目标需求和规格参数来确定锂箔的厚度。目前，报道的锂硫软包电池中，锂片的厚度可以减小至 50 μm。然而，厚度的降低也会给锂负极带来其他问题，比如严重的锂粉化，极大地影响了锂硫电池的循环性能，阻碍了工程化的应用发展。

7.1.4 硫的实际比容量

硫活性物质的理论比容量为 1672 mAh·g^{-1}，近期的文献报道显示，纳米硫的应用可以进一步提高活性材料的实际比容量（1300~1400 mAh·g^{-1}），已达到理论比容量的 80%左右。但是，锂硫电池工程化应用的指标和参数从来不是单一孤立的，如何保证在高硫含量和面载量、液硫比及适当锂片厚度的同时，获取较高的比容量，才是锂硫电池工程化成功应用的关键。提高硫的实际比容量是提高电池比能量的直接手段[25]，在上述其他条件不变的情况下，硫的实际比容量每提高 100 mAh·g^{-1}，电池的比能量就可以相应地提高 20~30 Wh·kg^{-1}。

7.1.5 其他参数

工程化制备锂硫软包电池和实验室装配扣式电池存在着诸多的不同，如上述电解质和锂片使用量的问题在实验室研究中常忽略不计。因此，软包电池体系应该作为评价锂硫电池实用化技术的主要手段。为了得到高能量密度的软包电池，需要尽可能地降低非活性物质组分的质量和体积，比如，软包电池中常见的隔膜、极耳、铝塑封膜、导电胶带和集流体（铝箔、铜箔）等，这在实际的电池制备过程中都需要详细考虑并实现合理设计。正极极片的厚度、孔隙率也是影响电池整体电化学性能的重要因素，孔隙率的大小对电池电解质的量和极片的浸润性具有不可忽视的作用，一般来说，极片越厚，比能量会先增加，但随着厚度不断增加，电池极化加剧，电化学性能下降，比能量反而降低。此外，锂负极也是制约电池循环性能的重要因素之一，甚至严重阻碍了锂硫电池商业化的进程。

综上所述，我们以设计一个 350 Wh·kg^{-1} 的锂硫电池为例，来具体研究锂硫软包电池的各个参数之间的作用和关联。假定该电池的额定容量为 10 Ah，在液硫比为 3.5 的情况下，电池的正常充放电比容量为 1100 mAh·g^{-1}，若能量密度要达到 350 Wh·kg^{-1}，那么正极极片的含硫量要达到 70%，极片硫载量大于 8 mg·cm^{-2}（双面）。若能量密度要达到 400 Wh·kg^{-1}，同样条件下则要求极片含硫量要大于 80%，硫正极的实际比容量要达到 1300 mAh·g^{-1}。在此情况下，如果液硫比能进一步降到 2，电池的能量密度则能达到 500 Wh·kg^{-1} 以上。据报道，美国 Sion Power 公司公布的锂硫电池具有 350 Wh·kg^{-1} 的能量密度[26]，液硫比为 3.0，在 80 周循环后容量保持在 250 Wh·kg^{-1}，展现出良好的电化学性能。

7.2 锂硫电池工程化制造工艺探索

推动锂硫电池从实验室走向产业化需要攻克多方面的技术难题，主要包括：如何规模化生产高性能的正极含硫复合材料，如何挑选高安全、高稳定性的电解质以及稳定、耐循环的锂负极材料等[27]，如图 7-1 所示。工业化大规模生产需要的是高效成熟且成本低廉的制备工艺。锂硫电池是当前电池研究领域的热点，多种创新研究思路不断涌现，例如，为了解决穿梭效应开发出的固体电解质和各种新型添加剂材料，为了提高正极导电率和硫载量开发出的碳包覆技术和纳米化技术等[28,29]。

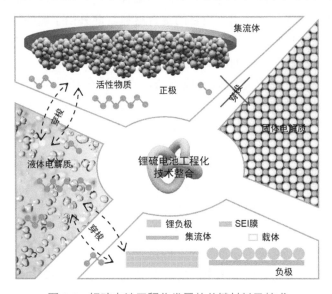

图 7-1 锂硫电池工程化发展的关键材料及技术

7.2.1 高比容量硫正极的制备

7.2.1.1 硫基活性材料制备工艺

与锂离子电池不同，锂硫电池的正极活性物质一般为硫单质，单质硫属于典型的电子绝缘体，难以作为单一成分用作正极材料。为了提高导电率，常用的方法是将硫负载到导电性良好的载体材料上。在硫基复合材料的制备过程中，不同的负载方式对硫的形貌有很大的影响。本节主要介绍五种主流的锂硫电池正极材料制备方法：熔融法、蒸气浸注法、溶解-再结晶法、物理混合法和溶液反应法。表 7-1 概述了这几种制备方法的优点与缺点。

表 7-1　常见硫正极材料制备方法比较

方法	优点	缺点
熔融法	可大量制备	易团聚、步骤烦琐、孔隙率低
蒸气浸注法	应用范围广	能量消耗大
溶解-再结晶法	控制精确、能量消耗少	制备过程对环境产生影响
物理混合法	可大量制备、方法简单	可选的载体材料范围窄
溶液反应法	可大量制备、经济性好	产生硫化氢气体

熔融法是指在 155℃ 左右时，单质硫融化同时液体黏度达到最小，将熔融的硫与载体材料混合均匀，经过冷却后固化成形。该方法中，硫在凝固的过程中容易出现团聚现象，特别是在硫含量较高时团聚现象更加明显。因此，在凝固后还需进一步的球磨和筛分挑选出高质量的复合材料。此外由于硫的熔点较低，球磨时需要控制好速度与时间，避免硫的二次融化。总体而言，这种方法制备的正极孔隙率较低，电解液对正极的浸润性较差。

蒸气浸注法是一种高效的硫负载方法，它通过在高温真空的环境中将硫气化，然后将其注入不同载体材料的孔隙中。通过调节温度可以使硫元素有效地嵌入到多种导电载体材料中。不足的是，这种方法在硫气化的过程中需要消耗大量的能量。

溶解-再结晶法是将硫负载到载体材料上的另一种方法。将硫溶解到合适的溶剂中，加入载体材料分散均匀后，再结晶析出。这种方式在常温常压下就可以实现硫的有效负载而不需要繁杂的后续处理。其中硫在二硫化碳中的溶解度最大，可以达到29.50 g/100 g。但是由于二硫化碳属于剧毒溶剂，制备过程中存在很大的安全隐患，因此，若该工艺推广到工程化生产中势必对工厂的安全管理提出很高的要求。而硫在常规有机溶剂中的溶解度又很小，如表 7-2 所示，因此该方法具有一定的局限性。

表 7-2　硫在各溶剂中的溶解度

溶剂	溶解度（g/100 g；饱和溶剂中）	溶剂	溶解度（g/100 g；饱和溶剂中）
二硫化碳	29.50	氯仿	1.22
丙酮	2.65	五氯乙烷	1.20
苯	2.07	氯乙烯	0.84
甲苯	2.02	四氯化碳	0.83
三氯乙烯	1.63	无水乙醚	0.28
四氯乙烯	1.53	无水乙醚水合乙醇	0.05
二氯乙烯	1.28	无水甲醇	0.03
四氯乙烷	1.23		

物理混合法是一种简便、节能的方法，基于单质硫和不同导电载体材料之间的化学作用力不同的原理。因此，该方法主要取决于导电载体材料的相关物理化学属性。

溶液反应法是一种经济且环境风险低的制备方法，这种方法主要通过控制反应物的加入量以及液体滴加的速度来控制最终产物的硫含量，类似于锂离子电池正极材料制备的共沉淀法。制备的正极呈蓬松多孔形态，有利于电解质的浸润，界面阻抗小，有利于放电反应的进行，但在反应过程中会伴有硫化氢气体逸出，制备时需要注意对硫化氢废气的处理。目前，已经报道了多种基于溶液处理危险有害硫化氢气体的方法，因此，化学沉淀法是上述几种方法中最有可能大规模化生产制备碳基硫复合正极材料的方法。

7.2.1.2　集流体工艺

如上所述，活性材料在集流体上的涂布也是制备正极的重要过程，高硫载量对于设计高能量密度的锂硫电池十分重要，而构建三维集流体和优化浆料涂布技术是实现高硫载量的两种有效方法。常见的正极三维集流体有泡沫碳、泡沫石墨烯和碳纤维布等[30]，根据现有的文献报道，大多数基于三维集流体的高硫载量正极都是不含铝箔的独立式结构设计，这种结构的三维集流体从实验室走向工业化应用还面临以下四个问题：

（1）三维集流体还处于实验室小批量试验的阶段，能否大批量生产形成规模效应还有待进一步验证；

（2）相比较于传统二维集流体，三维集流体对液体电解质的吸收量更大，这在一定程度上又降低了锂硫电池的能量密度；

（3）复杂的工艺流程增加了锂硫电池的生产成本；

（4）三维集流体的振实密度一般不会很高，在一定程度上制约了锂硫电池的体积能量密度。

在浆料的涂布工艺参数中，电极厚度是极其重要的一项因素，厚度的增加一方面可以提高硫载量，但另一方面电解液的浸润性也会变差，导致出现锂离子和电子传输动力学受限、活性物质硫的利用率不高、放电比容量较低等问题。在锂硫电池充放电测试过程中，研究发现正极极片经常会出现开裂以及活性材料脱落的现象，从而导致电池的循环性能下降，容量快速衰减，这种现象在厚度大的正极材料中往往更加明显。厚电极产生裂纹的主要原因是：目前常采用的是"制浆—涂布—溶剂挥发—裁片"的工艺流程，其中溶剂挥发的过程中浆料的体积变化大，导致了极片的开裂。同时，这种方法耗时长、效率低，常用的溶剂如 N-甲基吡咯烷酮（NMP）的挥发会对环境产生一定的污染。基于水性黏结剂 LA132 的制备浆料方法，近年来逐渐受到研究人员的重视，在涂布厚度较高的电极时也未发生极片开裂的现象，因此，有望在未来工程化进展中大规模的应用。

7.2.1.3　新型正极工艺

张洪章课题组[31]制备了一种花椰菜状的分层多孔碳/硫正极，正极硫含量为 75wt%，研究表明这种结构不仅有利于电解液对电极的浸润性，而且还促进了锂离子和电子的传输。为了在不牺牲比容量的前提下提高正极的硫载量，Nazar 课题组[32]制备了一种可扩展的石墨烯硫复合物（GSC），如图 7-2（a）所示，其正极的硫含量高达 87wt%。这种复合物是由还原的氧化石墨烯包裹微米颗粒硫组成的，该方法不仅在硫的四周形成了高导电性网络，还可以通过"亲水基-亲水基"的作用来捕捉多硫化物。更重要的是，他们提出了一种将石墨烯与可溶性多硫化钠（$Na_2S_{2\sim4}$）溶液混合后加入氧化性盐酸的方法来有效地制备硫正极的思路，这种基于溶液化学反应的制备方法具有大规模应用的可能性。还有文献报道了将过硫酸钠作为硫源，室温下，利用溶液反应法合成单分散聚合物（聚乙烯吡咯烷酮）包覆硫纳米微球的正极材料，如图 7-2（b）所示。杨裕生课题组[33]在溶液反应法的基础上提出了一系列具有聚苯胺导电网络的多核壳结构复合正极材料，如图 7-2（c）所示，乙炔黑颗粒和导电聚苯胺对硫颗粒起到了有效的稳定作用，外部涂覆的聚苯胺涂层可以缓冲正极的体积膨胀并抑制多硫化物的穿梭。

Li 课题组[34]报道了另一种以过硫酸钠为硫源的溶液反应合成法制备单分散聚合物（聚乙烯吡咯烷酮）中空硫纳米球的方法。该方法可在室温下操作，易于实现工业放大。Xu 等[35]利用"溶液—化学反应—沉积"法制备了"核-壳"结构的石墨烯包裹硫（GES）复合材料，如图 7-2（d）所示，硫含量达到 83.3wt%，石墨烯的高导电性与"核-壳"结构的协同效应有利于电子和 Li$^+$ 在整个电极内部的传输，提高了锂硫电池的倍率性能。

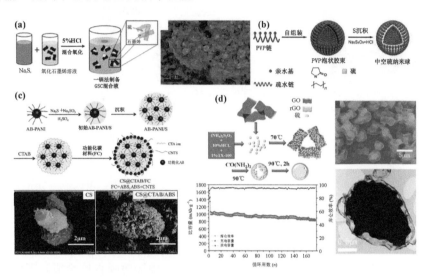

图 7-2　（a）一锅法合成 GSC 复合正极材料及其 SEM 图[32]；（b）单分散聚合物包覆硫纳米微球的正极材料的制备过程[34]；（c）微米-纳米结构 CS @ CTAB / FC 复合材料的制备示意图和 SEM 图像[33]；（d）核壳结构的石墨烯包裹硫（GES）复合材料制备过程示意图、SEM 和 TEM 图，以及将其作为正极材料的锂硫电池充放电循环曲线[35]

　　基于溶液反应法，陈人杰课题组合成了高比容的锂硫电池正极材料，如图 7-3 所示。为了把多硫化物限定在一个密闭的空间里，制备合成了具有二维结构的碳纳米片复合正极材料[36]。该二维结构内部有气泡型的孔结构，可形成分隔式的结构，一方面可以控制复合后硫颗粒的尺寸，另一方面可以提高正极材料的导电性。通过引入纳米硫，并用还原氧化石墨烯片进行外封装，可以制得免黏结剂的硫正极材料。如图 7-3（g）所示，这种免黏结剂的硫复合正极中电解液与硫的质量比例仅需 2.7，组装成 1.55 Ah 的锂硫软包电池，在 0.1C 倍率下比能量最高可达到 315 Wh·kg^{-1}。此外，如图 7-3（h）所示[37]，我们利用分子组装技术将分散的导电碳纳米颗粒在分子尺度进行组装；通过双"费歇尔酯化"反应得到的微米碳可作为活性物质硫的良好载体，显著提高了正极的硫载量。与普通的碳纳米颗粒"点对点"电荷传输方式不同，这种基于分子组装的碳纳米微结构可以进行"全方位和多维度"的电荷传输。采用传统的涂布方法，在硫载量高达 8.9 mg·cm^{-2} 时，将硫正极组装成 18.6 Ah 的软包电池，电池的比能量达到 460.08 Wh·kg^{-1}。

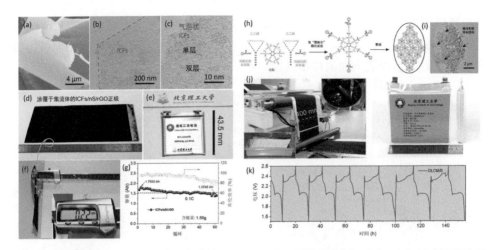

图 7-3 （a）~（c）合成二维碳纳米片的 **SEM** 和 **TEM** 形貌照片[36]；（d）、（e）涂布法制备得到的正极极片和 **1.55 Ah** 的软包电池[36]；（f）正极极片的厚度为 **0.22 mm**；（g）软包电池在 **0.1C** 倍率下的循环性能；（h）双"费歇尔酯化"反应合成材料的过程；（i）合成的 **OLCM** 材料的透射电镜图；（j）、（k）大规模涂布制浆过程、软包电池照片和前 7 周的充放电曲线图[37]

　　类似地，通过"Shear Alignment"法将氧化石墨烯薄膜直接涂覆到正极表面，如图 7-4（a）所示，可以改善锂硫电池电荷转移的动力学过程，这种方法沿用传统锂离子电池的涂覆工艺，保证了锂硫电池工程化的批量制备[38]。锂硫电池的正极，大多采用多孔结构，完全去除电极中的溶剂是一个技术难题。Kaskel 课题组[39]提出了一种无溶剂的加压/热处理方法，如图 7-4（b）所示，利用碳-硫纳米复合材料和无水聚四氟乙烯（PTFE）黏合剂制备柔性自支撑式的锂硫电池正极极片。这种方法的特点在于利用聚四氟乙烯的三维纤维网络提供黏附力，铝网提供结构支撑，实现了电极结构的稳定性。有报道称利用一种简单的相转化法制备电极的工艺，如图 7-4（c）所示，将涂有电极浆料的集流体浸入水浴锅中发生相转化反应，构建一种相互连接的聚合物骨架多孔硫正极。该电极能够维持自身的结构稳定性[40]，同时，该方法环境友好、节能，未来也可以进行大规模制备应用。为了提高硫载量和降低液硫比，Manthiram 课题组合成制备了一种新颖结构的石墨烯复合正极材料，该材料的硫载量最高可达到 46 mg·cm^{-2}，在硫含量 70wt%、液硫比仅为 5 的情况下，0.1 C 倍率下循环可以得到 812.8 mAh·g^{-1} 的高比容量，面容量可达 43 mAh·cm^{-2}，远高于商业化的锂离子电池（4 mAh·cm^{-2}）。该材料制备工艺简单，高硫载量和低液硫比的优势使其有望应用于大规模的生产制备过程中。

　　挤出式 3D 打印是目前应用最广泛的一种 3D 打印技术，它基于数字化模型可快速准确地实现设计构造，这项技术可以把液态金属和聚合物作为"墨水"逐层地黏附成型，无论对象的结构多么复杂，加料与成型都可以在一步工序内完成，这也是 3D 打印的优势所在。选用一种高黏度和剪切稀化的原料作为"墨水"十分重要，高浓度氧化石墨烯（GO）悬浮液存在凝胶化行为，据此可以将 GO 作为原料通过挤出式打印成三维纤维网络结构。目前基于 GO 的 3D 打印技术应用于二次电池的研究还处于起步阶段，寻找适合的原材料和利于打印的高性能结构设计的研究工作有待开展。Yang 等[41]将这种技术应用于锂硫电池，将硫颗粒、1,3-二异丙烯基苯和浓缩的 GO 分散体作为"油墨"，将这种硫共聚物-石墨烯结构逐层打印得到周期性的微米结构，如图 7-4（d）所示。还原氧化石墨烯具有高导电性，从而提高了活性物质的利用率，硫共聚物中强的硫-碳共价键对可溶性多硫化物中间体的扩散具有良好的抑制作用，周期性的微米结构促进了电解液对正极的浸润，这种由 3D 打印制备的锂硫电池正极具有 812.8 mAh·g^{-1} 的可逆容量和良好的循环稳定性能。因此，在未来这种先进的 3D 打印技术有望构筑一些特殊结构的正极材料，在商业化应用中得到发展。

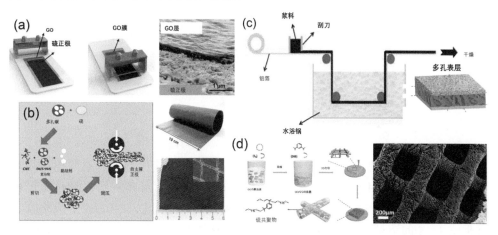

图 7-4　（a）"Shear Alignment"法[38]；（b）无溶剂法制备流程[39]；
　　　　（c）相转化反应[40]；（d）3D 打印制备电极材料[41]

7.2.2　功能电解质的制备

7.2.2.1　锂硫电池液体电解质工艺

　　目前锂硫电池研究中最常用的是 1,3-二氧环戊烷（DOL）和乙二醇二甲醚（DME）作为混合溶剂，双(三氟甲基磺酸酰)亚胺锂（LiTFSI）作为锂盐的液体电解质体系。DME 是一种高介电常数和低黏度的溶剂，对多硫化物的溶解度很高，有利于硫还原反应的进行。DOL 通过其环状结构的分解可以在负极表面生成保护性的 SEI 膜。研究人员已经开发出了一系列基于 DOL 和 DME 二元溶剂的电解质，对成分进行优化以实现黏度、离子电导率、电化学窗口和安全性等参数之间的平衡[42]。

锂硫电池电解液中常用的添加剂是硝酸锂（$LiNO_3$），$LiNO_3$ 在醚类电解质中具有氧化性，可以有效地抑制穿梭效应，同时 $LiNO_3$ 参与溶剂的分解提高了 SEI 膜的稳定性，但 $LiNO_3$ 在循环过程中会逐渐消耗，此外，硝酸根还可能引起安全隐患。具有高介电常数的有机溶剂可以促进锂盐的解离，图 7-5 展示了 Li_2S_8 在不同介电常数有机溶剂中的溶解程度，可以看到高介电常数的溶剂如二甲基亚砜（DMSO）（46.5）比低介电常数溶剂如 DME（7.075）具有更高的溶剂化能力[43]。

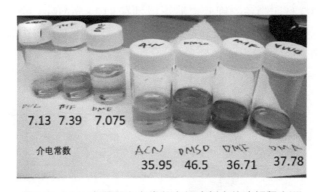

图 7-5 Li_2S_8 在不同介电常数有机溶剂中的溶解程度[45]

研究显示，具有合适介电常数的溶剂匹配适宜的催化剂可以消除电池循环中硫化物组分，并且能够提高锂硫电池的循环稳定性。如 P_2S_5 可以钝化金属锂表面，抑制多硫化物的穿梭效应[44,45]，作为添加剂也可以与 Li_2S_x 形成络合物并促进 Li_2S 的溶解，如图 7-6 所示，一些氧化还原介体如五氧化二钒（V_2O_5）、碘化锂（LiI）或硫化钴（CoS_2）等也具有相同的作用[46,47]，即促进 Li_2S 氧化成多硫化物的能力。

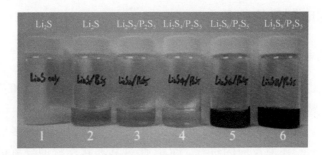

图 7-6 Li_2S_x（$1 \leqslant x \leqslant 8$）混合物分别在含有和不含 P_2S_5 的 TEGDME 中的溶解度[47]

相比于低安全性的醚类电解质，砜类电解质具有挥发性低、毒性低的性质。但其黏度更高，匹配砜类电解质的锂硫电池功率性能一般较差。四亚甲基砜（TMS）和乙基甲基砜（EMS）是锂硫电池中研究最多的两种砜类电解质。EMS 的黏度稍低，离子电导率更高，对硫化物的溶解度也比 TMS 大。溶有 $1mol·L^{-1}$ LiTFSI 的 TMS 电解质可以用于评估 Li_2S 的形成过程和电池循环的实时状态。单独使用砜类作为溶剂的锂硫电池，循环寿命短、极化程度高。有报道利用高供给电子数和低黏度的醚类电解质与高介电常数和氧化电位的砜类电解质相结合的思路，设计了具有良好电化学性能和高安全性的锂硫电池。Kolosnitsyn 等[48]发现基于砜/DOL 混合电解质的锂硫电池显示出高的初始放电容量。有研究人员尝试用 EMS 和 DOL/DME 作为共溶剂，但其循环性能仍较差，这可能是由于 EMS 较高的黏度和熔点所致[49]。

离子液体（IL）完全由离子组成，有望替代传统的有机类液态溶剂。热稳定性高、不易燃、挥发性极低、电化学窗口宽、供给电子数低的离子液体（IL）电解质可以有效抑制多硫化物的扩散。其中阴离子$[TFSI]^-$作为溶剂时可以形成 $Li[TFSI]_2$ 络合物，因此 IL 中 LiTFSI 的存在可以进一步降低多硫化物的溶解度，然而 IL 作为溶剂时 Li^+ 的扩散速率低，电池的库仑效率差，另外当温度升高时有一系列副反应发生，导致电池的容量衰减迅速。Liao 等[50]研究了基于高黏度 IL 和低黏度砜（甲基异丙基砜）混合溶剂电解质的性能，发现通过 IL 的低配位能力可以减轻多硫化物的溶解和穿梭现象，砜类电解质则可以降低黏度并改善 Li^+ 的扩散率，二者的协同作用有望改善锂硫电池的性能。

7.2.2.2　锂硫电池固体电解质工艺

有关锂硫电池液体电解质在有关章节中已经进行了详细介绍，目前各种改性的新型液体电解质不断创新，但却很难从根本上解决锂硫电池的穿梭效应以及安全问题。由于固体电解质没有电解质泄露的风险，且其热稳定性高，具有本征安全性，这些独特性质使得固体电解质对于制造高性能、高安全性的锂硫电池具有重要价值[51-54]。固态化是未来二次电池电解质的重要发展方向之一，其中聚合物电解质和无机固体电解质是两个主要发展趋势。聚合物电解质具有许多优点，例如较好的机械性能、易于制成薄膜、与锂金属的界面相容性好。如聚苯乙烯-b-聚(环氧乙烷)共聚物电解质能够在溶解碱金属盐的同时保持一定的刚性[55]，此外，(聚偏氟乙烯-六氟丙烯)共聚物（PVDF-HFP）还可以形成具有高离子电导率的独立膜，该结构同时兼具化学稳定性和机械完整性[56]。

无机固体电解质可以阻止多硫化物的溶解和扩散，抑制锂枝晶的形成，并防止电解质的泄漏、挥发和燃烧。此外该固体电解质在与锂金属负极匹配时显示出优异的化学稳定性,并且电化学窗口可达 5 V[57]。以 Li_3PS_4 作为正极、纳米多孔 β-Li_3PS_4 作为无机固体电解质,组装的锂硫电池在室温下初始放电容量达到 1272 mAh·g^{-1},库仑效率接近 100%,即使在 300 周循环后,正极也具有 700 mAh·g^{-1} 的高容量[58]。

Thio-LISICON 是一种锂超离子导体,在室温下离子电导率大于 10^{-3} S·cm^{-1},作为电解质成分制备的全固态锂硫电池在 0.013 mA·cm^{-2} 的电流密度下具有 900 mAh·g^{-1} 的可逆容量[59]。具有高度延展性的 $LiBH_4$ 可促进正极活性材料和电解质之间形成致密的界面[60],同时 $LiBH_4$ 的高还原能力也提高了锂硫电池的能量密度。该固体电解质具有高离子电导率,在温度高于 390K 时,离子电导率大于 $2×10^{-3}$ S·cm^{-1}。在 0.5 C(电流密度为 2.5 mA·cm^{-2})的倍率条件下,全固态锂硫电池仍保持 630 mAh·g^{-1} 的放电容量。采用固体电解质作为隔离层阻碍可溶多硫化物的扩散是当前研究的有效方法之一,其可以显著提高锂硫电池的电化学性能。Hu 等[61]在固体电解质结构设计上取得了突破,他们报道了一种具有双层致密多孔结构的三维固体电解质骨架,如图 7-7(a)所示,底部薄而致密的刚性固态层具有高的弹性模量,可以有效地隔离正负极并防止锂枝晶刺穿。多孔固态骨架层可对不同的正极材料进行限域作用并缓冲它们的体积变化。基于该双层固体电解质的锂硫电池正极硫载量达到 7 mg·cm^{-2},在循环中具有高的初始库仑效率(> 99.8%)和平均库仑效率(> 99%),如图 7-7(b)所示。

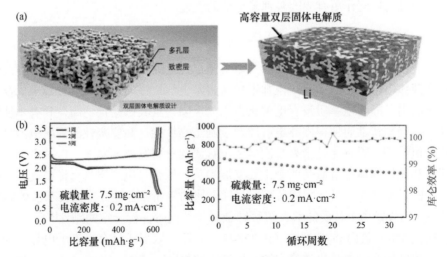

图 7-7　(a)三维石榴石结构固体电解质及相应的混合固体双层锂硫电池的示意图[61];
(b)混合双层锂硫电池在 **0.2 mA·cm^{-2}** 下的电位扫描图和循环性能示意图[61]

值得注意的是，大多数无机固体电解质必须在较高的温度下工作，固体电解质与电极之间的固-固界面依然存在许多问题，锂离子在固体电解质中的扩散速率仍然较低，难以与厚度大的正极匹配，导致全固态锂硫电池的倍率性能变差。现有的做法是通过增加活性材料与固体电解质之间的接触面积以降低界面阻抗并提供更多的离子传输通道，从而提高锂硫电池的倍率性能。固体电解质在未来工程化应用的道路还很漫长，还需要更多的基础研究去阐释其原理，并进一步改进其制备工艺。

7.2.3 新型负极工艺探索

除了正极和电解质本身存在的一些问题，锂金属负极也是高能量密度锂硫电池实现商业化应用的关键技术瓶颈。尽管锂金属电极的优势十分突出[最高的理论比容量（3860 mAh·g^{-1}）和最负的电位（–3.04 V $vs.$标准氢电极）]，人们对锂金属负极的研究已有数十年，在研究的过程中逐渐揭示了其作为负极应用的缺陷：

（1）锂在脱出/嵌入过程中由于其"无载体"电极特性而经历反复的体积变化；

（2）高反应性的锂金属负极容易与液体电解质和可溶性中间体长链多硫化锂反应，形成不稳定的 SEI 膜，其不能适应循环期间较大的体积变化；

（3）随着充电和放电循环次数的增加，不稳定的 SEI 膜形成裂缝和凹坑，使仍具有活性的锂金属暴露出来，导致这些位点处的锂离子通量增加；

（4）不均匀的 Li 在 SEI 膜破裂处沉积后，具有高比表面积的 Li 枝晶形成并不断生长；

（5）锂枝晶现象导致"死锂"积聚和阻抗增加，不仅加剧了电解质分解和活性物质硫的大量损失，导致库仑效率降低和循环寿命缩短，而且锂枝晶在生长的过程中可能会刺穿隔膜，最终导致电池短路、热失控甚至起火爆炸。

7.2.3.1 构建新型人工 SEI 膜

目前许多研究集中在负极表面改性方面，以控制锂沉积并直接优化电解质配方改善 SEI 膜的稳定性和均匀性，例如开发新型溶剂和锂盐，向电解液中加入添加剂，或是通过引入静电屏蔽层来最终抑制锂枝晶的生长[62,63]。近期报道了一种以空心碳微球、石墨烯和聚合物纳米纤维作为包覆和掺杂物用于构建坚固的界面层，其能够限制锂的体积膨胀，并保持稳定结构，既阻碍了锂枝晶的生长又提高了锂离子电导率。一些课题组已经开发出了可拉伸和压缩的人工 SEI 膜，崔屹课题组[64]报道了一种新型聚甲基丙烯酸甲酯包覆二氧化硅（SiO$_2$@PMMA）的核-

壳纳米球涂层，并用作锂金属负极上的界面层，该界面层具有纳米级孔、高柔韧性、良好的机械和热稳定性，如图 7-8（a）所示。

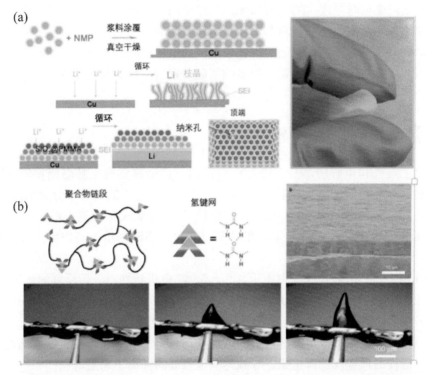

图 7-8 （a）核-壳结构二氧化硅@聚(甲基丙烯酸甲酯)（SiO₂ @ PMMA）涂层示意图及电子照片[64]；（b）柔性聚合物涂层示意图、截面 SEM 图以及聚合物机械性能图[65]

二氧化硅芯体的杨氏模量高达 68 GPa，利用 PMMA 将 SiO₂ 纳米球黏附在一起形成人造 SEI 柔性膜，并保护 SiO₂ 不与锂金属反应。由于 SiO₂ 和 PMMA 之间的协同作用，填充的 SiO₂ 纳米球之间形成的纳米孔小于锂成核尺寸以抑制枝晶的生成，而又大于锂离子传输直径以确保锂离子通过该人工 SEI 膜进行传输。研究表明，高模量载体材料在机械抑制锂金属负极体积膨胀和枝晶方面具有非常有效的积极作用。受中国传统太极"以柔克刚"的思想启发，科研工作者又提出采用极软的聚合物涂层以引导锂金属阳离子均匀沉积，如图 7-8（b）所示，或是将高黏弹性和本征流动的聚合物直接涂覆在锂金属表面上以实现平坦且致密的 Li 沉积，在电池循环过程中负极表面没有出现孔隙或大规模裂纹[65]，研究表明自愈功能聚合物修复了孔隙或裂缝，避免了 SEI 膜中不稳定位点的产生，使锂离子通量均匀化。添加了该种聚合物后，锂金属负极的界面稳定性得到改善，并且在高达 5 mA·cm^{-2} 的电流密度下没有观察到锂枝晶的生成。这类改进方法在突出了可伸缩的人造 SEI 膜对抑制锂枝晶的重要性,及其在锂硫电池中的应用。

7.2.3.2 新型负极集流体结构设计

除了枝晶问题,锂金属负极还存在体积膨胀问题,体积膨胀意味着内部压力增大甚至是电池的鼓胀。近年来人们探究了许多新的想法,将研究重点转移到负极载体的构建和集流体的设计上,在负极结构设计时要避免阻抗增加以及活性材料利用率的下降,同时还要兼顾复杂工艺带来的成本增加问题。Lu 等提出了一种简便易行的低成本方案,只需一步将铜网通过机械压力嵌入锂金属中,制造出三维多孔铜/锂金属集流体复合电极[66],如图 7-9(a)所示。这种三维多孔铜提供了一个"笼子",通过将金属锂容纳在其三维多孔结构中来限制锂的体积变化从而实现平滑的锂沉积面,有利于确保电池的库仑效率。与片状铜电极集流体相比,三维多孔复合结构改善了锂金属负极比表面积,促进了电化学反应动力学,降低了界面阻抗。从宏观层面讲,锂枝晶和锂负极的厚度可以控制在一个稳定的水平,保证电池隔膜的完整性和机械稳定性。

另外,为了更彻底地限制锂金属负极而不仅仅是表面处理,一些科研人员从锂离子电池的设计得到启发,利用相似的层状结构材料来预存锂金属。这类材料要有优异的亲锂性,有利于锂与材料表面成键,以及具有低的形核势垒、足够大的体积来缓冲体积膨胀,较轻的重量以保持锂金属负极的高能量密度优势。崔屹课题组[67]还将熔融的锂注入周期性堆叠的纳米层间隙中制备得到了层状锂还原氧化石墨烯负极复合材料(Li-rGO),如图 7-9(b)所示。rGO 质轻、亲水性强、机械强度优异、比表面积大,增大了与锂金属负极的接触面积,并且在电化学环境下具有氧化还原稳定性。这种复合电极柔韧性好,循环时尺寸变化小于 20%,电压滞后性低。该项工作还开发了热灌注法,解决了传统电沉积法效率低的问题。同时 rGO 还起到了人工 SEI 膜的作用,改善了界面的机械性能和电化学性能。

随着对负极界面研究的深入,越来越多的人认识到仅仅依靠负极界面的改性是难以彻底解决锂枝晶和"死锂"等问题的,受到正极结构设计的启发,有人提出设计一种容纳锂金属的三维集流体材料来有序引导锂沉积。Yu 等[68]报道了一种独立式铜纳米线(CuNW)网络设计,如图 7-9(c)所示,该结构具有开放的三维多孔结构,以容纳沉积的锂金属并抑制底部的锂金属结构坍塌。多孔集流体可以提供更高的导电率和更大的比表面积以实现锂离子流的均匀分布,抑制锂枝晶的生长。即使有少量枝晶形成并在 CuNW 集流体内生长,也会在受控的三维结构网络中融合成块。这种三维 CuNW 集流体对锂金属的承载率可以达到 7.5 mAh·cm^{-2},明显高于目前 LIB 的商业化水平。除此之外,这种具有三维 CuNW 复合结构的锂金属负极在 200 周循环期间表现出高达 98.6% 的平均库仑效率。三维多孔集流体用途广泛，无论是对负极的保护还是提高正极性能方面都展现出了良好的实用价值，有望在锂硫电池未来的工程化推广中得到广泛的应用。

高倍率下锂金属负极的枝晶生长问题更为严重。为此，Cui 等[69]利用介孔 AlF_3 骨架的一步过锂化过程将 Li 嵌入其中，如图 7-9（d）所示，开发出 Li/Al_4Li_9-LiF（LAFN）复合锂金属负极。尽管结构中非活性物质占据了一定的重量与体积，但它仍然具有 1571 mAh·g^{-1} 和 1447 mAh·cm^{-3} 的高比容量。在过锂化过程中，不仅形成了 Al_4Li_9 骨架，还产生了绝缘的氟化锂。LiF 是一种有效的界面保护成分，能避免骨架结构被腐蚀，还可以促进锂离子的扩散提高离子传输的均匀性。LiF 也是 SEI 膜的主要成分之一，这从侧面证明了 LAFN 的合理性。LAFN 电极在循环过程中几乎无枝晶产生、无体积变化，即使在高达 20 mA·cm^{-2} 的超高电流密度下 LAFN 电极也能够正常地工作，未出现结构坍塌现象，其优势在于：①超稳定的结构，设计易于实施，特别是在高倍率下锂金属负极没有剧烈体积变化；②三维锂载体结构，能够以更高的速率传导并分散大量的锂离子流，最终降低局部电流密度。这一工作为锂金属负极快速充放电方面存在的短板问题提供了重要的解决思路。

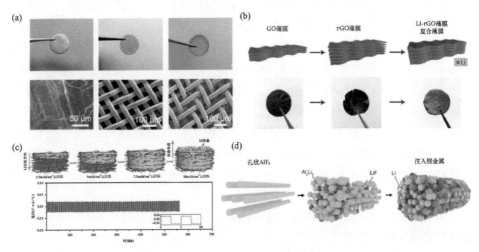

图 7-9　（a）铜网极片及微观结构图[66]；（b）氧化石墨烯薄膜结构示意图[67]；（c）铜纳米线结构示意图及循环稳定性测试[68]；（d）介孔 AlF_3 骨架结构示意图[69]

7.2.3.3　控制锂枝晶的生长取向

以上两节中介绍的稳定锂金属负极的两种策略主要是从 SEI 膜的物理化学作用和集流体结构设计角度来达到保护负极的目的。即使如此，SEI 膜成分依然是比较脆弱和不稳定的，经过多次循环后容易产生裂缝，裂缝处恰恰为锂的沉积成核提供了有利位点，这些位点的尖端处往往有着更强的电场，引导锂离子优先还原并沉积下来，随着更多的锂离子沉积，生成的峰状锂晶体，锂负极表现出起伏不平，甚至是块状的形态。

针对锂枝晶的生长机制，Zhang 等[70]报道了一种纵向生长的纳米锂金属负极，通过向电解液中添加 0.05 mol·L^{-1} 的六氟磷酸铯（CsPF$_6$）实现了锂沉积的自对准效果形成高度致密的锂金属负极。如图 7-10（a）所示，当电池加载电压时，电解液中的 Li$^+$ 和 Cs$^+$ 都被驱动到 Cu 集流体上，但是当施加的电位高于 Cs$^+$ 还原电位而低于 Li$^+$ 的还原电位时，只有 Li$^+$ 可以还原并沉积到 Cu 集流体上。Li$^+$ 持续沉积形成尖端的同时，Cs$^+$ 在新生的锂尖端周围积聚，有助于使局部电场均匀，使得锂留下单独成核位置总在平面上生长并最终形成为垂直于基体的纳米金属体。在锂沉积的初始阶段，Cu 基体表面上的 SEI 膜在 2.05 V 附近发生还原。因为 LiPF$_6$ 的 LUMO 能量高于 CsPF$_6$，Cs$^+$ 促进 PF$_6^-$ 阴离子的还原，SEI 膜中 LiF 的含量显著提高，Cs$^+$ 和初始 SEI 膜的协同效应进一步使得锂沉积层表面更为光滑，如图 7-10（b）所示。

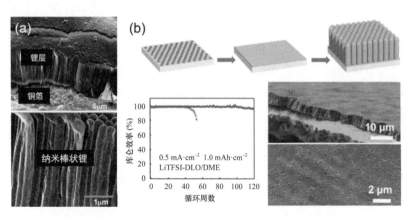

图 7-10　（a）沉积锂层截面[70]；（b）富含 LiF 铜箔表面沉积的柱状锂示意图，以及相应 Li|Cu 电池库仑效率图和 Li 沉积层截面及表面 SEM 图[70]

与上述工作思路相近，Zhang 等[71]在铜集流体上涂覆了富含氟化锂（LiF）的涂层，实现了自对准效应和柱状的锂沉积形态。他们选择 LiF 作为调节初始 SEI 膜形成的保护涂层，通过原位水解六氟磷酸锂（LiPF$_6$）在浸入的平面铜箔上产生均匀的 LiF 涂层，而另外一种产物氟化氢还可以去除铜箔表面的氧化铜，有利于提高锂离子的电导率。锂离子通过 LiF 快速扩散并均匀分布；之后，这些离子穿透初始 SEI 膜被 Cu 吸附并还原。由于富含 LiF 的 Cu 电极过电位较低，因此锂晶粒成核密集且均匀。由于 Cu 电极上的能量势垒较低，Li 以高速率扩展并水平生长，使成核位点相互接触。

最后，锂在有限空间中演变生成由 SEI 膜包裹并彼此分离的晶柱。

受电镀工艺中有关纳米金刚石共沉积技术的启发，Zhang 等[72]使用十八胺（ODA）基团改性的纳米金刚石颗粒作为添加剂，使电解质具有辅助锂均匀沉积的功能。这种无枝晶的锂沉积工艺的机理可以描述如下：锂离子首先吸附在电解质中共存的纳米金刚石上，因为它们具有比 Cu 基体更高的锂离子结合能和更大的比表面积；纳米金刚石临时充当异质形核位点帮助锂成核。通过电场和电解质对流的共同作用将这些组合粒子驱动到 Cu 电极表面，以还原锂金属并附着在电极上；在几秒钟内，纳米金刚石重新获得自由并被释放回电解质中以保持其浓度稳定及长期循环。为了均匀涂覆，制备尺寸足够小的纳米金刚石是获得小尺寸晶粒的关键，以便形成更光滑的锂金属表层。通过这种改进的共沉积工艺，金属沉积层的性能包括均匀性、强度、耐磨性等均得到了极大的改善。

7.2.4 电池管理系统设计

衡量新电池技术工程化水平的一个关键指标是该电池是否开发出了成熟的电池管理系统（BMS）。BMS 内部存在不同的模块负责不同的任务，例如保护电池不受损坏、延长电池寿命以及将电池维持在能够满足其设计应用要求的状态等。这些都保证了电池组在安全和最优状态下工作。要想设计合理的电池管理系统，首先要做的是充分了解电池的性能来构建最合理的电池预测模型。通过对电池成分进行电化学分析和性能测试来了解电池。

BMS 的开发包含不同的部分，例如电池的热分析以及温度的监控，开发低保真度模型和状态估计算法以便在控制板上实时评估等。对电池的状态进行精确的评估，如充电状态、健康状态等，对电池的使用十分关键。

1）电池保护电路设计

保护电路设计的初衷是为了防止电池过充或过放对电池造成永久不可逆的损伤或引发安全事故。无论是锂离子电池还是锂硫电池，作为产品应用时都必须设计保护电路，电池保护电路可分为用于单节电池和用于电池组两类，无论是微型控制电路还是大型保护电路，其设计的原理都是类似的。下面列举一些对电池保护电路的具体要求：

（1）电池充放电时要达到额定值，终止充电电压精度要在±1%左右；

（2）电池充放电过程中电流不超载，短路时有自动保护；

（3）达到终止放电电压后要停止继续放电，终止放电电压精度控制在±3%左右；

（4）对充电速率敏感的电池要控制好各充电阶段的电压与电流，达到预设值范围内转换充电阶段；

（5）为保证电池工作稳定可靠，防止瞬态电压变化损伤电池，应设计有防过充/过放的延时保护电路；

（6）工作时自身耗电量小。单电池保护器耗电一般小于 10 μA，电池组保护器的耗电量一般在 20 μA 左右，电池空置状态下耗电量小于 2 μA；

（7）保护电路设计尽可能简洁，体积小；

（8）成本尽可能低。

2）其他电池监控器设计

电池在工作中除了要有保护电路外，还需要对电池的工作状态进行监控，输出信号（电压、电流、剩余电量等），可以随时了解电池的工作状态，以便人们及时判断电池是否需要充电或更换。

电池在工作时会有热量发出，热量的来源可能是由于电池正常工作时受能量转换效率的制约正常发热，也可能是过充过放甚至是电池短路造成的。当电池体系达到一定温度时，会导致电解质、锂金属等电池材料发生副反应。锂硫电池常用的醚类溶剂为有机易燃类溶剂，极易引发安全事故，因此，需要使用温度监控器对电池进行监控。

目前，锂硫电池还没有一个成熟的电池管理系统，图 7-11 展示了英国 OXIS 能源公司制造的由十六节电池连接成的锂硫电池组[73]。该 BMS 由 16 个分别与电池相连的电路板组成，这些小板可以直接监控电池的温度、电流、电压等。

图 7-11　OXIS 能源公司展示的锂硫电池模组及管理系统[73]

目前用于 BMS 建模的方法包括分析法、统计法、电化学法和等效电路法（ECN）[74]。对于锂硫电池而言，降阶电化学和 ECN 模型法是 BMS 建模中较为合适的两种方法。将化学模型法用于锂硫电池管理系统的工作已经有所开展[75,76]。

例如，科研工作者已经开发出零维模型，能够以良好的精度水平预测充电和放电期间锂硫电池的行为。建立模型的初衷是为了方便人们对电池系统更好的模拟，ECN 建模方法的应用非常普遍，但在锂硫电池管理系统模型的建立方面还需要更多科研工作者的推进。

7.3　锂硫电池工程化研究现状与软包电池技术进展

目前第五代移动通信与物联网工程、无人机、新能源车辆、电子医疗器械、新型单兵作战系统等领域处于高速发展的阶段，这些领域对二次电池的能量密度提出了更高的要求，现有的锂离子电池体系已经接近理论能量密度的上限，开发新一代高比能二次电池是解决能源问题的重点，如何抢占储能领域的制高点，制定行业标准，夺得未来储能行业的话语权是每一个科研机构与企业面临的重大挑战。锂硫电池的研发始于 20 世纪 60~70 年代，由于其极高的理论能量密度受到了科研人员的持续关注。锂硫电池以金属锂为负极，以单质硫或含硫化物为正极，理论能量密度可达 2600 Wh·kg^{-1}，原材料资源丰富、低毒、环境友好、价格低廉，有望成为下一代大规模应用的绿色二次电池。

发达国家对新一代高比容量锂硫电池的开发极为重视，美国已将锂硫电池作为未来新能源汽车动力电池技术的研究突破方向之一。美国能源部自 2009 年开始开展"先进电池研究计划（ARPA-E）"，旨在提高美国的先进电池技术水平，项目中包含对锂硫电池研发资助。另外，锂硫电池作为高比能二次电池的代表，被列为美国国家航空航天局（NASA）未来平台构造先进技术的 5 个方面之一。日本发达的汽车制造产业，在很早就对新能源动力电池的开发给予高度支持。日本新能源产业技术综合开发机构（NEDO）每年投入 300 亿日元（约合 24 亿人民币）来支持锂硫电池关键技术研发，其预定目标是在 2020 年使锂硫电池的能量密度达到 500 Wh·kg^{-1}。欧盟各国就提高新能源发电占比达成了一致，2016 年欧盟国家可再生能源在一次能源消费中占比达到 17%，2020 年的目标为 20%，预计在 2030 年可再生能源比例将达到 32%。此外，伴随着新能源发电量的逐步提高，欧盟正在推动智能电网的建设，预计会使用大量的储能电池。德国极力开发锂硫电池，计划在 2020 年推出能量密度达到 500 Wh·kg^{-1} 的产品[77]。2020 年初，欧盟发布了"电池 2030+"（BATTERY 2030+）计划，提出未来 10 年欧盟电池技术的研发重点，旨在开发智能、安全、可持续且具有成本竞争力的超高性能电池，使欧洲电池技术在交通动力储能、固定式储能领域以及机器人、航空航天、医疗设备、物联网等未来新兴领域保持长期领先地位。其中锂硫电池是高比能电池新体系的重要代表。

7.3.1 国外锂硫电池研究进展

1）美国

目前，美国 Sion Power 公司处于实用化锂硫电池研发的前沿，其开发的锂硫电池计划应用在无人机、地面车辆以及军用便携电源等领域。2009 年 Sion Power 公司接收美国能源部 80 万美元资助用于研发锂硫电池关键技术；次年搭载 Sion Power 公司定制的无人机依靠太阳能为电池充电成功连续飞行了 14 天，据报道，该电池的比能量高达 350 Wh·kg^{-1}，循环次数达到 30 周[78]；2010 年该公司又获得了美国能源部 APPA-E 项目 500 万美元资助研发新一代车用锂硫电池；2011 年德国巴斯夫公司收购了 Sion Power 公司，与同为储能电池领域的 Ovonic Battery 公司进行整合后继续推动锂硫电池电解质与正负极材料关键技术的开发。美国马里兰大学研究人员合成了一种硫浸渍碳纳米管的新型正极材料，组装的电池具有优异的循环稳定性和库仑效率。美国斯坦福大学针对锂硫电池在循环过程中正极体积变化率大的问题开发了一种二氧化钛包裹硫单质的核壳结构活性材料，有效地容纳了硫的体积膨胀，提高了电池的循环稳定性。2019 年 6 月，麻省理工学院李巨团队[79]设计了一种具有嵌入-转化杂化机制的正极材料 Mo_6S_8，在制备的极片含有 85wt%的活性物质（$S_8+Mo_6S_8$），仅含约 10wt%CNT/石墨烯、5wt%黏合剂的情况下，表现出良好的倍率性能，并具有稳定的长期循环性。同时，正极孔隙率显著降低，实现了 1.2 μL·mg^{-1} 的低液硫比，组装出的 Ah 级软包电池能够提供 366 Wh·kg^{-1} 和 581 Wh·L^{-1} 的质量比能量和体积比能量，优于一般锂硫电池和商业锂离子电池[80]。

2）欧洲

英国 OXIS 公司致力于开发以硫为正极活性物质的高比能锂硫电池，目前该公司拥有的锂硫电池相关专利已达百项以上，OXIS 公司与剑桥大学、牛津大学、克莱菲尔德大学等高校合作通过研发新型电解质添加剂来稳定锂金属负极，如在锂负极上原位生成 Li_2S 膜来稳定锂枝晶的生长问题。同时 OXIS 公司与法国 Arkema 公司、德国 Bayer 公司合作研发高安全性电解质材料、新型聚合物黏结剂和锂盐，该公司展示出的锂硫软包电池成功通过了冲击、针刺、子弹穿透等安全性测试，其开发的锂硫电池用管理系统（BMS）已成功用于车用锂硫电池组中。据报道，OXIS 公司开发的19.5 Ah 高功率电池的比能量已经达到 300 Wh·kg^{-1}，循环次数达到 60~100 周，最大放电倍率为 3 C，同样的另一款高比能锂硫电池容量为 14.7 Ah，比能量最高可达400 Wh·kg^{-1}，循环次数也达到了 60~100 周，展现出了较好的应用前景[81]。德国慕尼黑工业大学的研究人员应用纳米技术将硫单质固定在纳米碳中，显著提高了正极的比表面积，促进正极在充放电时电化学反应的进行，同时碳纳米材料具有优良的导电性，活性材料的比容量达到了 1200 mAh·g^{-1}。2018 年末，西班牙 Leitat 研究中心联合欧洲共 13 家研究机构开展新能源电动汽车用锂硫电池的研究项目，旨在研究一种高比能、高安全性以及长循环寿命的车用锂硫电池。

3）日本

日本东北大学原子分子材料科学高等研究机构与日本大学金属材料研究所和三菱气体化学公司合作，开发出了基于硼氢化锂基固体电解质的锂硫电池。固体电解质在 120℃下的离子电导率达到了 2×10^{-3} S·cm^{-1}，正极在循环 45 周后容量保持在 730 mAh·g^{-1}。日本大阪府立大学工学院的研究人员在 2017 年成功开发出了硫化锂（Li$_2$S）基固溶体和硫化物固体电解质组成的锂硫二次电池正极材料，其可逆容量达到了 1100 mAh·g^{-1}，0.1 C 倍率下循环 2000 周后容量保持率在 80%以上。

表 7-3 汇总了近年来锂硫文献中出现的软包级的（>1 Ah）性能数据。文献中的比能量已经有了很大的提升，但是锂硫电池的循环性还有诸多不足。

表 7-3　文献中报道软包电池性能汇总表

作者	年份	容量（Ah）	质量比能量（Wh·kg^{-1}）	体积比能量（Wh·L^{-1}）	循环性	硫载量（mg·cm^{-2}）	液硫比（mL·g^{-1}）	文献
Li 等	2019	1	366	581	>10	6	1.2	[85]
Fu 等	2018	1	300	—	120	7	—	[86]
Cheng 等	2017	1.5	—	<200	100	4.43	3	[87]
Chen 等	2017	1.55	315	—	50	7.56	2.7	[88]
Salihoglu	2017	3	120	—	<100	9.2	8	[89]
Qu 等	2017	4	350	—	35	3	4	[90]
Xue 等	2017	5	350	300	80	5	3	[91]
Ma 等	2015	10	504	654	一次	>6	>3	[92]
Chen 等	2017	18.6	460.08	—	>8	14	2.7	[93]

7.3.2　国内锂硫电池研究进展

国内开展锂硫电池研发制备的单位主要有军事科学院防化研究院、清华大学、北京理工大学、国防科技大学、厦门大学、南京大学、武汉大学、南开大学、中南大学、中国科学院化学研究所、中国科学院上海硅酸盐研究所、中国科学院大连化学物理研究所、中国科学院苏州纳米技术与纳米仿生研究所等数十家高校和科研单位，已报道的软包电池相关参数见表 7-3。北京理工大学于 2008 年设计合成了对金属锂负极稳定的 PP$_{14}$TFSI 新型离子液体基复合电解质，应用制备的锂硫软包电池的能量密度达到 313 Wh·kg^{-1}。国防科技大学于 2012 年研制得到能量密度达到了 320 Wh·kg^{-1} 的锂硫电池，循环周数达到了 100 周；同年军事科学院防化研究院制备的锂硫电池能量密度突破了 330 Wh·kg^{-1}，循环 100 周后容量保持率接近 80%。2014 年，由中国科学院大连化学物理研究所研制成功额定容量 15 Ah 的锂硫电池，电池的能量密度大于 430 Wh·kg^{-1}[82]。2015 年中国科学院苏州纳米技术与纳米仿生研究所研发的锂硫电池能量密度突破了 400 Wh·kg^{-1}，稳定循环次数超过了 50 周；同年，在中国科学院战略性先导科技专项"变革性纳米制造产业技术聚焦"项目"长续航动力电池"的支持下，中国科学院化学研究所郭玉国研究员团队建立了锂硫软包电池组装线，批量制备得到单体容量为 0.5~30 Ah 的不同规格锂硫软包电池，能量密度可达 350~450 Wh·kg^{-1}，循环次数大于 50 周[83]。2016 年，由北京理工大学陈人杰教授团队联合军事科学院防化研究院和国联汽车动力电池研究院共同研究开发了系列规格的高比能锂硫二次电池：1.5 Ah 电池能量密度 315.6 Wh·kg^{-1}，0.1 C 倍率下 100%DOD 循环 100 周，容量保持率大于 85%；3.6 Ah 电池能量密度 352.5 Wh·kg^{-1}，0.1 C 倍率下 100%DOD 循环 100 周，容量保持率大于 70%；10 Ah 电池能量密度 381.3 Wh·kg^{-1}，0.2 C 倍率下 100%DOD 循环 40 周，容量保持率大于 97%，如图 7-12 所示。2017 年，中国科学院大连化学物理研究所张华民研究员团队提出一种含大体积阳离子的锂硫电池电解液，有效提高了多硫化物的稳定性，延长了锂硫电池的循环寿命，采用该电解液组装的 5 Ah 锂硫软包电池的比能量可达 300 Wh·kg^{-1}，且稳定循环 100 周以上，容量保持率约 70%[84]。2017 年，北京理工大学陈人杰教授团队[93]通过双"费歇尔酯化"反应得到的微米碳结构可以作为活性物质硫的良好载体，显著提高了正极的硫载量（高于 8.9 mg·cm^{-2}），组装的 18.6 Ah 的软包电池能量密度达到 460 Wh·kg^{-1}，循环次数达到 10 周。在此基础上，进一步实现高硫载量正极、功能电解质、修饰隔膜、稳定锂负极等材料的设计开发，通过电极成型、工艺集成，研制开发出多种规格锂硫电池样品（容量 1~30Ah，能量密度从 300~600Wh·kg^{-1}），并对其安全性能、电化学性能、热特性及模组设计应用进行了研究，部分电池模组已在机器人、无人机、电动车辆等方面进行了应用测评，如图 7-13 所示。

图 7-12　研制开发的圆柱型锂硫电池和软包锂硫电池样品

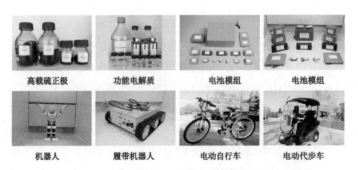

图 7-13　研制的锂硫电池关键材料、模组及应用

7.4　锂硫电池工程化应用与前景分析

相比于锂离子电池，锂硫电池的优势在于质量能量密度高，因此锂硫电池的未来应用领域主要是特种装备、飞行器、储能系统等。一旦锂硫电池突破体积能量密度的限制，将有可能应用在新能源汽车、小型化电子设备（如移动电话等）等领域[94]。

1）新能源汽车

随着我国经济不断平稳增长，居民消费水平也不断地升级，对能源的需求量也逐年增高，截至 2019 年，我国国内民用汽车保有量为 2.6 亿，2019 年我国进口原油 5.06 亿吨，原油对外依存度 70.8%。长期以来人们从各种角度尝试不同方案解决能源与环境问题，其中发展新能源环保低排放的汽车是目前来看最有效可行的方法之一。以二次电池作为动力来源的新能源汽车不仅缓解了国家每年进口大量原油的压力，还有助于消除城市空气污染，提升居民幸福指数。2019 年，新能源汽车产销量分别完成 124.2 万辆和 120.6 万辆，其中纯电动汽车生产完成 102 万辆，销售完成 97.2 万辆。 同年 12 月，工信部发布《新能源汽车产业发展规划（2021—2035）》征求意见稿，意见稿明确到 2025 年，新能源汽车新车销量占比达 25%左右，未来低污染、低噪声、低成本的新能源汽车市场份额必将不断扩大。表 7-4 对比了新能源汽车与传统内燃机车的参数。

表 7-4　各车型参数对比

车型	续航里程（km）	百公里能耗	成本	能源	污染排放
纯电动汽车	150~600	20 kWh 以下	100~400$/kWh	电能	无
燃料电池汽车	200~400	1.12 kg（纯氢）	500~600$/kWh	电能	无
内燃机汽车	600 以上	7~9 L（汽油）		汽柴油	碳化物、氮化物、烃类等

目前新能源汽车面临的两大问题是续航能力和快速充电能力，搭载相同重量电池的汽车，动力电池的能量密度越大汽车的行驶距离越长。目前阻碍新能源汽车在二三线城市普及的主要因素是动力电池的能量密度始终未能显著提升，在充电设施全国普及率短时间内难以迅速提高的情况下，如何加大新能源汽车的满电续航里程，接近乃至超过同型传统内燃机车是车企以及动力电池企业的核心问题，这种情况下锂硫电池的发展为汽车产业的变革提供了一种可能选择。

2）储能领域

近年来大力发展的风电光伏发电装机主要集中在东北、西北和华北地区，这三个地区电力结构以煤电为主，冬季采暖时期系统调峰能力面临很大考验，此外部分省市间电网规划与建设滞后导致电力外送能力受限，面对大规模弃风弃光现象，将抽水蓄能电站和储能电池电站相结合来缓解调峰压力是目前经济性和综合效率较高的一种方法。此外试点开展的家庭光伏发电计划也面临着白天多余电能难以并网的难题，若将这部分电能存入电池中，社区内组成小型电网统一调度多余电量采用并网回收制度，可有效提高家庭光伏发电的利用效率。锂硫电池凭借其高比能、价格低廉的优势，未来可能在特定的新能源储能领域占有一席之地。

3）新型电子产品

移动互联网服务已经渗透到人们生活的方方面面，如网络购物、二维码支付、约车服务、共享单车等等"互联网+"的商业模式遍地开花，给人们带来了便利，为我国的经济高速发展注入动力。其中包括了人们使用的移动电话、平板电脑、笔记本电脑、数码相机等各类终端设备，这些电子设备中绝大部分都由锂离子电池提供能源。以智能手机为例，按照一部手机配备一只电池计算，2017年就需要接近5亿只电池。若锂硫电池的技术开发更为成熟，解决体积能量密度偏低的性能短板，则面向各种电子设备的应用将成为可能。

4）航空航天等领域

在航空航天等领域，对高能量密度二次电池储能装置的需求也越来越高。如在各大防务展上出现的微型无人侦察机、单兵化智能作战系统等，都需要高比能的二次电池来提供能量。高比能锂硫电池的应用可降低装备自重，提高续航能力。2014年，欧洲空客公司的"西风7"无人机依靠锂硫电池实现了不间断飞行11天，验证了无人机在高空低温环境下长时间滞空执行任务的可能。未来锂硫电池可能会应用于军事级无人机领域，尤其对超长航时无人机的发展起到支撑作用。

参 考 文 献

[1] Zhang S S, Tran D T. Journal of Power Sources, 2012, 211: 169.
[2] Fang R, Zhao S, Sun Z, et al. Advanced Materials, 2017: 1606823.

[3]   Yuan Z, Peng H J, Huang J Q, et al. Advanced Functional Materials, 2014, 24: 6105.

[4]   Song J, Xu T, Gordin M L, et al. Advanced Functional Materials, 2014, 24: 1243.

[5]   Lv D, Zheng J, Li Q, et al. Advanced Energy Materials, 2015, 5: 1402290.

[6]   Pope M A, Aksay I A, Advanced Energy Materials, 2015, 5: 1500124.

[7]   Hagen M, Hanselmann D, Ahlbrecht K, et al. Advanced Energy Materials, 2015, 5: 1401986.

[8]   Zhou G, Li L, Ma C, et al. Nano Energy, 2015, 11: 356.

[9]   Fang R, Zhao S, Hou P, et al. Advanced Materials, 2016, 28: 3374.

[10]   Miao L, Wang W, Yuan K, et al. Chemical Communication, 2014, 50: 13231.

[11]   Zhang S S, Tran D T, Journal of Power Sources, 2012, 211: 169.

[12]   Song J, Gordin M L, Xu T, et al. Angewandte Chemie, 2015, 127(14): 4399.

[13]   Zhang S S. Electrochemical communication, 2013, 31: 10.

[14]   Liang X, Kwok C Y, Lodi-Marzano, et al. Advanced Energy Materials, 2016, 6: 1501636.

[15]   Kang W, Deng N, Ju J, et al. Nanoscale, 2016, 8(37): 16541.

[16]   Hagen M, Dörfler S, Fanz P, et al. Journal of Power Sources, 2013, 224: 260.

[17]   Mccloskey B D. Journal of Physical Chemistry Letters, 2015, 6: 4581.

[18]   Scheers J, Fantini S, Johansson P. Journal Power Sources, 2014, 255: 204.

[19]   Mikhaylik Y V, Akridge J R. Journal of Electrochemical Society, 2004, 151: A1969.

[20]   Li M, Zhang Y, Bai Z, et al. Advanced Materials, 2018, 30(46): 1804271.

[21]   Bresser D, Passerini S, Scrosati B. Chemical Communication, 2013, 49: 10545.

[22]   Yin Y X, Xin S, Guo Y G. Angewandte Chemie Internation Edition, 2013, 52: 13186.

[23]   Mccloskey B D. Journal of Physical Chemistry Letters, 2015, 6: 4581.

[24]   Scheers J, Fantini S, Johansson P. Journal of Power Sources, 2014, 255: 204.

[25]   王维坤, 王安邦. 储能科学与技术, 2017, 6 (3): 331.

[26]   Lv D, Zheng J, Li Q, et al. Advanced. Energy Materials, 2015, 5(16): 1402290.

[27]   Cheng X B, Yan C, Huang J Q, et al. Energy Storage Materials, 2017, 6: 18.

[28]   Liang X, Kwok C Y, Lodi-Marzano F, et al. Advanced Energy Materials, 2016, 6: 1501636.

[29]   Kang W, Deng N, Ju J, et al. Nanoscale, 2016, 8(37): 16541.

[30]   Kong L, Peng H J, Huang J Q, et al. Nano Research, 2017, 10(12): 4027.

[31]   Ma Y, Zhang H, Wu B, et al. Scientific Reports, 2015, 5: 14949.

[32]   Evers S, Nazar L F. Chemical Communication, 2012, 48(9): 1233.

[33]   Zeng F, Wang A, Wang W, et al. Journal of Materials Chemistry A, 2017, 5(25): 12879.

[34]   Li W, Zheng G, Yang Y, et al. Proceedings of the National Academy of Sciences of the United States of America, 2013, 110(18): 7148.

[35]   Xu H, Deng Y, Shi Z, et al. Journal of Materials Chemistry A, 2013, 1(47): 15142.

[36]   Wu F, Ye Y, et al. ACS Nano, 2017, 11(5): 4694.

[37]   Ye Y, Wu F, Liu Yu, et al. Advanced Materials. 2017: 1700598.

[38]   Shaibani M, Akbari A, Sheath P, et al. ACS Nano, 2016, 10 (8): 7768.

[39]   Thieme S, Brückner J, Bauer I, et al. Journal of Materials Chemistry A, 2013, 1(32): 9225.

[40]   Yang X, Chen Y, Wang M, et al. Advanced Functional Materials, 2016, 26(46): 8427.

[41]   Shen K, Mei H, Li B, et al. Advanced Energy Materials, 2018, 8: 1701527.

[42]   Zhang S, Ueno K, Dokko K, et al. Advanced Energy Materials, 2015, 5(16): 1500117.

[43]   Lu Y C, He Q, Gasteiger H A. Journal of Physical Chemistry C, 2014, 118(11): 5733.

[44]   Zu C, Klein M, Manthiram A. Journal of Physical Chemistry Letters, 2014, 5(22): 3986.

[45]   Lin Z, Liu Z, Fu W, et al. Advanced Functional Materials, 2013, 23(8): 1064.

[46] Demir-Cakan R. Journal of Power Sources, 2015, 282: 437.

[47] Yuan Z, Peng H J, Hou T Z, et al. Nano Letters, 2016, 16(1): 519.

[48] Kolosnitsyn V S, Karaseva E V, Seung D Y, et al. Journal of Electrochemistry, 2002, 38(12): 1314.

[49] Gao J, Lowe M A, Kiya Y, Abruña H D. Journal of Physical Chemistry C, 2011, 115(50):25132.

[50] Liao C, Guo B, Sun X G, Dai S. ChemSusChem, 2015, 8(2): 353.

[51] Judez X, Zhang H, Li C, et al. Journal of Physical Chemistry Letter, 2017, 8(9): 1956.

[52] Tao X, Liu Y, Liu W, et al. Nano Letters, 2017, 17(5): 2967.

[53] Yao X, Huang N, Han F, et al. Advanced Energy Materials, 2017, 7(17): 1602923.

[54] Sun Y Z, Huang J Q, Zhao C Z, et al. Science China-Chemistry, 2017, 60(12): 1508.

[55] Teran A A, Balsara N P. Macromolecules, 2011, 44(23): 9267.

[56] Abbrent S, Plestil J, Hlavata D, et al. Polymer, 2001, 42(4): 1407.

[57] Liu Z, Fu W, Payzant E A, et al. Journal of the American Chemical Society, 2013, 135(3): 975.

[58] Lin Z, Liu Z, Fu W, et al. Angewandte Chemie, 2013, 125(29): 7608.

[59] Inada T, Kobayashi T, Sonoyama N, et al. Journal of Power Sources, 2009, 194(2): 1085.

[60] Unemoto A, Yasaku S, Nogami G, et al. Applied Physics Letters, 2014, 105(8): 083901.

[61] Fu K, Gong Y, Hitz G T, et al. Energy Environmental Science, 2017, 10(7): 1568.

[62] Ye Y, Wang L, Guan L, et al. Energy Storage Materials, 2017, 9: 126.

[63] Cheng X B, Zhang R, Zhao C Z, et al. Chemical Reviews, 2017, 117(15): 10403.

[64] Liu W, Li W, Zhuo D, et al. ACS Central Science, 2017, 3(2): 135.

[65] Zheng G, Wang C, Pei A, et al. ACS Energy Letters, 2016, 1(6): 1247.

[66] Li Q, Zhu S, Lu Y. Advanced Functional Materials, 2017, 27(18): 1606422.

[67] Lin D, Liu Y, Liang Z, et al. Nature Nanotechnology, 2016, 11(7): 626.

[68] Lu L L, Ge J, Yang J N, et al. Nano Letters, 2016, 16(7): 4431.

[69] Wang H, Lin D, Liu Y, et al. Science Advanced, 2017, 3(9): 1701301.

[70] Zhang Y, Qian J, Xu W, et al. Nano Letters, 2014, 14(12): 6889.

[71] Zhang X Q, Chen X, Xu R, et al. Angewandte Chemie Internation Edition, 2017, 56(45):14207.

[72] Cheng X B, Zhao M Q, Chen C, et al. Nature Communication, 2017, 8(1): 336.

[73] Fotouhi A, Auger D, O'Neill L, et al. Energies, 2017, 10(12): 1937.

[74] Fotouhi A, Auger D, Propp K, et al. Renewable Sustainable Energy Reviews, 2016, 56: 1008.

[75] Ghaznavi M, Chen P. Journal of Power Sources, 2014, 257: 394.

[76] Neidhardt J P, Fronczek D N, Jahnke T, et al. Journal of Electrochemical Society, 2012, 159: A1528.

[77] 贾旭平. 电源技术, 2014, 38(9): 1765.

[78] Sam Estrin. The Zephyr High Altitude Pseudo-Satellite (HAPS) Aircraft Gets Lithium Sulfur (Li−S) Batteries. 2015-6-20. https://www.droneuniversities.com/drones/the-zephyr-high- altitude-pseudo-satellite-haps-aircraft-gets-lithium-sulfur-li-s-batteries/.

[79] Xue W J, Shi Z, Suo L M, et al. Nature Energy, 2019, 4: 374.

[80] Wang W W, Yue X Y, Fu Z W, et al. Energy Storage Materials, 2019, 18: 414.

[81] Oxis Energy Ltd. 2019-4-19. https://oxisenergy.com/products/.

[82] 王崇. 我所高比能量锂硫二次电池研究取得新进展. 2014-08-21.http://www.dicp.cas. cn/xwdt/kyjz/201811/t20181119_5187540.html.

[83] 分子纳米结构与纳米技术院重点实验室. 化学所在金属锂负极、硫正极及锂硫软包电池研发方面取得系列进展. 2015-9-16. http://www.ic.cas.cn/xwzx/kyjz/201509/t20150916_4425-

478.html.

[84] Chen Y, Zhang H, Xu W, et al. Advanced Functional Materials, 2018, 28(8): 1704987.

[85] Xue W J, Shi Z, Suo L M, et al. Nature Energy, 2019, 4: 374.

[86] Wang W W, Yue X Y, Fu Z W, et al. Energy Storage Materials, 2019, 18: 414.

[87] Cheng X B, Yan C, Zhang Q, et al. Energy Storage Materials, 2017, 6: 18.

[88] Wu F, Ye Y S, Huang J Q, et al. ACS Nano, 2017, 11: 4694.

[89] Salihoglu O, Demir-Cakan R. Journal of the Electrochemical Society, 2017, 164: A2948.

[90] Qu C, Chen Y Q, Yang X F, et al. Nano Energy, 2017, 39: 262.

[91] Xue W J, Miao L X, Qie L, et al. Current Opinion in Electrochemistry, 2017, 6: 92.

[92] Ma Y, Zhang H, Wu B, et al. Scientific Reports, 2015, 5: 14949.

[93] Ye Y S, Wu F, Chen R J, et al. Advanced Materials, 2017: 1700598.

[94] Chung S H, Manthiram A. Advanced Materials, 2019, 31(27): 1901125.

附录　锂硫电池的相关术语

相关术语	含义
电压	电池电压包括开路电压、终止电压和工作电压三种。 开路电压 E_{ocv} 是外电路没有电流流过时电池正负极间的电位差。 终止电压是电池在放电或充电时所规定的最低放电电压或最高充电电压。 工作电压 U_{cc} 是指电流通过外电路时，电池电极间的电位差，为电池实际输出电压。
电池内阻	电池内阻 R_i 包括欧姆电阻 R_Ω 和极化电阻 R_f 两部分。 欧姆电阻由电极材料、电解液、隔膜电阻、集流体的电阻以及部件之间的接触电阻组成。 极化电阻是指电化学反应时由于极化引起的电阻，包括电化学极化和浓差极化引起的电阻。
放电速率	放电速率一般用小时率和倍率来表示。 小时率是以一定放电电流放完额定容量所需要的小时数。 倍率是指在规定时间内放完全部额定容量所需的电流值。
放电深度	放电深度常用 DOD 表示，是放电程度的一种度量。
容量与比容量	电池的容量是指在一定的放电条件下可以从电池获得的电量。 比容量是指单位质量或单位体积电池所给出的容量，称质量比容量 C_m（Ah·kg^{-1}）或体积比容量 C_v（Ah·L^{-1}）。
库仑效率	库仑效率也称充放电效率，用放电电量与充电电量的百分比表示，是表示二次充放电可逆性和决定电池寿命的重要参数。
能量与比能量	电池的能量为电池在一定条件下对外做功所能输出的电能，单位为 Wh。 单位质量或单位体积的电池所能释放出的能量，称质量比能量或体积比能量，也称能量密度，常用"Wh·kg^{-1}"或"Wh·L^{-1}"表示。
功率和比功率	电池的输出功率是指在一定放电条件下单位时间内所能释放出的能量，反应电池承受工作电流的能力，用"W"或"kW"表示。 比功率又称功率密度，是指单位质量或单位体积输出的功率，常用"W·kg^{-1}"或"W·L^{-1}"表示。
自放电速率	开路状态下电池在一定条件下（温度、湿度等）储存时容量下降的现象称为电池的自放电，自放电速率是单位时间内容量降低的百分数。